U0793714

技能等级认定指导丛书

电工（高级）

主　编　王　建　张春芝　任觉民
副主编　郝　军　皇甫振伟　臧　娜　吴　琛　贾　磊
参　编　武　鹏　何慧凡　李成勇　徐洪亮　付世书
　　　　刘　婕　杨明洋　王建建　杜萌萌　郝鑫虎
　　　　边可可　费光彦　毛翠云

机 械 工 业 出 版 社

本书参照最新《国家职业技能标准　电工》，以问答的形式详细地介绍了高级电工应该掌握的基础理论知识和基本操作技能。全书重点介绍了电器安装和线路敷设、电子电路的安装与检修、继电—接触式控制电路的装调与维修、自动控制电路的装调与维修等内容，并配有试题精选和模拟试卷。

本书可作为参加高级电工职业技能等级认定的技术人员的必备用书，也可作为技师学院、高级技工学校、高等职业技术院校、中等职业技术院校和各种短训班的培训教材。

图书在版编目（CIP）数据

电工：高级/王建，张春芝，任觉民主编．—北京：机械工业出版社，2022.6（2024.7 重印）

（技能等级认定指导丛书）

ISBN 978-7-111-71089-9

Ⅰ.①电…　Ⅱ.①王…②张…③任…　Ⅲ.①电工技术-职业技能-鉴定-自学参考资料　Ⅳ.①TM

中国版本图书馆 CIP 数据核字（2022）第 113429 号

机械工业出版社（北京市百万庄大街 22 号　邮政编码 100037）

策划编辑：王振国　　　　　责任编辑：王振国

责任校对：肖　琳　张　薇　封面设计：马若濛

责任印制：邓　博

北京盛通数码印刷有限公司印刷

2024 年 7 月第 1 版第 2 次印刷

184mm×260mm · 16.75 印张 · 413 千字

标准书号：ISBN 978-7-111-71089-9

定价：59.80 元

电话服务　　　　　　　　　　网络服务

客服电话：010-88361066　　机　工　官　网：www.cmpbook.com

　　　　　010-88379833　　机　工　官　博：weibo.com/cmp1952

　　　　　010-68326294　　金　书　网：www.golden-book.com

机工教育服务网：www.cmpedu.com

前　言

为进一步弘扬工匠精神，加大技能人才培养的力度，党中央、国务院部署将技能人员水平评价由政府认定转变为实行社会化等级认定，接受市场和社会认可与检验。职业技能等级认定工作已在全国开展起来，职业技能等级证书已逐步成为就业的通行证，是通向就业之门的“金钥匙”，参加职业技能等级认定的技术人员日益增多。为了更好地服务于就业，推动职业技能等级认定制度的实施和推广，加快技能人才的培养，我们组织有关专家、学者和高级技师编写了这套“技能等级认定指导丛书”，为广大的技术人员提供有价值的参考与复习资料。

在本套丛书的编写过程中，我们始终坚持以下几个原则：

一、严格遵照国家职业技能标准中关于各专业和各等级的标准，坚持标准化，力求使内容覆盖职业技能等级认定的各项要求。

二、坚持以培养技能人才的方向，从职业（岗位）分析入手，紧紧围绕职业技能等级认定题库，既系统全面，又注重理论联系实际，力求满足各个级别技术人员的需求，突出教材的实用性。

三、内容新颖，突出时代感，力求较多地采用新知识、新技术、新工艺、新方法，力求使丛书的内容有所创新，使教材简明易懂，为广大的读者所乐用。

我们真诚地希望这套丛书能够成为参加职业技能等级认定人员的良师益友，为他们成功参加职业技能等级认定提供有益帮助。

由于本套丛书涉及的内容较多，新知识、新技术、新工艺、新方法等发展较迅速，加之编者水平有限，书中难免存在不足之处，恳请广大读者提出宝贵的意见和建议，以便修订时加以完善。

编　者

目　录

第一部分　应知单元

鉴定范围 1　继电—接触式控制电路的分析与测绘

鉴定点 1　电气控制方案的设计步骤

问：设计电气控制方案的基本步骤有哪些？

答：设计电气控制方案的基本步骤如下：

（1）拟订设计任务书　简要说明所设计任务的用途、工艺过程、动作要求、传动参数、工作条件及以下要求：

1）电气传动基本特性要求、自动化程度要求及控制精度要求等。

2）目标成本与经费限额。

3）设备布局、安装要求、控制箱、操作台布置、照明、信号指示和报警方式等。

4）工期、验收标准及验收方式。

（2）选择拖动方案与控制方式

1）电动机选择基本原则：

① 电动机的机械特性应满足生产机械提出的要求，要与被拖动负载特性相适应以保证运行稳定并具有良好的起动、制动性能，有调速要求时应合理选择调速方案。

② 工作过程中电动机功率能得到充分利用，使其温升尽可能达到或接近额定温升值。

③ 电动机的结构形式应能满足机械设计要求，选择恰当的使用类别和工作制，并能适应周围的环境工作条件。在满足设计要求的情况下，应优先采用结构简单、维护方便的笼型三相交流异步电动机。

2）控制方式的选择：电力拖动方案确定后，电动机的类型、数量及其控制要求就已基本确定，采用什么方法去实现这些控制要求就是控制方式的选择问题。在确定控制方案时，应尽可能采用新技术、新器件和新的控制方法。

（3）设计电气控制原理图、选用元器件、编制元器件目录清单。

（4）设计电气施工图，并以此为根据编制各种材料定额清单。

（5）编写设计说明书。

试题精选：

设计电气控制方案时，在满足技术要求的情况下，应优先选用（D）。

A. 交流电动机　　　　B. 直流电动机

C. 伺服电动机　　　　D. 交流笼型电动机

鉴定点 2　电气控制方案的分析

问：如何分析电气控制方案？

答：分析电气控制方案的方法及步骤如下：

1）首先对设计任务书进行认真阅读，能够清楚设计的目的及要求。

2）根据电气设计要求及技术参数，对电气设计方案进行分析，看是否满足设计要求，方案是否优化，是否采用了“四新技术”。

3）分析电气设计方案中采用的电气保护是否满足实际要求，是否经济合理。

4）分析电气控制电路图：

① 分析主电路。从主电路入手，根据每台电动机和执行电器的控制要求去分析各电动机和执行电器的控制内容，如电动机起动、转向控制、制动等基本控制环节。

② 分析辅助电路。看辅助电路电源，弄清辅助电路中各电器元件的作用及其相互间的制约关系。

③ 分析联锁与保护环节。生产机械对于安全性、可靠性有很高的要求，实现这些要求，除了合理地选择拖动、控制方案以外，在控制电路中还设置了一系列电气保护和必要的电气联锁。

④ 分析特殊控制环节。在某些控制电路中，还设置了一些与主电路、控制电路关系不密切，相对独立的某些特殊环节。如产品计数装置、自动检测系统、晶闸管触发电路、自动调温装置等。这些部分往往自成一个小系统，其读图分析的方法可参照上述分析过程，并灵活运用所学过的电子技术、交流技术、自控系统、检测与转换等知识逐一分析。

⑤ 总体检查。经过化整为零，逐步分析每一局部电路的工作原理以及各部分之间的控制关系之后，还必须用集零为整的方法，检查整个控制电路，看是否有遗漏。最后还要从整体角度去进一步检查和理解各控制环节之间的联系，以达到清楚地理解电路图中每一元器件的作用、工作过程及主要参数。

通过以上分析，对不能满足技术要求以及不合理的设计及隐患提出修改方案。

试题精选：

（√）分析电气设计方案时，首先要能清楚设计的技术要求。

鉴定点 3　电气控制电路图的测绘方法

问：测绘电气控制电路图的方法有哪些？

答：根据机械设备电气部分的实际安装和接线位置绘出其电路原理图、位置图和接线图的方法称为电气测绘。根据实物测绘设备的电气控制电路图的方法如下：

（1）位置图—接线图—电路图测绘法　根据电气设备的位置图和接线图测绘出电路图的方法称为位置图—接线图—电路图测绘法，这是最基本的测绘电路图的方法。

（2）查对法　在调查了解的基础上，分析判断生产设备控制电路中采用的基本控制环节，并画出电路草图，再与实际控制电路进行查对，对不正确的地方加以修改，最后绘制出完整的电气控制电路图。

采用此法绘图需要绘制者有一定的基础，既要熟悉各种电器元件在系统中的作用及连接方法，又要对系统中各种典型环节的画法有比较清楚的了解。

（3）综合法 根据对生产设备中所用电动机的控制要求及各环节的作用，采用上述两种方法相结合进行绘制。如先用查对法画出草图，再按实物测绘、检查、核对、修改，画出完整的电气控制电路图。

试题精选：

电气控制电路图测绘的方法是先画主电路，再画控制电路；（A）；先画主干线，再画各支路；先简单后复杂。

A. 先画机械，后画电气　　B. 先画电气，再画机械

C. 先画输入端，再画输出端　　D. 先画输出端，再画输入端

鉴定点 4 电气控制电路图的测绘步骤

问：如何测绘电气控制电路图？

答：根据实物测绘设备电气控制电路图的步骤如下：

（1）测绘前的调查

1）了解设备的基本结构及运动形式，有哪些运动属于电气控制的，有哪些运动是机械传动的，哪些属于液压传动的。若为液压传动，电磁阀的动作情况也要弄清楚。另外，电气控制中哪些需要联锁、限位及所需的各种电气保护等。

2）在熟悉机械动作情况的同时，让操作者开动生产机械，展示各运动部件的动作情况。了解哪些是正反转控制，哪些是顺序控制，哪台电动机需制动控制等。对有些电器的功能不清楚时，可通过试运行加以确认。

3）根据各部件的动作情况，在电气控制箱（盘）中观察各电器元件的动作情况。

（2）测绘布置图

1）将生产机械断电，并使所有电器元件处于正常（不受力）状态。

2）按实物画出设备的电器布置图。

一般电器位置分为控制箱（柜）、电动机和设备本体上的电器。

（3）画出接线图 根据测绘出的布置图画出所有电器内部功能示意图，在所有接线端子处均标号。画出实物接线图。

（4）绘制电路图 根据实物和接线图绘制电路图的原则如下：

1）绘制主运动、辅助运动及进给运动的主电路图。

2）绘制主运动、辅助运动及进给运动的控制电路图。

3）将绘制的电路图按实物编号。

4）将绘制好的控制电路图对照实物进行实际操作，检查绘制的电气控制电路图的操作控制与实际操作的电器动作情况是否相符，如果与实际操作情况相符，则完成了电气控制电路图的绘制。否则必须进行修改，直到与实际动作相符为止。

试题精选：

电气控制电路图测绘的一般步骤是设备停电，先画电器布置图，再画（B），最后画出电气原理图。

A. 电动机位置图　　B. 电气接线图
C. 按钮布置图　　D. 开关布置图

鉴定点 5　电气控制电路图测绘的注意事项

问：电气控制电路图测绘的注意事项有哪些？

答：1）电气控制电路图测绘中发现有掉线或接线错误时，应首先做好记录，然后进行修复，最后再进行测绘。

2）电气控制电路图测绘时要避免大拆大卸，对去掉的线头要做好记号。

3）绘制电气控制电路图时，应先绘制主电路，再绘制控制电路；先绘制主干线，后绘制支线。

4）绘制电路图的注意事项：

① 电路图中的连接线、设备或元器件的图形符号的轮廓线都用实线绘制。其线宽可根据图形的大小在 0.25mm、0.35mm、0.5mm、0.7mm、1.0mm、1.4mm 中选取。屏蔽线、机械联动线、不可见轮廓线等用虚线，分界线、结构图框线、分组围框线等用点画线绘制。一般在同一图中，用同一线宽绘制。

② 图中各电器元件的图形和文字符号均应符合最新国家标准。

③ 各个元件及其部件在电路图中的位置应根据便于阅读的原则来安排，同一元件的各个部件可以不画在一起，但属于同一电器的各元件都用同一文字符号和同一数字标识。

④ 所有电器开关和触头的状态，均以线圈未通电、手柄置于零位、无外力作用或生产机械在原始位置为基础。

⑤ 电路图分为主电路和控制电路两部分，主电路画在左边，控制电路画在右边，按最新的国家标准规定，一般采用竖直画法。

⑥ 电机和电器的各接线端子都要编号。主电路的接线端子用一个字母后面附加一位或两位数字来编号，如 U1、V1、W1。控制电路只用数字编号。

⑦ 各元件在图中还要标有位置编号，以便寻找对应的元件。对电路或分支电路可用数字编号表示其位置。数字编号应按从左到右或自上而下的顺序排列。如果某些元件符号之间有相关功能或因果关系的，还应表示出它们之间的关系。

试题精选：

电气控制电路图测绘时要避免大拆大卸，对去掉的线头要（B）。

A. 保管好　　B. 做好记号　　C. 用新线接上　　D. 安全接地

鉴定点 6　T68 型镗床电气控制位置图、电气控制电路图、接线图的测绘与分析

问：T68 型镗床电气控制位置图、接线图和电气控制电路图的测绘内容有哪些？

答：T68 型镗床电气控制位置图的测绘内容包括：电气箱内电器位置图、主视图电器位置、左视图电器位置、右视图电器位置等。T68 型卧式镗床电气柜内电器位置图如图 1-1 所示。

测绘 T68 型镗床电气控制位置图时，重点要画出两台电动机、电源总开关、按钮、行程开关以及电气柜的具体位置。

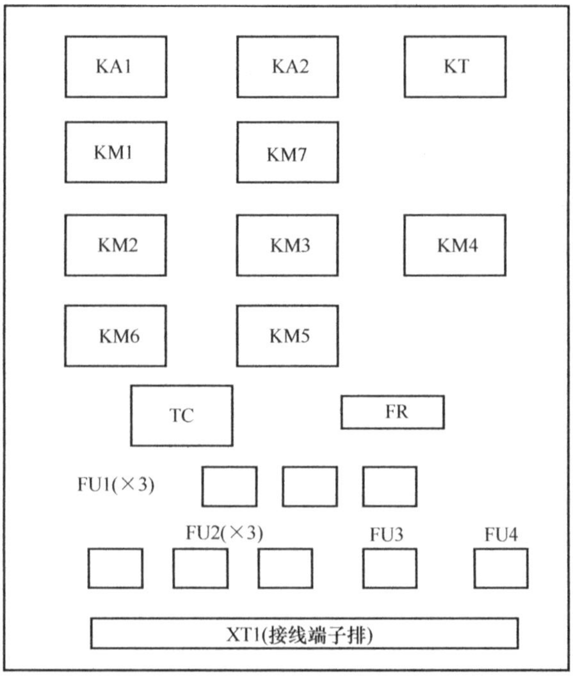

图 1-1 T68 型镗床电气柜内电器位置图

主电路包括电源、主轴电动机和快速移动电动机的控制。有电源开关 QS、熔断器 FU1 和 FU2、接触器 KM1～KM7、热继电器 FR、电动机 M1 和 M2、制动电阻 *R* 和速度继电器 KS。

所以测绘 T68 型镗床电气控制主电路图时要画出电源开关 QS、熔断器 FU1 和 FU2、接触器 KM1～KM7、热继电器 FR、电动机 M1 和 M2 等。

T68 型镗床控制电路的测绘内容包括控制电路电源、主轴电动机和快速移动电动机的控制电路。

控制电路中的具体电器元件有控制变压器 TC、按钮 SB1～SB5、接触器 KM1～KM7、行程开关 SQ1～SQ8、中间继电器 KA1 和 KA2、速度继电器 KS、时间继电器 KT 等。

分析 T68 型镗床电气控制原理图时，要按照识读电路图的方法进行，首先要分清主电路和辅助电路，交流电路和直流电路。其次按照先看主电路，再看辅助电路的顺序读。看主电路时，通常从下往上看，即从电气设备开始，经控制元件，顺次往电源看；看辅助电路时，则自上而下、从左向右看，即先看电源，再顺次看各条回路，分析各条回路元件的工作情况及其对主电路的控制关系。

具体来说，首先要看懂主轴电动机 M1 的正反转电路和高低速切换电路，然后再看快速移动电动机的正反转电路。

试题精选：

测绘 T68 型镗床电器位置图时，重点要画出两台电动机、电源总开关、（C）、行程开关以及电气柜的具体位置。

A. 接触器　　B. 熔断器　　C. 按钮　　D. 热继电器

鉴定点 7　XA6132 型铣床电气控制位置图、电气控制电路图的测绘与分析

问：XA6132 型铣床电气控制位置图和电气控制电路图的测绘内容有哪些？

答：XA6132 型铣床电气控制位置图的测绘内容有：电源开关、电动机、按钮、行程开关、电气柜；电气柜内有：熔断器、接触器、热继电器、控制变压器和端子排等。测绘 XA6132 型铣床电气控制位置图时，首先要画出电源开关、电动机、按钮、行程开关、电气柜等在机床中的具体位置。然后再画出电气柜内元器件的位置图。

XA6132 型铣床电气控制主电路的测绘内容包括电源、主轴电动机 M1、进给电动机 M2 和冷却泵电动机 M3 所在的电路。具体元器件有：电源开关 QS、熔断器 FU1、熔断器 FU2、接触器 KM1～KM6、热继电器 FR1～FR3、电动机 M1～M3、速度继电器 KS 和制动电阻 *R* 等。

XA6132 型铣床控制电路的测绘内容包括控制电源、主轴电动机 M1、进给电动机 M2 和冷却泵电动机 M3 的控制电路。具体元器件有：控制变压器 TC、熔断器 FU3、熔断器 FU4、按钮 SB1～SB6、接触器 KM1～KM6、热继电器 FR1～FR3、速度继电器 KS 和行程开关等。

试题精选：

测绘 XA6132 型铣床电气控制位置图时要画出电源开关、电动机、（C）、行程开关、电气柜等在机床中的具体位置。

A. 接触器　　B. 熔断器　　C. 按钮　　D. 热继电器

鉴定范围 2　机床电气控制电路维修

鉴定点 1　T68 型镗床电气主电路的组成

问：T68 型镗床的主电路由哪几部分组成？

答：T68 型镗床电气控制电路图如图 1-2 所示。

T68 型镗床主电路的组成：

1）主电动机为双速电动机，它提供机床的主运动和进给运动的动力。高低速转换，由主轴孔盘变速机构内的限位开关 S 控制，S 常态时接通低速，被压下时接通高速。由接触器 KM6 及 KM7 实现定子绕组从三角形联结转接成双星形联结。

2）主电动机可正反转、点动及反接制动。

3）主电动机低速时，可直接起动；但高速时，则由控制电路先起动到低速，延时后再自动转换到高速，以减少起动电流。

4）在主轴变速或进给变速时主电动机能缓慢转动，使齿轮易于啮合。

试题精选：

T68 型镗床电气控制主电路由电源开关 QS、（B）、接触器 KM1～KM7、热继电器 FR、电动机 M1 和 M2 等组成。

A. 速度继电器 KS　　B. 熔断器 FU1 和 FU2

C. 行程开关 SQ1～SQ8　　D. 时间继电器 KT

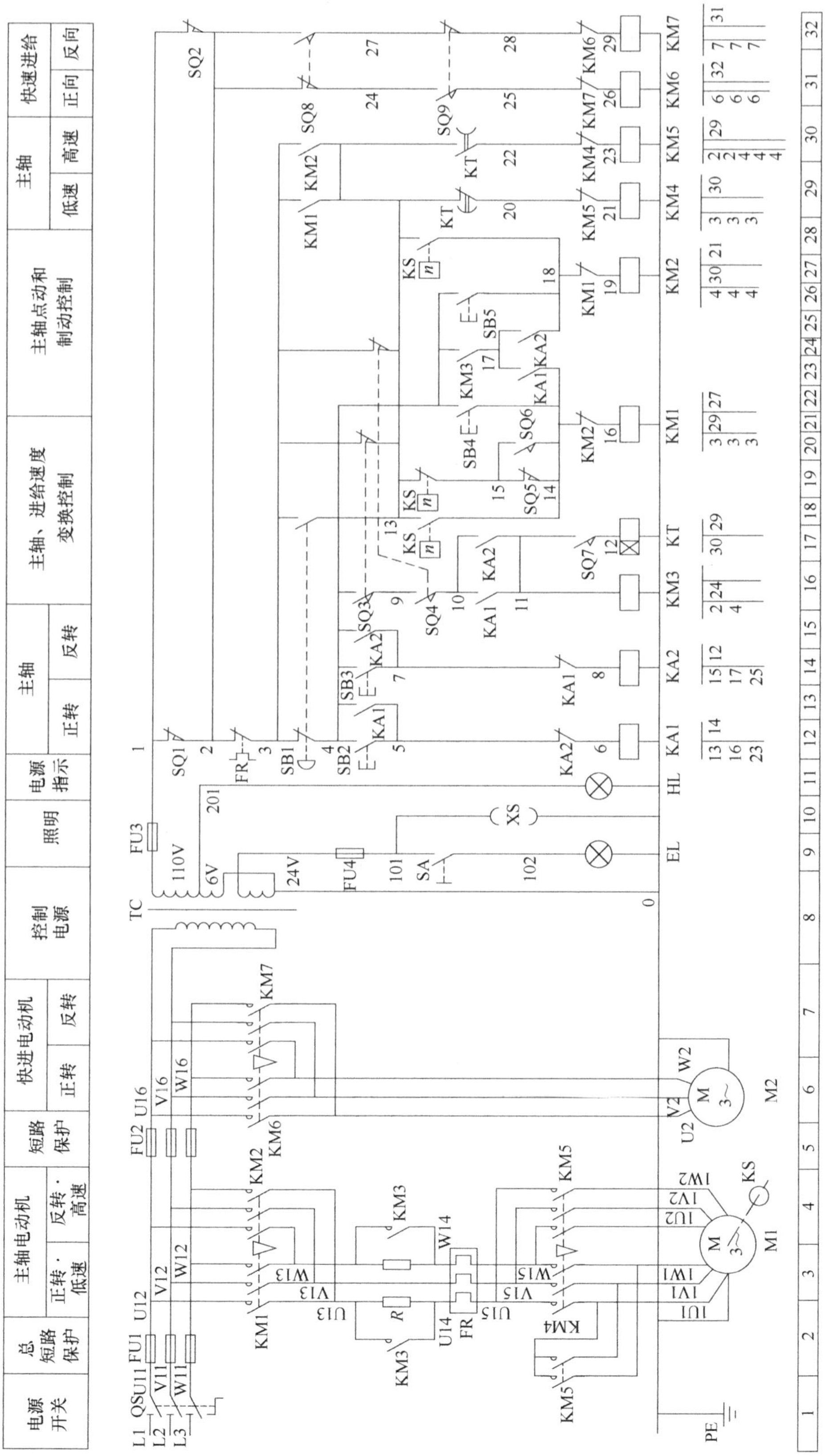

图 1-2 T68 型镗床电气控制电路图

鉴定点 2　T68 型镗床电气控制电路的组成

问：T68 型镗床电气控制电路主要由哪几部分组成？

答：T68 型镗床电气控制电路的组成如下：

1）控制电路的电源由控制变压器 TC 提供 110V、24V、6V 电压。

2）机床照明由 FU4、SA 和 EL 组成。

3）控制电路的电源指示由指示灯 HL 承担。

4）主轴正反转控制电路由中间继电器 KA1 和 KA2、按钮 SB1～SB3 组成。

5）主轴变速和进给变速控制电路。

试题精选：

T68 型镗床电气控制电路由控制变压器 TC、按钮 SB1～SB5、（C）、中间继电器 KA1 和 KA2，速度继电器 KS、时间继电器 KT 等组成。

A. 电动机 M1 和 M2　　B. 制动电阻 R

C. 行程开关 SQ1～SQ8　　D. 电源开关 QS

鉴定点 3　T68 型镗床电路的起动控制原理

问：T68 型镗床是如何进行起动控制的？

答：T68 型镗床电路的起动控制方法如下：

1）主轴电动机可实现正反转直接起动。

2）快速移动电动机 M2 可实现正反转直接起动。

试题精选：

T68 型镗床的进给电动机采用了（C）方法。

A. 变频变阻器起动　　B. 全压起动

C. Y-△起动　　D. △-YY起动

鉴定点 4　T68 型镗床电路的调速控制原理

问：T68 型镗床是如何实现调速控制的？

答：T68 型镗床电路的调速控制方法如下：

1）主轴电动机 M1 的高低速控制。若选择电动机 M1 在低速运行，可通过变速手柄使变速行程开关 SQ 处于断开位置，相应的时间继电器 KT 线圈断电，接触器 KM5 线圈也断电，电动机 M1 只能由接触器 KM4 接成三角形联结。

2）主轴变速和进给变速控制。机床主轴的各种速度是通过变速操纵盘以改变传动链的传动比来实现的。当主轴在工作过程中，欲要变速，可不必按下停止按钮，而是直接进行变速。假设 M1 原来运行在正转状态，速度继电器 KS 早已闭合，将主轴变速操纵盘的操纵手柄拉出，与变速手柄有机械联系的行程开关 SQ3 不再受压而断开，KM3 和 KM4 线圈先后断电释放，电动机 M1 断电，由于行程开关 SQ3 常闭触头闭合，KM2 和 KM4 线圈获电吸合，电动机 M1 串接电阻 R 反接制动。待速度继电器 KS 常开触头断开，M1 停车，便可转动变速操纵盘进行变速。变速后，将变速手柄推回原位，SQ3 重新压合，接触器 KM3、KM1 和 KM4 线圈获电吸合，电动机 M1 起动，主轴以新选定的速度运转。

3）进给变速的操作和控制与主轴变速的操作和控制相同。只是在进给时，拉出的操纵手柄是进给变速的操纵手柄，与该手柄有机械联系的行程开关是 SQ4。进给变速冲动的行程开关是 SQ5。

试题精选：

T68 型镗床的主轴电动机采用了（A）调速方法。

A. △-YY变极　　B. △-Y变极　　C. 调压调速　　D. 变频调速

鉴定点 5　T68 型镗床电路的制动控制原理

问：T68 型镗床是如何实现制动控制的？

答：T68 型镗床电路的制动控制方法：

T68 型镗床的主轴电动机 M1 采用了反接制动的停车方法。

假设电动机 M1 正转，当速度达到 120r/min 以上时，速度继电器 KS 常开触头闭合，为停车制动做好准备。若要 M1 停车，按下 SB1 中间继电器 KA1 和接触器 KM3 断电释放，KM3 常开触头断开，KM1 线圈断电释放，KM4 线圈也断电释放，电动机 M1 断电做惯性运转。紧接着 KM2 和 KM4 线圈获电吸合，电动机 M1 串电阻 R 反接制动，当转速降至 120r/min 以下时，速度继电器 KS 常开触头断开，接触器 KM2 和 KM4 断电释放，停车反接制动结束。

如果电动机 M1 反转，当速度继电器达到 120r/min 以上时，速度继电器 KS 常开触头闭合，为停车制动做好准备。以后的动作与正转基本一样。

试题精选：

T68 型镗床的主轴电动机 M1 采用了（B）的停车方法。

A. 能耗制动　　B. 反接制动　　C. 电磁抱闸制动　　D. 机械摩擦制动

鉴定点 6　T68 型镗床电路的电气保护措施

问：T68 型镗床电路的电气保护措施有哪些？

答：T68 型镗床电路的电气保护措施如下：

1）联锁保护装置。为了防止工作台和主轴箱自动快速进给时又将主轴进给手柄扳到自动快速进给的误操作，采用了与工作台和主轴箱进给手柄有机械连接的行程开关 SQ1（在工作台后面）。当上述手柄扳在工作台（或主轴箱）自动快速进给位置时，SQ1 被压断开。同样，在主轴箱上还装有另一个行程开关 SQ2，它与主轴进给手柄有机械联接，当这个手柄动作时，SQ2 也受压分断。电动机 M1 和 M2 必须在行程开关 SQ1 和 SQ2 中有一个处于闭合状态时，才可以起动。如果工作台（或主轴箱）在自动进给（此时 SQ1 断开）时再将主轴进给手柄扳到自动进给位置（SQ2 也断开），那么电动机 M1 和 M2 便自动停车，从而达到联锁保护之目的。

2）短路保护由熔断器 FU1、FU2 和 FU3 来完成。

3）过载保护由热继电器 FR 来完成。

试题精选：

T68 型镗床的主轴电动机由（D）实现过载保护。

A. 熔断器　　B. 过电流继电器

C. 速度继电器　　D. 热继电器

鉴定点 7　T68 型镗床电路的常见故障维修

问：T68 型镗床电路的常见故障有哪些？

答：T68 型镗床电路的常见故障有：

（1）主轴电动机最常见的故障为 M1 不能正常运转

1）主轴只有一个方向能起动，另一个方向不能起动。主要原因是不能起动方向的按钮和接触器的故障。

2）主轴正反转都不能起动。检查熔断器 FU1 和 FU2，热继电器 FR。最后再检查接触器 KM3 能否吸合，因为无论正反转，高速或低速，都必须通过 KM3 的动作才能起动。

3）主轴电动机只有低速档，没有高速档。这种故障主要是由于时间继电器 KT 失灵，KT 延时闭合触头接触不好。或者位置开关 SQ7 安装位置移动，造成 SQ7 总是处于断开状态。

4）主轴电动机起动在高速档，但运行在低速档。这种故障主要是由于时间继电器 KT 动作后，延时部分不动作，可能延时胶木推杆断裂或推动装置不能推动延时触头，则 KM4 一直处于通电吸合状态，KM5 不能通电吸合。

5）电动机高速档时，在低速起动后不向高速转移而自动停止。这种故障主要是由于时间继电器 KT 动作后，KT 延时闭合触头接触不良，或者是 KM4 常闭触头（30 区）接触不良，KM5 线圈不能吸合等均会造成电动机低速起动后而自动停车。

（2）T68 型镗床主轴制动电路的故障　主要是电动机 M1 在停车时，SB1 按钮未按到底或者是速度继电器的常开触头在转速达到 120r/min 时未闭合造成的，检修制动故障时必须在主轴正反转起动运行正常的情况下进行。常见电气故障的分析和检修见表 1-1。

表 1-1　主轴制动电路常见电气故障的分析和检修

故障现象	故障原因	故障维修
正转停车无制动	① KS 常开触头（13-18）不闭合 ② 导线 13 号、18 号开路	① 检查速度继电器，更换触头 ② 更换导线
反转停车无制动	① KS 常开触头（13-14）不闭合 ② 导线 13 号、14 号开路	① 检查速度继电器，更换触头 ② 更换导线
正、反转停车无制动	① SB1 常开触头（3-13）不闭合 ② 导线 3 号开路	① 检查 SB1 按钮，更换触头 ② 更换导线

（3）T68 型镗床主轴变速电气故障　当主轴变速手柄拉出后，主轴电动机 M1 不能冲

动；或者变速完毕，合上手柄后，主轴电动机 M1 不能自动运行。

当主轴变速手柄拉出后，通过变速机构的杠杆、压板使位置开关 SQ3 动作，主轴电动机断电而制动停车。速度选好后推上手柄、位置开关动作，使主轴电动机低速冲动。位置开关 SQ3 和 SQ5 安装在主轴箱下部，由于位置偏移、触头接触不良等原因而完不成上述动作。又因 SQ3、SQ5 是由胶木塑压成形的，由于质量较差等原因，有时绝缘被击穿，造成手柄拉出后，SQ3 尽管已动作，但由短路接通，使主轴仍以原来转速旋转，此时变速将无法进行。

(4) 刀架升降电路故障 这部分电路比较简单，若无快速进给，则检查位置开关 SQ8 及 SQ9 和接触器 KM6 或 KM7 的触头和线圈是否完好；有时还需要检查一下机构是否正确的压动位置开关即可。

试题精选：

T68 型镗床主轴电动机起动在高速档，但运行在低速档，只能工作在低速档的原因是（B）。

A. 速度继电器故障

B. 时间继电器 KT 动作后，延时部分不动作

C. 热继电器故障

D. 熔断器故障

鉴定点 8 XA6132 型铣床主电路的组成

问：XA6132 型铣床的主电路主要由哪几部分组成？

答：XA6132 型铣床电气控制电路如图 1-3 所示。

主电路有三台电动机：M1 是主轴电动机；M2 是进给电动机；M3 是冷却泵电动机。

1）主轴电动机 M1 通过换相开关 SA4 与接触器 KM1 配合，能进行正反转控制，而与接触器 KM2、制动电阻器 *R* 及速度继电器相配合，能实现串电阻瞬时冲动和正反转反接制动控制，并能通过机械进行变速。

2）进给电动机 M2 能进行正反转控制，通过接触器 KM3、KM4 与行程开关及 KM5、牵引电磁铁 YA 相配合，能实现进给变速时的瞬时冲动、6 个方向的常速进给和快速进给控制。

3）冷却泵电动机 M3 只能正转。

4）电路中 FU1 作为机床总短路保护，也兼作 M1 的短路保护；FU2 作为 M2、M3 及控制、照明变压器一次侧的短路保护；热继电器 FR1、FR2、FR3 分别作为 M1、M2、M3 的过载保护。

XA6132 型铣床的主电路由电源总开关 QS、熔断器 FU、接触器 KM1～KM6、热继电器 FR1～FR3、电动机 M1～M3、快速移动电磁铁 YA 组成。

试题精选：

XA6132 型铣床的主电路由电源总开关 QS、熔断器 FU、（C）、热继电器 FR1～FR3、电动机 M1～M3、快速移动电磁铁 YA 组成。

A. 位置开关 SQ1～SQ7　　B. 按钮 SB1～SB6

C. 接触器 KM1～KM6　　D. 速度继电器 KS

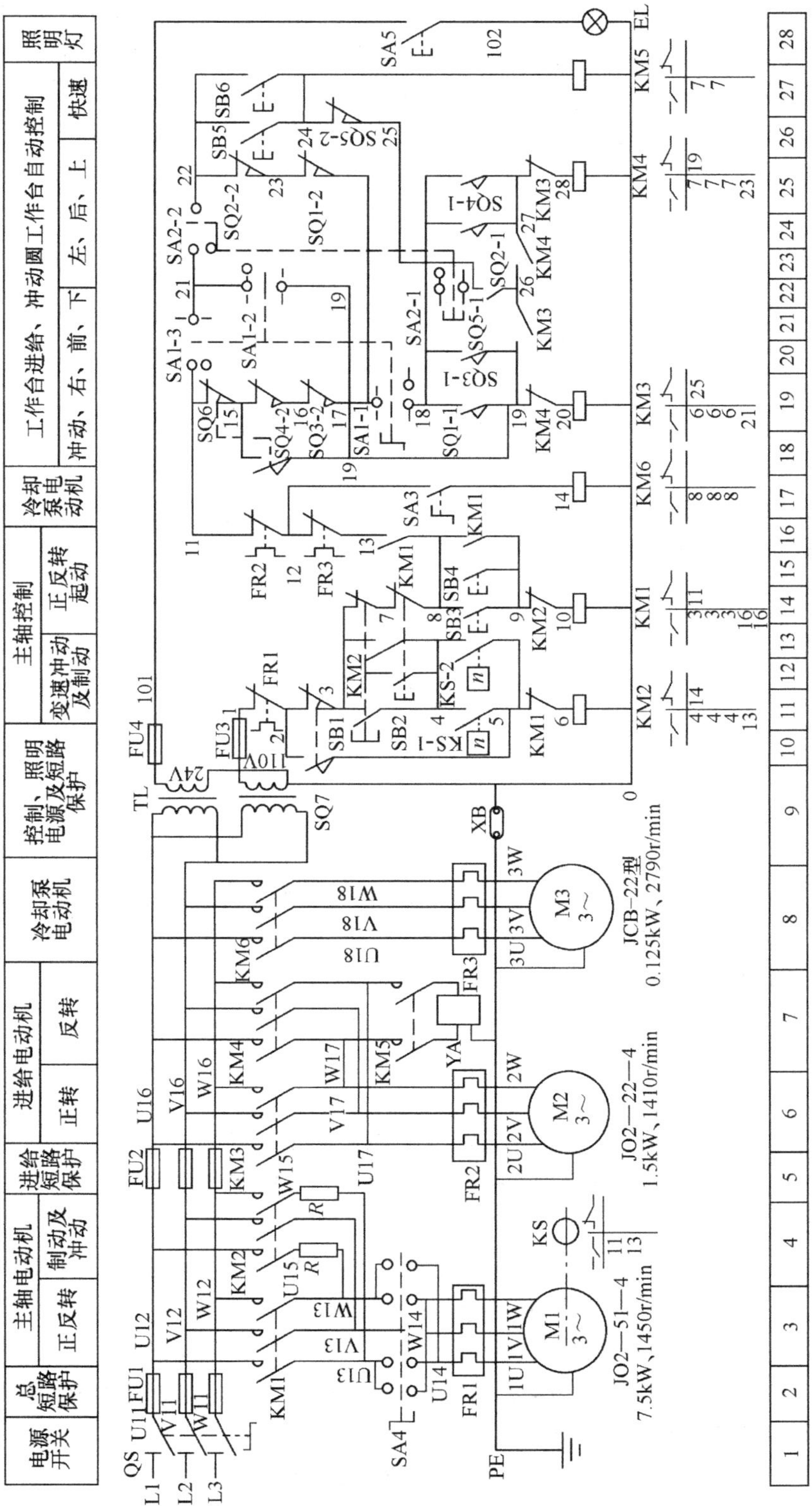

图 1-3　XA6132 型铣床电气控制电路图

鉴定点 9　XA6132 型铣床控制电路的组成

问：XA6132 型铣床的控制电路主要由哪几部分组成？

答：XA6132 型铣床电气控制电路包括：控制和照明电源、短路保护、主轴控制电路、冷却泵控制、工作台进给电动机的控制及照明灯控制电路。

1）控制和照明电源由控制变压器 TC 组成，短路保护由熔断器 FU2～FU3 组成。

2）主轴控制电路由按钮 SB1～SB4，速度继电器，接触器 KM1、KM2 组成。

3）冷却泵电动机 M3 由转换开关 SA3 和 KM6 控制。

4）进给电动机 M2 的控制电路由按钮 SB1～SB6、KM3、KM4 及 KM5、转换开关 SA1～SA3、行程开关和热继电器 FR1～FR3 等组成。

试题精选：

XA6132 型铣床电气控制电路由控制变压器 TC、熔断器 FU2～FU3、按钮 SB1～SB6、（B）、速度继电器 KS、转换开关 SA1～SA3、热继电器 FR1～FR3 等组成。

A. 电动机 M1～M3　　B. 位置开关 SQ1～SQ7

C. 快速移动电磁铁 YA　　D. 电源总开关 QS

鉴定点 10　XA6132 型铣床电路的起动控制原理

问：简述 XA6132 型铣床电路的起动控制原理。

答：XA6132 型铣床电路的起动控制原理如下：

1）主轴电动机 M1 采用正反转直接起动的方法，由换相开关 SA4 与接触器 KM1 控制。

2）进给电动机 M2 也采用正反转直接起动的方法，通过接触器 KM3、KM4 控制。

3）冷却泵电动机 M3 采用直接起动的方法，由接触器 KM6 控制。

试题精选：

XA6132 型铣床的进给电动机 M2 采用了（C）起动方法。

A. 定子串电抗器　　B. 自耦变压器

C. 全压　　D. 转子串频敏变阻器

鉴定点 11　XA6132 型铣床电路的制动控制原理

问：XA6132 型铣床是如何进行制动控制的？

答：XA6132 型铣床的主轴电动机 M1 采用了反接制动的停车方法。由接触器 KM2、制动电阻器 R 及速度继电器的配合完成。

试题精选：

XA6132 型铣床的主轴电动机 M1 采用了（B）的停车方法。

A. 能耗制动　　B. 反接制动

C. 电磁抱闸制动　　D. 机械摩擦制动

鉴定点 12　XA6132 型铣床电路的冲动控制原理

问：XA6132 型铣床是如何进行冲动控制的？

答：XA6132 型铣床电路的冲动控制方法有：

1）XA6132 型铣床主轴电动机 M1 的冲动控制。M1 的冲动控制是由位置开关 SQ7 接通反转接触器 KM2 进行控制，与接触器 KM2、制动电阻器 *R* 及速度继电器的配合，能实现串电阻瞬时冲动。

2）XA6132 型铣床进给电动机 M2 的冲动控制。M2 的进给瞬时冲动控制通过接触器 KM3、KM4 与行程开关及 KM5、牵引电磁铁 YA 配合来实现。

试题精选：

XA6132 型铣床（C）的冲动控制是由位置开关 SQ7 接通反转接触器 KM2 实现的。

A. 冷却泵电动机 M3　　B. 风扇电动机 M4

C. 主轴电动机 M1　　D. 进给电动机 M2

鉴定点 13　XA6132 型铣床工作台移动控制方法

问：XA6132 型铣床工作台是如何进行移动控制的？

答：XA6132 型铣床工作台移动控制的方法如下：

工作台的纵向、横向和垂直运动都由进给电动机 M2 驱动，接触器 KM3 和 KM4 使 M2 实现正反转，用以改变进给运动方向。它的控制电路采用了与纵向运动机械操作手柄联动的行程开关 SQ1、SQ2 和横向及垂直运动机械操作手柄联动的行程开关 SQ3、SQ4，相互组成复合联锁控制，即在选择 3 种运动形式的 6 个方向移动时，只能进行其中一个方向的移动，以确保操作安全。当这两个机械操作手柄都在中间位置时，各行程开关都处于未受压的原始状态，如图 1-3 中所示。

在机床接通电源后，将控制圆工作台的组合开关 SA1 扳到断开位置，使触头SA1-1（17-18）和 SA1-3（11-21）闭合，而触头 SA1-2（19-21）断开，再将选择工作台自动与手动控制的组合开关 SA2 扳到手动位置，使触头 SA2-1（18-25）断开，而 SA2-2（21-22）闭合，然后起动 M1。这时接触器 KM1 吸合，使 KM1（8-13）闭合，就可进行工作台的进给控制。

（1）工作台垂直（上下）和横向（前后）运动的控制　工作台的垂直和横向运动，由垂直和横向进给手柄操纵。此手柄是复式的，有两个完全相同的手柄分别安装在工作台左侧的前、后方。手柄的联动机械一方面能压下行程开关 SQ3 或 SQ4，同时能接通垂直或横向进给离合器。操纵手柄有 5 个位置，5 个位置是联锁的，工作台的上下和前后的终端保护是利用安装在床身导轨旁与工作台座上的撞铁，将操纵十字手柄撞到中间位置，使 M2 断电停转。

① 工作台向上运动的控制：在 M1 起动后，将操纵手柄扳至向上位置，其联动机构一方面机械上接通垂直离合器，同时压下行程开关 SQ4，图区 19 上的 SQ4-2（15-16）断开，图区 25 上的 SQ4-1（18-27）闭合。接触器 KM4 线圈通电吸合，M2 反转，工作台向上运动。

② 工作台向后运动的控制：当操纵手柄扳至向后位置，机械上接通横向进给离合器，而压下的行程开关仍是 SQ4，所以在电路上仍然接通 KM4，M2 也是反转，但在横向进给离合器的作用下，机械传动装置带动工作台向后进给运动。

③ 工作台向下运动的控制：将操纵手柄扳至向下位置时，机械上接通垂直进给离合器，

同时压下行程开关 SQ3，其图区 19 上的常闭触头 SQ3-2（16-17）断开，图区 20 上的常开触点 SQ3-1（18-19）闭合，接触器 KM3 吸合，M2 正转，工作台向下进给运动。

④ 工作台向前运动的控制：当操纵手柄扳至向前位置时，机械上接通横向进给离合器，而压下的行程开关仍是 SQ3，所以在电路上仍然接通 KM3，M2 也是正转，但在横向离合器的作用下，机械传动装置带动工作台向前运动。

（2）工作台纵向（左右）运动的控制　工作台的纵向运动也是由进给电动机 M2 驱动的，由纵向操纵手柄来控制。此手柄也是复式的，一个安装在工作台底座的顶面中央部位，另一个安装在工作台底座的左下方。手柄有 3 个位置：向左、向右、零位。当手柄扳到向右或向左运动方向时，手柄的联动机构压下行程开关 SQ1 或 SQ2，使接触器 KM3 或 KM4 动作，控制进给电动机 M2 的正反转。工作台左右运动的行程，可通过调整安装在工作台两端的撞铁位置来实现。当工作台纵向运动到极限位置时，撞铁撞动纵向操纵手柄，使它回到零，M2 停转，工作台停止运动，从而实现了纵向终端保护。

① 工作台向左运动：M1 起动后，将操纵手柄扳至向左位置，一方面在机械上接通纵向离合器，同时压下行程开关 SQ2，使图区 25 上的行程开关常闭触头 SQ2-2 断开，图区 24 上的行程开关 SQ2-1 闭合，而其他控制进给运动的行程开关都处于原始位置。此时，使接触器 KM4 吸合，M2 反转，工作台向左进给运动。

② 工作台向右运动：当操纵手柄扳至向右位置时，机械上仍然接通纵向进给离合器，但却压动了行程开关 SQ1。其 SQ1 常闭触头（17-23）断开，常开触头（18-19）闭合，这样，接触器 KM3 吸合，M2 正转，工作台向右进给运转。

③ 工作台的快速进给控制。为提高劳动生产率，要求铣床在不进行铣切加工时，工作台能够快速移动。工作台快速移动控制分为手动和自动两种控制方法。铣工在操作时，多数采用手动快速进给控制。

工作台快速进给也是由进给电动机 M2 来驱动的，在纵向、横向和垂直 3 种运动形式 6 个方向上都可以实现快速进给控制。

主轴电动机起动后，将进给操纵手柄扳到所需位置，工作台按照选定的速度和方向进行常速进给移动时，再按下快速进给按钮 SB5（或 SB6），使接触器 KM5 通电吸合，接通牵引电磁铁 YA，电磁铁通过杠杆使摩擦离合器闭合，减少中间传动装置，使工作台按原运动方向做快速进给运动。当松开快速进给按钮时，电磁铁 YA 断电，摩擦离合器断开，快速进给运动停止，工作台仍按原常速进给时的速度继续运动。

试题精选：

XA6132 型铣床进给电动机 M2 的（B）有左、中、右三个位置。

A. 前后（横向）和升降十字操作手柄　B. 左右（纵向）操作手柄

C. 高低速操作手柄　D. 起动制动操作手柄

鉴定点 14　XA6132 型铣床工作台回转控制方法

问：XA6132 型铣床工作台是如何进行回转控制的？

答：XA6132 型铣床工作台回转控制方法如下：

铣床如需铣削加工螺旋槽、弧形槽等曲线时，可在工作台上安装圆形工作台及其传动机械。圆形工作台的回转运动也是由进给电动机 M2 经传动机构驱动的。

圆形工作台工作时，应先将进给操纵手柄都扳到中间（停止）位置，然后将圆形工作台组合开关 SA1 扳到接通位置，这时图 1-3 中图区 19 和图区 20 上的 SA1-1 及 SA1-3 断开，图区 22 上的 SA1-2 闭合。准备就绪后，按下主轴起动按钮 SB3 或 SB4，则接触器 KM1 与 KM3 相继吸合，主轴电动机 M1 与进给电动机 M2 相继起动并运转，而进给电动机仅以正转方向带动圆形工作台作定向回转运动，此时 KM3 的通电回路为：1-2-3-7-8-13-12-11-15-16-17-23-22-21-19-20-KM3-0。若要使圆形工作台停止运动，可按下主轴停止按钮 SB1 或 SB2，则主轴与圆形工作台同时停止工作。

由上面的通电回路可知，圆形工作台不能反转，只能定向作回转运动，并且不允许工作台在纵向、横向和垂直方向上有任何运动。当圆形工作台工作时，若误操作而扳动进给运动操纵手柄，由于实现了电气上的联锁，就立即切断圆形工作台的控制电路，电动机停止运转。

试题精选：

XA6132 型铣床使用圆形工作台时必须将圆形工作台转换开关 SA1 置于（C）位置。

A. 左转　　B. 右转　　C. 接通　　D. 断开

鉴定点 15　XA6132 型铣床电路的电气保护措施

问：XA6132 型铣床电路的电气保护措施有哪些？

答：XA6132 型铣床电路的电气保护措施如下：

1）XA6132 型铣床电路的短路保护分别由 FU1、FU2、FU3 和 FU4 来实现。

2）XA6132 型铣床电路的过载保护分别由 FR1、FR2、FR3 来实现。

3）XA6132 型铣床工作台的电路终端限位保护由位置开关来实现。

试题精选：

XA6132 型铣床工作台的终端极保护由（B）来实现。

A. 速度继电器　　B. 位置开关　　C. 控制手柄　　D. 热继电器

鉴定点 16　XA6132 型铣床电路的常见故障维修

问：XA6132 型铣床电路的常见故障有哪些？

答：XA6132 型铣床常见电气故障及原因如下：

（1）主电路故障

1）如果主轴电动机不能制动。主轴不能制动时要首先检查按下停止按钮 SB1 或 SB2 后，反接制动接触器 KM2 是否吸合，若 KM2 不吸合，则故障原因一定在控制电路部分，检查时可先操作主轴变速冲动手柄，若有冲动，故障范围就缩小到速度继电器和按钮支路上。若 KM2 吸合，则故障原因就较复杂一些，其故障原因之一，是主电路的 KM2、R 制动支路中，至少有两相断路故障存在；其二是，速度继电器的常开触头过早断开，但在检查时，只要仔细观察故障现象，这两种故障原因是能够区别开的，前者的故障现象是完全没有制动作用，而后者则是制动效果不明显。

从以上分析可知，主轴停车时无制动的故障原因，较多是由于速度继电器 KS 发生故障引起的。如KS常开触头不能正常闭合，其原因有推动触头的胶木摆杆断裂；KS轴伸端圆销扭弯、磨损或弹性连接元件损坏；销钉松动或打滑等。若KS常开触头过早断开，其原因有KS动触头的反力弹簧调节过紧；KS的永久磁铁转子的磁性衰减等。

2）按下停止按钮后主轴转动不停。产生这种故障的原因有：接触器KM1主触头熔焊；反接制动时两相运行；起动按钮SB3或SB4在起动M1后绝缘被击穿。这三种故障原因，在故障现象上是能够加以区别的：如按下停止按钮后，KM1不释放，则故障可断定是由KM1主触头熔焊引起的；如按下停止按钮后，接触器的动作顺序正确，即KM1能释放，KM2能吸合，同时伴有“嗡嗡”声或转速过低，则可断定是制动时主电路和断相故障存在；若制动时接触器动作顺序正确，电动机也能进行反接制动，但放开停止按钮后，电动机又再次自行起动，则可断定是起动按钮绝缘被击穿引起的。

（2）工作台常见故障

1）工作台不能作向上进给运动。由于铣床电气控制电路与机械系统的配合密切和工作台向上进给运动的控制是处于多回路线路之中，因此，不宜采用逐个检查的方法。在检查时，可先依次进行快速进给、进给变速冲动或圆形工作台向前进给、向左进给及向后进给的控制，来逐步缩小故障的范围，然后再进行逐个检查故障范围内的元器件、触头、导线及连接点，来查出故障点。在检查时，还必须考虑到由于机械磨损或移位使操纵失灵等因素，若发现此类故障，应与机修钳工配合进行修理。

假设故障点在图区25上行程开关SQ4-1。由于安装螺钉松动而移动位置，造成操纵手柄虽然到位，但触头SQ4-1（18-27）仍不能闭合时，在检查时，若进行进给变速冲动控制正常后，即可排除与向上进给相关的公共支路上存在故障的可能性。也就说明向上进给回路中，线路11-21-22-23-17是完好的，再通过向左进给控制正常，又能排除线路17-18和7-28-0存在故障的可能性。这样就将故障的范围缩小到18-(SQ4-1)-27的范围内。再经过仔细检查或测量，就能很快找出故障点。

2）工作台纵向不能进给运动。应先检查横向或垂直进给是否正常，如果正常，说明进给电动机M2、主电路、接触器KM3、KM4及与纵向进给相关的公共支路都正常，此时应重点检查图区19上的行程开关SQ6（11-15）、SQ4-2及SQ3-2，即线号为11-15-16-17支路，因为只要三对常闭触头中有一对不能闭合或有一根线头脱落就会使纵向不能进给。然后再检查进给变速冲动是否正常，如果进给变速冲动也正常，则故障范围可缩小到在SQ6（11-15）及SQ1-1、SQ2-1上，但一般SQ1-1、SQ2-1两对常开触头同时发生故障的可能性很小，而SQ6（11-15）由于进给变速时，常因用力过猛而容易损坏，所以可先检查SQ6（11-15）触头，直至找到故障点并予以排除。

3）工作台各个方向都不能进给。可先进行进给变速冲动或圆形工作台控制，如果正常，则故障可能在图区19上的行程开关SA1-1及引接线17、18号上，若进给变速也不能工作，要注意接触器KM3是否吸合。如果KM3不能吸合，则故障可能发生在控制电路的电源部分，即8-13-12-11号线路及0号线上，若KM3能吸合，则应着重检查主电路，包括电动机的接线及绕组是否存在故障。

试题精选：

XA6132型铣床的圆形工作台控制开关在“接通”位置时会造成（C）。

A. 主轴电动机不能起动　　　　B. 冷却泵电动机不能起动

C. 工作台各方向都不能进给　　　　D. 主轴冲动失灵

鉴定点 17　龙门刨床的组成及特点

问：龙门刨床主要由哪几部分组成？其特点有哪些？

答：龙门刨床是一种机械化和自动化程度较高。电气控制电路复杂的大型设备。龙门刨床主要由床身、横梁、刀架、立柱、导轨等部分组成。其上有 V 形和 U 形导轨，工作台用于安置工件，工作台下面有齿条与传动机构齿轮相啮合，可作往复运动。横梁用于安置垂直刀架，加工时严禁动作，只在更换工件时才移动，以调整刀架高度。左右垂直刀架可沿横梁导轨在水平方向，或沿刀架本身的滑板导轨在垂直方向作快速或工作进给。左右侧刀架及进给箱可沿立柱导轨上下快速移动或自动进给。

试题精选：

（√）龙门刨床主要由床身、横梁、刀架、立柱、导轨、工作台等部分组成。

鉴定范围 3　临时供电、用电设备设施的安装与维护

鉴定点 1　临时用电负荷计算

问：什么是临时用电？临时用电负荷是如何计算的？

答：临时用电是指基建工地、农田基本建设、农村养殖业和非正常年景的新增抗旱、排涝用电及其他需要在电力部门立户表计之外，新接电源的用电时间一般不超过 1 年。

临时用电不包括农业周期性、季节性已由电力部门装设固定接电装置的用电，如脱粒机、小电泵、黑光灯等电力设备。临时用电负荷的计算：

（1）计算负荷的概念　全年中负荷最大工作班内消耗电能最大的半小时，其平均功率称为半小时最大负荷 P_{30}。通常把半小时最大负荷 P_{30}称为“计算负荷”，并作为按发热条件选择电气设备的依据。

当供电线路上只连接一台用电设备时，线路的计算负荷可按设备容量来确定，此时求单台电动机的计算负荷公式为

$$P_{30}=P_N/\eta_N$$

对白炽灯、电热设备、电炉变压器等的计算负荷公式为

$$P_{30}=P_N$$

式中 P_N 是用电设备的额定功率，单位为 kW；η_N 是用电设备额定容量时的效率。

当工厂、车间供配电干线上均连接有多台用电设备时，由于用电设备的特性各异，各设备不一定同时工作，同时工作的设备也不一定都满负荷，设备本身及配电线路有功率损耗，还有其他人为用电因素，这些都影响到电力负荷，所以负荷计算无法用一个“精确”的公式来确定。

计算负荷是供配电系统设计计算的基本依据。计算负荷的确定是否合理，将直接影响到用电设备和导线电缆的选择是否经济合理。工程上依据不同的计算目的，针对不同类型的用户和不同类型的负荷，在实践中总结出了各种负荷的计算方法，一般有估算法、需要系数

法、二项式法和单相负荷计算法等。

（2）按需要系数法确定计算负荷

需要系数的含义可用一组用电设备为例来进行说明。设某组设备有几台电动机，其额定总容量为 P_e，由于该组电动机实际上不一定都同时运行，而且运行的电动机也不可能都满负荷，同时设备本身及配电线路也有功率损耗，因此这组电动机的有功计算负荷应为

$$P_{30}=\frac{K_{\Sigma}K_{L}}{\eta_{N}\eta_{WL}}P_{e}$$

式中，η_N 是指用电设备的输出容量与输入容量之间具有的平均效率；因用电设备不一定满负荷运行，因此引入负荷系数 K_L；用电设备本身以及配电线路有功率损耗，所以引入一个线路平均效率 η_{WL}；用电设备组的所有设备不一定同时运行，故引入一个同时系数 K_{Σ}。令式中 $K_{\Sigma}K_{L}/\eta_{N}\eta_{WL}=K_d$，即

$$K_d=\frac{P_{30}}{P_e}=\frac{K_{\Sigma}K_{L}}{\eta_{N}\eta_{WL}}$$

式中 K_d 就是用电设备组的需要系数，即用电设备组在最大负荷时需要的有功功率与其设备容量的比值。

实际上，需要系数 K_d 不仅与用电设备组的工作性质、设备台数、设备效率和线路损耗等因素有关，而且与操作人员的技能和生产组织等多种因素都有关，因此应尽可能地通过实际测量分析确定，一般设备台数多时取较小值，台数少时取较大值，以使尽量接近实际。

（3）三相用电设备组计算负荷的基本公式

1）有功计算负荷：$P_{30}=K_dP_e$。

2）无功计算负荷：$Q_{30}=P_{30}\tan\varphi$。

3）视在计算负荷：$S_{30}=\sqrt{P_{30}^2+Q_{30}^2}=P_{30}/\cos\varphi$。

4）计算电流：$I_{30}=S_{30}/(\sqrt{3}U_N)$。

下面结合例子讲解按需要系数法确定三相用电设备组计算负荷的计算公式。

① 单组用电设备组的计算负荷。

例 1-1　已知某机修车间的金属切削机床组，有电压为 380V 的电动机 30 台，其总的设备功率为 120kW。试求其计算负荷。

解：查有关表得出“小批生产的金属冷加工机床电动机”项，可得 $K_d=0.16\sim0.2$（取 0.18 计算），$\cos\phi=0.5$，$\tan\phi=1.73$。根据公式得：

$$P_{30}=K_dP_e=0.18\times120\text{kW}=21.6\text{kW}$$

$$Q_{30}=P_{30}\tan\varphi=21.6\times1.73\text{kvar}=37.37\text{kvar}$$

$$S_{30}=P_{30}/\cos\varphi=21.6\text{kV}\cdot\text{A}/0.5=43.2\text{kV}\cdot\text{A}$$

$$I_{30}=S_{30}/(\sqrt{3}U_N)=\frac{43.2\text{A}}{\sqrt{3}\times0.38}=65.6\text{A}$$

② 多组用电设备组的计算负荷。确定拥有多组用电设备的干线上或车间变电所低压母线上的计算负荷时，考虑到干线上各组用电设备的最大负荷不同时出现的因素，求干线上的计算负荷时，将干线上各用电设备组用电设备的计算负荷相加后应乘以相应的最大负荷同时

系数。有功、无功同时系数可取：$K_{\Sigma P}=0.85\sim0.95$，$K_{\Sigma Q}=0.9\sim0.97$。

若进行计算的负荷有多种，则可将用电设备按其设备性质不同分成若干组，对每一组选用合适的需要系数，计算出每组用电设备的计算负荷，然后由各组计算负荷求总的计算负荷。所以需要系数法一般用来求多台三相用电设备的计算负荷。

求车间变电所低压母线上的计算负荷时，如果是以车间用电设备为范围进行分组，求出各用电设备组的计算负荷，然后相加求车间低压母线计算负荷，此时同时系数取为：$K_{\Sigma P}=0.8\sim0.9$，$K_{\Sigma Q}=0.85\sim0.95$。如果是用车间干线计算负荷相加来求出低压母线计算负荷，则同时系数取为：$K_{\Sigma P}=0.9\sim0.95$，$K_{\Sigma Q}=0.93\sim0.97$。

求多组用电设备或多条干线总的计算负荷时，所用公式如下：

总有功计算负荷：$P_{30}=K_{\Sigma P}\sum P_{30i}$

总无功计算负荷：$Q_{30}=K_{\Sigma Q}\sum Q_{30i}$

总视在计算负荷：$S_{30}=\sqrt{P_{30}^2+Q_{30}^2}$

总的计算电流：$I_{30}=S_{30}/(\sqrt{3}U_N)$

其中 U_N 为用电设备组或干线的额定电压，单位为 kV。

需要系数值与用电设备的类别和工作状态有关，计算时一定要正确判断，否则会造成错误。如机修车间的金属切削机床电动机属于小批生产的冷加工机床电动机；各类锻造设备应属热加工机床等。

用需要系数法来求计算负荷，其特点是简单方便，计算结果较符合实际，而且长期使用已积累了各种设备的需要系数，因此是世界各国均普遍采用的基本方法。但是，把需要系数看作与一组设备中设备的多少及容量是否相差悬殊等都无关的固定值，就会使考虑不全面。实际上只有当设备台数较多、总容量足够大、没有特大型用电设备时，表中的需要系数值才较符合实际。所以，需要系数法普遍应用于求用户、全厂和大型车间变电所的计算负荷。而在确定设备台数较少而容量差别极大的分支干线的计算负荷时，我们常采用二项式法。

③ 对连续工作制和短时工作制的用电设备组，设备容量是所有设备的铭牌额定容量之和。

④ 对断续周期工作制的用电设备组的设备容量，就是将其所有设备在不同负荷持续率下的铭牌额定容量统一换算到一个规定的负荷持续率下的容量之和。其中电焊机要求容量统一换算到 $\varepsilon=100\%$，故有功设备容量为

$$P_e=P_N\sqrt{\frac{\varepsilon_N}{\varepsilon_{100}}}=S_N\cos\varphi\sqrt{\varepsilon_N}$$

起重机电动机组，要求容量统一换算到 $\varepsilon=25\%$，由此可得起重机电动机组的设备容量为

$$P_e=P_N\sqrt{\frac{\varepsilon_N}{\varepsilon_{25}}}=2P_e\sqrt{\varepsilon_N}$$

（4）工厂电气照明负荷的确定　照明供电系统是工厂供电系统中的一个组成部分。电气照明负荷也是电力负荷的一部分。良好的照明环境是保证工厂安全生产、提高劳动生产率、提高产品质量、改善职工劳动环境、保障职工身体健康的重要方面。工厂的电气照明设计，一般应根据生产的性质、厂房自然条件等因素选择合适的光源和灯具，进行合理的布

局，使工作场所的照明度达到规定的要求。

1）照明设备容量的确定。

① 白炽灯、碘钨灯等不需要使用镇流器的照明设备，容量通常指灯头的额定功率，即 $P_e = P_N$。

② 荧光灯、高压汞灯、金属卤化物灯等需要使用镇流器的照明设备，其容量包括镇流器中的功率损失，所以一般略高于灯头的额定功率，即 $P_e = 1.1P_N$。

③ 照明设备的额定容量还可按建筑物的单位面积容量法估算，即 $P_e = \omega S/1000$；其中 ω 是建筑物单位面积的照明容量，单位为 W/m^2；S 是建筑物的面积，单位是 m^2。

2）照明计算负荷的确定。

照明设备通常都是单相负荷，在设计安装时应将它们均匀地分配到三相电路上，力求减少三相负荷不平衡状况。设计规范规定，如果三相电路中单相设备总容量不超过三相设备容量的 15%时，且三相明显不对称时，则首先应将单相设备容量换算为等效三相设备容量。换算的简单方法是：选择其中最大的一相单相设备容量乘以 3，作为等效三相设备容量，再与需要系数及功率因数值按表 1-2 选取，负荷计算公式如前面所讲的需要系数法。

表 1-2　照明设备组的需要系数及功率因数

光源类别	需要系数 K_d	功率因数 $\cos\varphi$				
		白炽灯	荧光灯	高压汞灯	高压钠灯	金属卤化物灯
生产车间办公室	0.8~1	1	0.9（0.55）	0.45~0.65	0.45	0.40~0.61
变配电所、仓库	0.5~0.7	1	0.9（0.55）	0.45~0.65	0.45	0.40~0.61
生活区宿舍	0.6~0.8	1	0.9（0.55）	0.45~0.65	0.45	0.40~0.61
室外	1	1	0.9（0.55）	0.45~0.65	0.45	0.40~0.61

试题精选：

临时用电是指基建工地、农田基本建设、农村养殖业和非正常年景的新增抗旱、排涝用电及其他需要在电力部门立户表计之外，新接电源的用电时间一般不超过（C）。

A. 3 个月　　B. 6 个月　　C. 1 年　　D. 1.5 年

鉴定点 2　临时供电、用电设备及技术指标

问：临时供电、用电设备主要有哪些？其技术指标有哪些？

答：临时供电设备主要是电力变压器；用电设备主要有三相异步电动机和照明设备。例如：电力变压器、发电机组、配电箱和开关箱；起重机（塔吊）、建筑电动生产机械和手动电动工具和电焊机等设备。

技术指标有：

1）临时供电方式：TN—S 即三相五线制，三级配电，二级保护。

2）保护措施：采用保护接零；部分设备加装漏电保护器。

试题精选：

临时供电方式应采用（A）系统。

A. TN—S　　B. TN—C　　C. TN—C—S　　D. IT

鉴定点3　临时用电的组织设计

问：临时用电的组织设计包括哪些内容？

答：施工现场临时用电设备在5台及以上或设备总容量在50kW及以上时，应编制用电组织设计。施工现场临时用电组织设计包括以下内容：

1）现场勘测。

2）确定电源进线、变电所或配电室、配电装置、用电设备位置及线路走向。

3）进行负荷计算。

4）选择变压器。

5）设计配电系统：

①设计配电线路，选择导线或电缆。

②设计配电装置；选择电器。

③设计接地装置。

④绘制临时用电工程图样。

6）设计防雷装置。

7）确定防护措施。

试题精选：

施工现场临时用电设备在5台及以上或设备总容量在（A）kW及以上时，应编制用电组织设计。

A. 50　　B. 80　　C. 100　　D. 150

鉴定点4　接地装置施工与验收规范

问：对临时用电的接地及接地电阻是如何规定的？

答：JGJ 46—2005《施工现场临时用电安全技术规范》规定：

1）单台容量超过100kV·A或使用同一接地装置并联运行且总容量超过100kV·A的电力变压器或发电机的接地电阻不应大于4Ω。

2）单台容量超过100kV·A或使用同一接地装置并联运行且总容量不超过100kV·A的电力变压器或发电机的接地电阻不应大于10Ω。

3）在土壤电阻率较大的地区，工作接地电阻不应大于30Ω。

4）TN系统中的保护零线除必须在配电室或总配电箱处做重复接地外，还必须在配电系统的中间处和末端做重复接地。每一处重复接地装置的接地电阻值不应大于10Ω。

试题精选：

对临时用电的每一处重复接地装置的接地电阻值不应大于（B）Ω。

A. 4　　B. 10　　C. 30　　D. 100

鉴定点5　施工现场临时用电安全技术规范对保护接零的要求

问：在TN系统中，哪些设备需要做保护接零？

答：在TN系统中，下列电气设备不带电的裸露可导电部分应进行保护接零：

1）电机、变压器、电器、照明器具、手持式电动工具的外壳。

2）电气设备传动装置的金属部件。

3）配电柜与金属柜的金属框架。

4）配电装置的金属箱体、扛架及靠近带电部分的金属围栏和金属门。

5）电力线路的金属保护管、敷线的钢索、起重机的底座和轨道、滑升模板金属操作平台等。

6）安装在电力线路杆（塔）上的开关和电容器等电气装置的金属外壳及支架。

另外，城防、人防、隧道等潮湿或条件特别恶劣施工现场的电气设备必须采用保护接零。

试题精选：

（√）在 TN 系统中，施工现场临时用电时，城防、人防、隧道等潮湿或条件特别恶劣施工现场的电气设备必须采用保护接零。

鉴定点 6　施工现场临时用电对配电室的要求

问：施工现场临时用电对配电室的要求有哪些？

答：施工现场临时用电对配电室的要求有：

1）配电室应靠近电源，并应设置在灰尘少、潮气少、振动小、无腐蚀介质、无易燃易爆物道路畅通的地方。

2）成列的配电柜和控制柜两端应与重复接地线及保护零线进行电气连接。

3）配电室和控制室应能自然通风，并应采取防止雨雪和动物进入的措施。

4）配电室布置应符合下面的要求：

① 配电柜正面的操作通道宽度，单列布置或双列背对背布置时应不小于 1.5m，双列面对面布置时应不小于 2m。

② 配电柜后面的维护通道宽度，单列布置或双列面对面布置时应不小于 0.8m，双列背对背布置时应不小于 1.5m，个别地点有建筑物凸出的地方，则此点通道宽度可减少 0.2m。

③ 配电柜侧面的维护通道宽度应不小于 1m。

④ 配电室的顶棚与地面的距离应不小于 3m。

⑤ 配电室内设置值班或检修室时，该室边沿距配电柜的水平距离应大于 1m，并采取屏障隔离措施。

⑥ 配电室内的裸母线与地面垂直距离小于 2.5m 时，采用遮拦隔离，遮拦下面通道的高度不小于 1.9m。

⑦ 配电室围栏上端与其正上方带电部分的净距应不小于 7.5cm。

⑧ 配电装置的上端距顶棚应不小于 0.5m。

⑨ 配电室内的母线应涂刷有色油漆，以区别相序，L1、L2、L3、N 分别涂黄、绿、红和淡蓝色。

⑩ 配电室的建筑物和构筑物的耐火等级不低于 3 级，室内配置沙箱和可用于电气火灾的灭火器。

⑪ 配电室的门应向外开，并加锁。

⑫ 配电室内的照明应分别设置正常照明和事故照明。

5）配电柜内应装设电能表，并装设电流表和电压表。电流表与计费电能表不得共用一组电流互感器。

① 配电柜内应装设电源隔离开关及短路、过载、漏电保护电器。电源隔离开关分断时应由明显分断标志。

② 配电柜或配电线路维修时，应挂接地线，并应悬挂“禁止合闸，有人工作”停电标志牌。停送电必须有专人负责。

6）配电室应保持整洁，不得堆放任何妨碍操作、维修的杂物。

试题精选：

成列的配电柜和控制柜两端应与（D）进行电气连接。

A. 保护接地　　B. 保护零线

C. 重复接地　　D. 重复接地线及保护零线

鉴定点 7　施工现场临时用电对架空线路的要求

问：施工现场临时用电对架空线路的要求有哪些?

答：施工现场临时用电对架空线路的要求有：

1）架空线路必须架设在专用电杆上，严禁架设在树木、脚手架及其他设施上。

2）架空线路导线截面的选择应符合下列要求：

① 导线中的计算电流不大于其长期连续负荷允许载流量。

② 线路末端电压偏移不大于其额定电压的 5%。

③ 三相四线制线路的 N 线和 PE 线截面积不小于相线截面积的 1/2。

④ 按机械强度要求，绝缘铜线截面积不小于 $10mm^2$，绝缘铝线截面积不小于 $10mm^2$。

3）架空线路一个档距内，每层导线的接头数不得超过该层导线条数的 50%，且一条导线只允许有一个接头。在跨越铁路、公路、河流、电力线路档距内，架空线不得有接头。

4）架空线路相序排列应符合下列规定：

① 动力、照明线路在同一横担上架设时，导线相序排列是：面向负荷侧从左侧起依次为 L1、N、L2、L3。

② 动力、照明线路在二层横担上分别架设时，导线相序排列是：面向负荷侧从左侧起依次为 L1（L2、L3）、N、PE。

5）架空线路的档距不得大于 35m。

6）架空线路的线间距不得小于 0. 3m；靠近电杆的两导线的间距不小于 0. 5m。

7）架空线路宜采用钢筋混凝土杆，并不得有露筋、宽度大于 0. 4mm 的裂纹和扭曲；木杆不得腐朽，其梢径不得小于 140mm。

8）电杆埋设深度宜为杆长的 1/10 加 0. 6m，回填土应分层夯实。在松软土质处宜加大埋入深度或采用卡盘加固。

9）直线杆和 15°以下的转角杆，可采用单横担单绝缘子，但跨越机动车道时应采用单横担双绝缘子；15°～45°的转角杆应采用双横担双绝缘子；45°以上的转角杆，应采用十字横担。

10）架空线路的绝缘子应按下面的方式选择：

① 直线杆采用针式绝缘子。

② 耐张杆采用蝶式绝缘子。

11）电杆的拉线宜采用不少于3根的镀锌钢丝；拉线与电杆的夹角应在30°~45°。

12）拉线埋设深度不得小于1m；电杆拉线如从导线之间穿过，应在高于地面2.5m处装设拉线绝缘子。

13）接户线档距内不允许有接头，进线处离地高度不得低于2.5m，接户线最小截面积应符合规定。

14）架空线路必须有短路保护。采用熔断器作为短路保护时，其熔体额定电流不应大于明敷绝缘导线长期连续负荷允许载流量的1.5倍；采用断路器作为短路保护时，其瞬动过电流脱扣器脱扣电流整定值应小于线路末端单相短路电流。

15）架空线路必须有过载保护。采用熔断器或断路器作为过载保护时，绝缘导线长期连续负荷允许载流量不应小于熔断器熔体额定电流或断路器长延时过电流脱扣器电流整定值的1.25倍。

试题精选：

施工现场临时用电架空线路的档距不得大于（B）m。

A. 25　　B. 35　　C. 49　　D. 50

鉴定点8　施工现场临时用电对电缆线路的要求

问：施工现场临时用电对电缆线路的要求有哪些？

答：施工现场临时用电对电缆线路的要求有：

1）电缆中必须包含全部工作芯线和用作保护零线或保护线的芯线。需要三相四线制的电缆线路必须采用五芯电缆。五芯电缆必须包含淡蓝、绿/黄两种双色绝缘线。

2）电缆截面的选择应符合规定，根据其长期连续负荷允许载流量和允许电压偏移量加以确定。

3）电缆线路应采用埋地或架空敷设，严禁沿地面明敷，并应避免机械损伤和介质腐蚀。埋地电缆路径应设方位标志。

4）电缆类型应根据敷设方式、环境条件选择。埋地敷设宜选用铠装电缆；当选用无铠装电缆时，应能防水、防腐。架空敷设时应选用无铠装电缆。

5）电缆直接埋地敷设的深度不应小于0.7m，并应在电缆紧邻上、下、左、右侧均匀敷设不小于50mm厚的细砂，然后覆盖砖或混凝土板等硬质保护层。

6）埋地电缆在穿越建筑物、构筑物、道路、易受机械损伤、介质腐蚀场所及引出地面从2.0m高到地下0.2m处，必须加设防护套管，防护套管内径不应小于电缆外径的1.5倍。

7）埋地电缆与其附近外电缆和管沟的平行间距不应小于2m，交叉间距不应小于1m。

8）埋地电缆的接头应设在地面上的接线盒内，接线盒应能防水、防尘，防机械损伤，并应远离易燃易爆易腐蚀场所。

9）架空电缆应沿电杆、支架或墙壁敷设，并用绝缘子固定，绑扎线必须采用绝缘线，固定点间距应保证电缆能承受自重所带来的载荷，敷设高度应符合要求，但沿墙壁敷设时，最大弧垂距地面不得小于 2m。架空电缆严禁沿脚手架、树木或其他设施敷设。

10）在建工程内的电缆线路必须采用电缆埋地引入，严禁穿越脚手架引入。电缆垂直敷设时应充分利用在建工程的竖井、垂直孔洞等，并宜靠近用电负荷中心，固定点每层楼不得少于一处。

11）电缆水平敷设时宜沿墙或门口刚性固定，最大弧垂不得小于 2m。

12）电缆线路必须有短路保护和过载保护，短路保护和过载保护电器与电缆的选配应符合规定。

试题精选：

施工现场临时用电，需要三相四线制的电缆线路必须采用五芯电缆。五芯电缆必须包含（D）绝缘线。

A. 淡蓝　　B. 红色

C. 绿/黄　　D. 淡蓝、绿/黄两种双色

鉴定点 9　施工现场临时用电对室内配线的要求

问：施工现场临时用电对室内配线的要求有哪些?

答：施工现场临时用电对室内配线的要求有：

1）室内配线必须采用绝缘导线或电缆。

2）室内配线应根据配线类型采用瓷绝缘子、瓷夹（塑料夹）嵌绝缘槽、穿管或钢索敷设。潮湿场所或埋地非电缆配线必须穿管敷设，管口和管接头应密封；当采用金属管敷设时，金属管必须等电位连接，且必须与 PE 线相连。

3）室内非埋地明敷主干线距地面的高度不得小于 2.5m。

4）室内配线所用导线或电缆截面应根据用电设备或线路的计算负荷确定，铜线截面积不应小于 1.5mm^2，铝线截面积不应小于 2.5mm^2。

5）钢索配线的吊架间距不宜大于 12m。采用瓷夹固定导线时，导线间距不应小于 35mm，瓷夹间距不应大于 800mm；采用瓷绝缘子固定导线时，导线间距不应小于 10mm，瓷绝缘子间距不应大于 1.5m；采用护套绝缘导线或电缆时，可直接敷设在钢索上。

6）室内配线必须有短路保护和过载保护，短路保护和过载保护电器、电缆的选配应符合要求。对穿管敷设的绝缘导线线路，其短路保护熔断器的熔体额定电流不应大于穿管绝缘导线长期连续负荷允许载流量的 2.5 倍。

试题精选：

室内配线所用导线或电缆截面应根据用电设备或线路的计算负荷确定，铜线截面积不应小于（A）mm^2，

A. 1.5　　B. 2.5　　C. 4　　D. 6

鉴定点 10　施工现场临时用电对配电箱和开关箱的要求

问：施工现场临时用电对配电箱和开关箱的要求有哪些?

答：施工现场临时用电对配电箱和开关箱的要求有：

1）配电系统应设置配电柜或总配电箱、分配电箱、开关箱，实行三级配电；配电系统宜使三相负载平衡。220V 或 380V 单相用电设备宜接入 220/380V 系统；当单相照明线路电流大于 30A 时宜采用 220/380V 三相四线制系统。

2）总配电箱下可设置若干分配电箱；分配电箱下可设置若干开关箱。总配电箱应设置在靠近电源的区域，分配电箱应设置在用电设备或负荷相对集中的区域，分配电箱与开关箱的距离不宜超过 30m，开关箱与其控制的固定式用电设备的水平距离不宜超过 3m。

3）每台用电设备必须有各自专用的开关箱，严禁用同一开关箱直接同时控制 2 台或 2 台以上用电设备（含插座）。

4）动力配电箱与照明配电箱宜分别设置。当合并设置为同一配电箱时，动力和照明应分别配电；动力配电箱与照明配电箱必须分别设置。

5）配电箱与开关箱应装设在干燥、通风和常温场所，不得装设在有严重损伤作用的瓦斯、烟气、潮气及其他有害介质中，也不得装设在有易受外来固体撞击、强烈振动、液体浸溅及热源烘烤场所。否则应加以清除或进行防护处理。

6）配电箱与开关箱周围应有足够 2 人同时工作的空间和通道，不得堆放任何妨碍操作、维修的物品，不得有灌木和杂草。

7）配电箱、开关箱应采用冷轧钢板或阻燃绝缘材料制作，箱体表面应进行防腐处理。

8）配电箱、开关箱应装设端正、牢固。固定式配电箱、开关箱的中心点与地面的垂直距离应为 1.4~1.6m。移动式配电箱、开关箱应装设在坚固、稳定的支架上。其中心点与地面垂直距离宜为 0.8~1.6m。

9）配电箱、开关箱内的电器应先安装在金属或非木质阻燃绝缘电器安装板上，然后方可整体紧固在配电箱、开关箱箱体内。金属电器安装板与金属箱应进行电气连接。

10）配电箱、开关箱内的电器应按其规定位置紧固在电器安装板上，不得歪斜和松动。

11）配电箱的电器安装板上必须分设 N 线端子板和 PE 线端子板，N 线端子板必须与金属电器安装板绝缘；PE 线端子板与金属电器安装板进行电气连接。进线中的 N 线必须通过 N 线端子板连接；PE 必须通过 PE 线端子板连接。

12）配电箱、开关箱内的连接线必须采用铜芯绝缘导线。导线绝缘的颜色应符合规定并排列整齐；导线分支接头不得采用螺栓压接，应采用焊接并进行绝缘包扎，不得有外露带电部分。

13）配电箱、开关箱的金属箱体，金属电器安装板以及电器正常不带电的金属底座、外壳等必须通过 PE 线端子板与 PE 线进行电气连接，金属箱门与金属箱体必须通过编织软铜线进行电气连接。

14）配电箱、开关箱中导线的进线口、出线口应设置在箱体的下面。

15）配电箱、开关箱的进线口、出线口应配置固定线卡，进出线应加装绝缘护套并成束卡固在箱体上，不得与箱体直接接触。移动配电箱、开关箱的进、出线应采用橡皮护套绝缘电缆，不得有接头。

16）配电箱、开关箱的外形结构应能防雨、防尘。

17）配电箱、开关箱的电源进线端严禁使用插头和插座连接。

试题精选：

临时供电的总配电箱应设置在靠近电源的区域。分配电箱应安装在用电设备或负荷相对集中的区域。分配电箱与开关箱距离不得超过（B）m。

A. 20　　B. 30　　C. 40　　D. 50

鉴定点 11　施工现场临时用电对配电箱和开关箱电器的要求

问：施工现场临时用电配电箱和开关箱电器有哪些要求？

答：施工现场临时用电配电箱和开关箱电器的要求有：

1）配电箱、开关箱内的电器必须可靠、完好，严禁使用破损、不合格的电器。

2）总配电箱的电器应具备电源隔离，正常接通与分断电路，以及短路、过载、漏电保护功能。电器设置应符合以下原则：

① 当各分路设置漏电保护器时，还应装设总隔离开关、分路隔离开关以及总断路器、分路断路器或总熔断器、分路熔断器。当分路所设漏电保护器是同时具备短路、过载、漏电保护功能的剩余电流断路器时，可不设分路断路器或分路熔断器。

② 隔离开关应设置在电源进线端，应采用分断时具有可见分断点，并能同时断开电源所有极的隔离电器。如采用分断时具有可见分断点的断路器，可不另设隔离开关。

③ 熔断器应选用具有可靠灭弧分断功能的产品。

④ 总开关电器的额定值、动作整定值应与分路开关电器的额定值、动作整定值相适应。

3）总配电箱应装设电压表、总电流表、电能表及其他需要的仪表。装设电流互感器时，其二次回路必须与保护零线有一个连接点，且严禁断开电路。

4）分配电箱应装设总隔离开关、分路隔离开关以及总断路器、分断路器或总熔断器、分熔断器。

5）开关箱必须装设隔离开关、断路器或熔断器以及漏电保护器。

6）开关箱中的隔离开关只可控制照明电路和容量不大于 3kW 的动力线路，但不应频繁操作。大于 3kW 的动力线路应采用断路器控制，操作频繁时还应附设接触器或其他起动控制装置。

7）开关箱中各种开关电器的额定值和动作整定值应与其控制用电设备的额定值和特性相适应。

8）漏电保护器应装设在总配电箱、开关箱靠近负荷开关的一侧，且不得用于起动电气设备操作。

9）漏电保护器的选择应符合现行国家标准。开关箱漏电保护器的动作电流不应大于 30mA，额定漏电动作电流不应大于 15mA，额定漏电动作时间不应大于 0.1s。

10）总配电箱中漏电保护器的极数和线数必须与负荷侧的相数和线数一致。

11）配电箱、开关箱中的漏电保护器宜选用无辅助电源型（电磁式）产品。

12）漏电保护器应按产品说明书安装、使用。对搁置很久重新使用或连续使用的漏电保护器应逐月检测其特性，发现问题及时修理或更换。

试题精选：

漏电保护器应装设在临时供电用配电箱中（A）的负荷侧。

A. 负荷开关　　B. 熔断器　　C. 断路器　　D. 隔离开关

鉴定范围 4　常用电力电子装置的维护

鉴定点 1　变频器的用途

问：变频器有哪些用途?

答：变频器是将固定频率的交流电变换为频率连续可调的交流电的装置。

变频器通常是同时改变交流电动机定子绕组的电压和电源频率，使气隙磁通 Φ_m 保持额定值不变，进而改变电动机的转速。

试题精选：

变频器是通过改变交流电动机定子电压、频率等参数来(A)的装置。

A. 调节电动机转速　　B. 调节电动机转矩

C. 调节电动机功率　　D. 调节电动机性能

鉴定点 2　变频器的分类

问：变频器是如何分类的?

答：变频器的分类如下：

(1) 按变频的原理分类

① 交—交变频器。它只有一个变换环节就可以把恒压恒频（CVCF）的交流电源转换为变压变频（VVVF）的电源，因此，称为直接变频器，又称为交—交变频器。

② 交—直—交变频器。交—直—交变频器又称为间接变频器。基本组成电路有整流电路和逆变电路两部分，整流电路将工频交流电整流成直流电，逆变电路再将直流电逆变成频率可调节的交流电。

(2) 根据变频电源的性质分类　按电源的性质不同变频器可分为电压型变频和电流型变频，如图 1-4 所示。

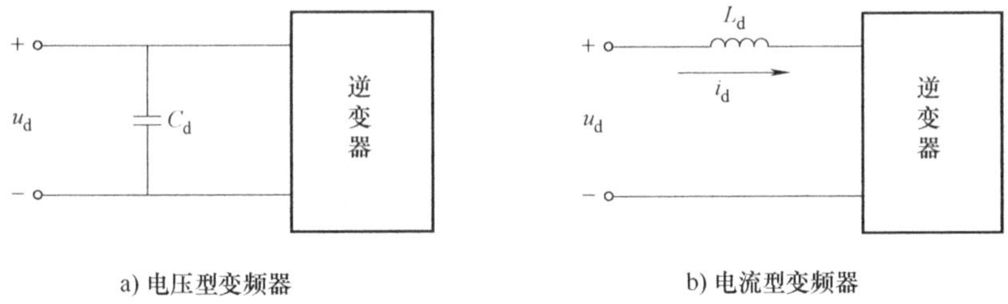

图 1-4　电压型和电流型变频器的主电路结构

(3) 按变频的控制方式分类　按控制方式不同变频器可以分为 U/f 控制、转差频率控制和矢量控制三种类型。

(4) 按用途分类

1) 通用变频器：通用变频器的特点是其通用性。随着变频技术的发展和市场需要的不断扩大，通用变频器也在朝着两个方向发展：一是低成本的简易型通用变频器；二是高性能的多功能通用变频器。

2）专用变频器：

① 高性能专用变频器。随着控制理论、交流调速理论和电力电子技术的发展，异步电动机的 VC 得到发展，VC 变频器及其专用电动机构成的交流伺服系统已经达到并超过了直流伺服系统。此外，由于异步电动机还具有环境适应性强、维护简单等许多直流伺服电动机所不具备的优点，在要求高速、高精度的控制中，这种高性能交流伺服变频器正在逐步代替直流伺服系统。

② 高频变频器。在超精密机械加工中常要用到高速电动机。为了满足其驱动的需要，出现了采用 PAM 控制的高频变频器，其输出主频可达 3kHz，驱动两极异步电动机时的最高转速为 180000r/min。

③ 高压变频器。高压变频器一般是大容量的变频器，最高功率可做到 5000kW，电压等级为 3kV、6kV 和 10kV。

试题精选：

对于一般交流异步电动机的变频调速控制广泛采用的是（B）变频器。

A. 交—交　　B. 交—直—交　　C. 高压变频器　　D. 专用

鉴定点 3　变频器的基本组成

问：变频器主要由哪几部分组成？

答：通用变频器由主电路和控制电路组成。主电路包括整流器、中间直流环节和逆变器。控制电路由运算电路、检测电路、控制信号的输入/输出电路和驱动电路组成。

（1）主电路

1）整流电路。整流电路的主要作用是把三相（或单相）交流电转变成直流电，为逆变电路提供所需的直流电源。按使用的器件不同，整流电路可分为不可控整流电路和可控整流电路，如图 1-5 所示。

不可控整流电路使用的器件为电力二极管（PD），可控整流电路使用的器件通常为普通晶闸管（SCR）。

2）滤波及限流电路。滤波电路通常由若干个电解电容并联成一组，如图 1-5 中 C_1 和 C_2。为了解决电容 C_1 和 C_2 均压问题，在两电容旁各并联一个阻值相等的均压电阻 R_1 和 R_2。

在图 1-5 中，串接在整流桥和滤波电容之间的限流电阻 R_s 和短路开关（虚线所画开关）组成了限流电路。当变频器接入电源的瞬间，将有一个很大的冲击电流经整流桥流向滤波电容，整流桥可能因电流过大而在接入电源的瞬间受到损坏，限流电阻 R_s 可以削弱该冲击电流，起到保护整流桥的作用。在许多新型变频器中 R_s 已由晶闸管替代。

3）直流中间电路。由整流电路可以将电网的交流电源整流成直流电压或直流电流，但这种电压或电流含有电压或电流纹波，将影响直流电压或电流的质量。为了减小这种电压或电流的波动，需要加电容器或电感器作为直流中间环节。

对电压型变频器来说，直流中间电路通过大容量的电容对输出电压进行滤波。

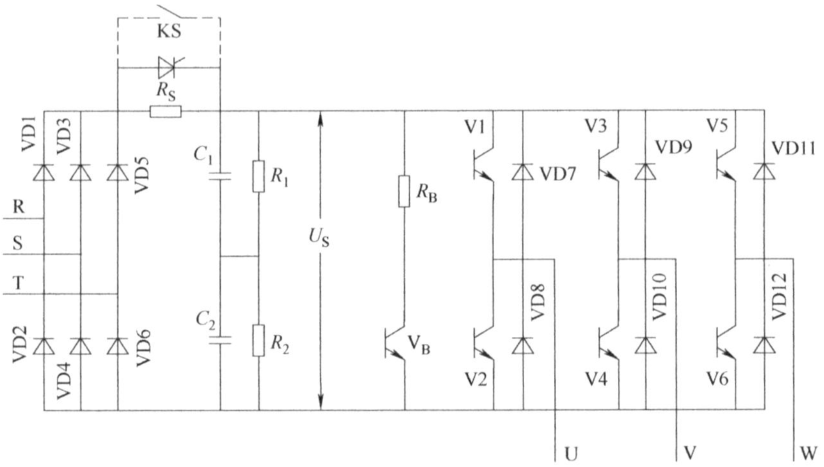

图 1-5 交—直—交电压型变频器主电路

对电流型变频器来说，直流中间电路通过电感对输出电压进行滤波。

4）逆变电路。逆变电路是变频器最主要的部分之一，它的功能是在控制电路的控制下将直流中间电路输出的直流电压，转换为电压频率均可调的交流电压，实现对异步电动机的变频调速控制。变频器中应用最多的是三相桥式逆变电路，如图 1-6 所示，它是由电力晶体管（GTR）组成的三相桥式逆变电路，该电路关键是对开关器件电力晶体管进行控制。目前，常用的开关器件有门极关断（GTO）晶闸管、电力晶体管（GTR 或 BJT）、功率场效应晶体管（P-MOSFET）以及绝缘栅双极型晶体管（IGBT）等，在使用时要查有关使用手册。

在中小容量的变频器中多采用 PWM 开关方式的逆变电路，换流器件为大功率晶体管、绝缘栅双极型晶体管或功率场效应晶体管。随着门极关断晶闸管容量和可靠性的提高，在中大容量的变频器中采用 PWM 开关方式的门极关断晶闸管逆变电路逐渐成为主流。

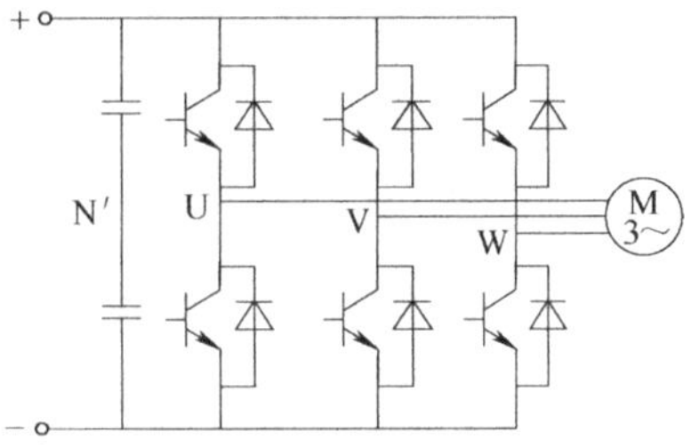

图 1-6 三相桥式逆变电路

在图 1-5 中，由开关管器件 V1～V6 构成的电路称为逆变桥，由 VD7～VD12 构成续流电路。

5）能耗制动电路。在变频调速中，电动机的降速和停机是通过减小变频器的输出频率，从而降低电动机同步转速的方法来实现的。当电动机减速时，在频率刚减小的瞬间，电动机的同步转速随之降低，由于机械惯性，电动机转子转速未变，使同步转速低于电动机的实际转速，电动机处于发电制动运行状态，负载机械和电动机所具有的机械能量被回馈给电动机，并在电动机中产生制动力矩，使电动机的转速迅速下降。

（2）变频器控制电路　为变频器的主电路提供通断控制信号的电路，称为控制电路。其主要任务是完成对逆变器开关器件的开关控制和提供多种保护功能。控制方式有模拟控制和数字控制两种。目前已广泛采用了以微处理器为核心的全数字控制技术，主要靠软件完成各种控制功能，以充分发挥微处理器计算能力强和软件控制灵活性高的特点，完成许多模拟控制方式难以实现的功能。控制电路主要由以下部分组成。

1）运算电路。运算电路的主要作用是将外部的速度、转矩等指令信号同检测电路的电流、电压信号进行比较运算，决定变频器的输出频率和电压。

2）信号检测电路。将变频器和电动机的工作状态反馈至微处理器，并由微处理器按事先确定的算法进行处理后为各部分电路提供所需的控制或保护信号。

3）驱动电路。驱动电路的作用是为变频器中逆变电路的换流器件提供驱动信号。当逆变电路的换流器件为晶体管时，称为基极驱动电路；当逆变电路的换流器件为普通晶闸管、绝缘栅双极型晶体管或门极关断晶闸管时，称为门极驱动电路。

4）保护电路。保护电路的主要作用是对检测电路得到的各种信号进行运算处理，以判断变频器本身或系统是否出现异常。当检测到出现异常时，进行各种必要的处理，如使变频器停止工作或抑制电压、电流值等。

试题精选：

在通用变频器主电路中的电源整流器较多采用（B）。

A. 快恢复二极管　　B. 普通整流二极管

C. 肖特基二极管　　D. 普通晶闸管

鉴定点 4　变频器型号的概念

问：变频器的型号是如何规定的？

答：变频器的型号都是生产厂家自定的产品系列名称，无特定的含义，但其中一般包括电压级别和标准适配电动机的功率，可作为选用变频器的参考。

例如 FR—A700，其中 FR—变频器名称；A—多功能高性能；700—产品系列代号。

试题精选：

FR—A700 系列变频器是三菱（A）变频器。

A. 多功能高性能　　B. 经济型高性能

C. 水泵和风机专用型　　D. 节能型轻负载

鉴定点 5　变频器的主要技术指标

问：变频器的主要技术指标有哪些？

答：变频器的主要技术指标如下：

（1）变频器的输入电源的电压和频率　对我国来说，就是 380V、50Hz。

（2）变频器的连续额定输出电流　这是决定变频器容量大小的主要依据，为需要调速的电动机选用变频器时，一定要使电动机的额定电流小于变频器的连续额定电流并留有一定裕量。

（3）变频器过负荷能力　一般变频器的过负荷能力均为 150% 1min 或 200% 30s，某些产品过负荷能力可过负荷到 200%、时间为 1min。变频器的过负荷能力不仅反映在设计变频器时所采用控制方式的优劣，也反映主要开关器件正常使用时所保留的裕量。

（4）变频器的输出频率范围　通用变频器的频率调节范围一般为 0~120Hz 或0~400Hz。

（5）变频器的载频频率范围　又称为调制频率或开关频率。现在市场上销售的变频器属于第三代产品，其采用的开关器件为绝缘栅双极型晶体管或智能功率模块，其开关频率最高可达 15kHz。从开关频率的大小可看出该变频器是采用何种开关器件？大功率晶体管的开关频率只能达到2kHz左右，绝缘栅双极型晶体管的开关频率可达15kHz左右。

（6）加减速时间范围　目前市场上出售的变频器的加减速时间范围大致都在0~3600s。有的变频器还设有第二加减速时间，甚至第三加减速时间。

（7）再生制动力矩　电动机在制动过程中，电动机要将其机械能转换成电能回馈给电网。在用变频器驱动电动机时，一般交—直—交变频器本身不能将再生制动的能量回馈给电网，只能靠变频器本身的中间环节大电容或大电感吸收，但这是有限的。所以仅靠变频器的中间环节提供制动力矩很有限，一般仅能提供15%~20%的制动力矩。有的变频器产品，如三菱FR—A200系列和富士FVR·E9S系列，功率在7.5kW以下时，内部自带制动单元，制动力矩可达100%~200%。不自带制动单元的变频器，其制动力矩只能在15%~20%。

（8）变频器的控制方式　为了能适应各种不同运行工况，现在的变频器通常都具有几种控制方式以供选择。一般变频器都具有U/f控制方式和矢量控制方式。

（9）其他功能　为了提高变频器的运行特性和运行可靠性，变频器还具有很多其他功能，如直流制动、失速保护、过电流保护、过电压保护、欠电压保护、过热保护及瞬时停电保护、定速运行、点动运行及避开谐振点等。

试题精选：

变频器输出侧技术数据中（A）是用户选择变频器容量时的主要依据。

A. 额定输出电流　　B. 额定输出电压　　C. 输出频率范围　　D. 配用电动机功率

鉴定点6　变频器的主要参数

问：变频器的主要参数有哪些？

答：变频器的主要参数如下：

（1）基本频率参数的功能

1）给定频率。用户根据生产工艺的需求所设定的变频器输出频率。例如：原来工频供电的风机电动机现改为变频调速供电，就可设置给定频率为50Hz，其设置方法有两种：一种是用变频器的操作面板来输入频率的数字量50；另一种是从控制接线端上用外部给定（电压或电流）信号进行调节，最常见的形式就是通过外接电位器来完成。

① 给定频率方式的选择功能。频率给定可有三种方式供用户选择：

a. 面板给定方式。通过面板上的键盘设置给定频率。

b. 外接给定方式。通过外部的模拟量或数字输入给定端口，将外部频率给定信号输入变频器。

c. 通信接口给定方式。由计算机或其他控制器通过通信接口进行给定。

② 外接给定信号的选择。外接给定信号有以下两种：

a. 电压信号。电压信号一般有0~5V、0~±5V、0~10V、0~±10V等几种。

b. 电流信号。电流信号一般有0~20mA、4~20mA两种。

2）输出频率。输出频率即变频器实际输出的频率。当电动机所带的负载变化时，为使拖动系统稳定，此时变频器的输出频率会根据系统情况不断地调整。因此输出频率是在给定频率附近经常变化的。

3）基准频率。基准频率也叫作基本频率，用f_b表示。一般以电动机的额定频率f_N作为基准频率f_b的给定值。

4）基准电压。基准电压是指输出频率到达基准频率时变频器的输出电压，基准电压通常取电动机的额定电压U_N。

5）上限频率和下限频率。上限频率和下限频率是指变频器输出的最高、最低频率，常用f_H和f_L来表示。

（2）其他频率参数

1）点动频率。点动频率是指变频器在点动时的给定频率。如果预置了点动频率，则每次点动时，只需要将变频器的运行模式切换至点动运行模式即可，不必再改动给定频率了。

2）载波频率（PWM 频率）。PWM 变频器的输出电压是一系列脉冲，脉冲的宽度和间隔均不相等，其大小取决于调制波（基波）和载波（三角波）的交点。载波频率越高，一个周期内脉冲的个数越多，也就是说脉冲的频率越高，电流波形的平滑性就越好，但是对其他设备的干扰也越大。载波频率如果预置不合适，还会引起电动机铁心的振动而发出噪声，因此一般的变频器都提供了 PWM 频率调整的功能，使用户在一定的范围内可以调节该频率，从而使得系统的噪声最小，波形平滑性最好，同时干扰也最小。

3）起动频率。起动频率是指电动机开始起动时的频率，常用f_S表示；这个频率可以从 0 开始，但是对于惯性较大或是摩擦转矩较大的负载，需加大起动转矩。此时可使起动频率加大至f_S，此时起动电流也较大。一般的变频器都可以预置起动频率，一旦预置该频率，变频器对小于起动频率的运行频率将不予理睬。

给定起动频率的原则是：在起动电流不超过允许值的前提下，以拖动系统能够顺利起动为宜。

4）多档转速频率。由于工艺上的要求，很多生产机械在不同阶段需要在不同的转速下运行。为方便这种负载，大多数变频器均提供了多档频率控制功能。它是通过几个开关的通、断组合来选择不同的运行频率。

5）转矩提升。此参数主要用于设定电动机起动时的转矩大小，通过设定此参数，补偿电动机绕组上的电压降，改善电动机低速时的转矩性能，设定过小，起动力矩不够，一般最大值设定为 10%。

6）简单模式参数。可以在初始设定值不作任何改变的状态下实现单纯的变频器可变速运行，可根据负荷或运行规格等设定必要的参数。也可以在操作面板（FR-DU07）进行参数的设定、变更及操作。

通过 Pr. 160 用户参数组读取选择的设定，仅显示简单模式参数（初始设定时将显示全部的参数）。Pr. 160 用户参数组见表 1-3。

表 1-3　Pr. 160 用户参数组

Pr. 160	内容
9999	只能显示简单模式参数
0（初始值）	可以显示简单模式参数和扩展模式参数
1	可以显示用户参数组中登录的参数

试题精选：

变频器常见的各种频率给定方式中，最易受干扰的方式是（B）方式。

A. 键盘给定　　　　　　　　B. 模拟电压信号给定
C. 模拟电流信号给定　　　　D. 通信方式给定

鉴定点 7　变频器的工作原理

问：简述变频器的工作原理。

答：由电动机理论可知，三相异步电动机定子每相电动势的有效值为

$$E_1 = 4.44 f_1 N_1 \Phi_m$$

式中　E_1——旋转磁场切割定子绕组产生的感应电动势，单位为 V；
f_1——定子电流频率，单位为 Hz；
N_1——定子相绕组有效匝数；
Φ_m——每极磁通量，单位为 Wb。

由上式可见，Φ_m 的值是由 E_1 和 f_1 共同决定的，对 E_1 和 f_1 进行适当的控制，就可以使气隙磁通 Φ_m 保持额定值不变。具体分析如下：

（1）基频以下的恒磁通变频调速　这是考虑从基频（电动机额定频率 f_{1N}）向下调速的情况。为了保持电动机的负载能力，应保持气隙主磁通 Φ_m 不变，这就要求在降低供电频率的同时降低感应电动势，保持 E_1/f_1 = 常数，即保持电动势与频率之比为常数。这种控制又称为恒磁通变频调速，属于恒转矩调速方式。

但是，E_1 难于直接检测和直接控制。当 E_1 和 f_1 的值较高时，定子的漏阻抗压降相对比较小，如忽略不计，则可以近似地保持定子相电压 U_1 和频率 f_1 的比值为常数，即认为 $U_1 = E_1$，保持 U_1/f_1 = 常数即可，这就是恒压频比控制方式，是近似的恒磁通控制。

当频率较低时，U_1 和 E_1 都比较小，定子漏阻抗压降（主要是定子电阻压降）不能再忽略，这种情况下，可以人为地适当提高定子电压以补偿定子电压降的影响，使气隙磁通基本保持不变。如图 1-7 所示，其中，曲线 1 为 $U_1/f_1 = C$ 时的电压与频率关系，曲线 2 为有电压补偿时（近似的 $E_1/f_1 = C$）的电压与频率关系。实际装置中 U_1 与 f_1 的函数关系并不简单地如曲线 2 所示。通用变频器中 U_1 与 f_1 之间的函数关系有很多种，可以根据负载性质和运行状况加以选择。

（2）基频以上的弱磁变频调速　这是考虑由基频开始向上调速的情况。频率由额定值 f_{1N} 向上增大，但电压 U_1 受额定电压 U_{1N} 的限制不能再升高，只能保持 $U_1 = U_{1N}$ 不变，必然会使主磁通随着 f_1 的上升而减小，相当于直流电动机弱磁调速的情况，属于近似的恒功率调速方式。

综合上述两种情况，异步电动机变频调速的基本控制方式如图 1-8 所示。

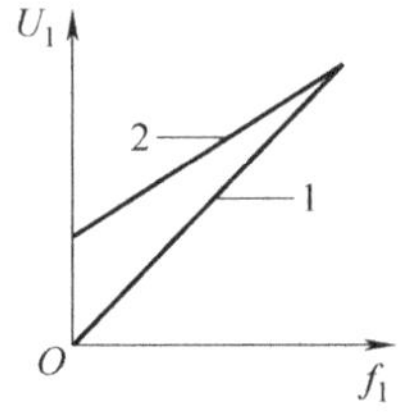

图 1-7　U/f 的控制关系

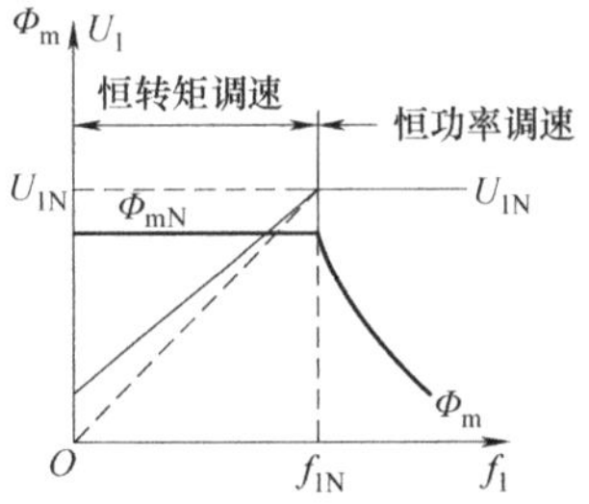

图 1-8　基本控制方式

由上面的分析可知，异步电动机的变频调速必须按照一定的规律同时改变其定子电压和频率，即必须通过变频装置获得电压频率均可调节的供电电源，实现所谓的变压变频调整（VVVF）控制。通过变频器可适应这种异步电动机变频调速的基本要求。

（3）几种变频器的比较

1）*U/f* 控制变频器。*U/f* 控制即压频比控制。它的基本特点是对变频器输出的电压和频率同时进行控制，通过保持 *U/f* 恒定使电动机获得所需的转矩特性。基频以下可以实现恒转矩调速，基频以上则可以实现恒功率调速。这种方式控制电路成本低，多用于精度要求不高的通用变频器。

U/f 控制是转速开环控制，无需使用速度传感器，控制电路简单，负载可以是通用标准异步电动机。*U/f* 控制方式通用性强，经济性好，是目前通用变频器产品中使用较多的一种控制方式。

2）SF 控制变频器。SF 控制即转差率控制，是在 *U/f* 控制基础上的一种改进方式。在 *U/f* 控制方式下，如果负载变化，转速也会随之变化，转速的变化量与转差率成正比。*U/f* 控制的静态调速精度较差，可采用转差率控制方式来提高调速精度。采用转差率控制方式，变频器通过电动机、速度传感器构成速度反馈闭环调速系统。变频器的输出频率由电动机的实际转速与转差率之和来自动设定，从而达到在调速控制的同时也使输出转矩得到控制。该方式是闭环控制，故与 *U/f* 控制相比，调速精度与转矩动特性较优。但是，由于这种控制方式需要在电动机轴上安装速度传感器，并需要依据电动机特性调节转差，故通用性较差。

3）VC 控制变频器。VC 即矢量控制，是对交流电动机一种新的控制思想和控制技术，也是异步电动机的一种理想调速方法。采用 *U/f* 控制方式和转差率控制方式的控制思想都建立在异步电动机的静态数学模型上，因此动态性能指标不高。采用矢量控制方式可以提高变频调速的动态性能。VC 的基本思想是将异步电动机的定子电流分解为产生磁场的电流分量（励磁电流）和与其相垂直的产生转矩的电流分量（转矩电流），并分别加以控制，即模仿直流电动机的控制方式对电动机的磁场和转矩分别进行控制，可获得类似于直流调速系统的动态性能。由于在这种控制方式中必须同时控制异步电动机定子电流的幅值和相位，即控制定子电流矢量，故这种控制方式被称为 VC。

试题精选：

在变频器的几种控制方式中，其动态性能比较的结论是：（A）。

A. 转差矢量控制系统优于无速度检测器的矢量控制系统

B. *U/f* 控制优于转差率控制

C. 转差率控制优于矢量控制

D. 无速度检测器的矢量控制系统优于转差型矢量控制系统

鉴定点 8　变频器的接线方法

问：如何进行变频器的接线？

答：变频器的接线方法如下：

（1）主电路的接线

1）主电路的基本接线。变频器主电路的基本接线如图 1-9 所示。变频器的输入端和输出端是绝对不允许接错的。万一将电源进线接到了 U、V、W 端，则不管哪个逆变管导通，都将引起两相间的短路而将逆变管迅速烧坏。

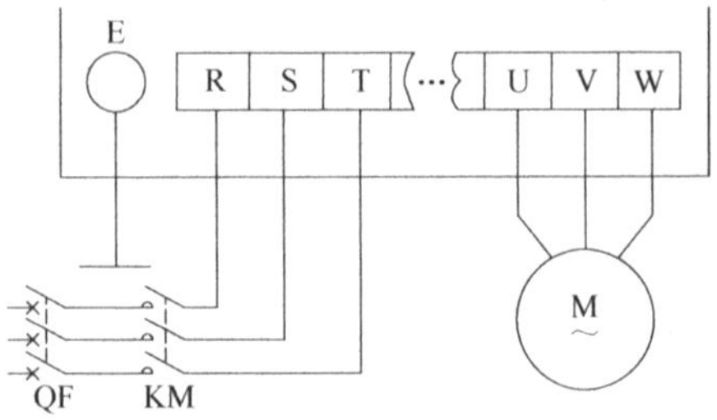

图 1-9　主电路的基本接线

QF—空气断路器　KM—接触器　R、S、T—变频器的输入端，接电源进线

U、V、W—变频器的输出端，接电动机

注意事项：不能用接触器 KM 的触头来控制变频器的运行和停止，应该使用控制面板上的操作键或接线端子上的控制信号；变频器的输出端不能接电力电容器或浪涌吸收器；电动机的旋转方向如果和生产工艺要求不一致，最好用调换变频器输出相序的方法，不要用调换控制端子 FWD 或 REV 的控制信号来改变电动机的旋转方向。

注意：应设计与工频电源的切换电路。某些负载是不允许停机的，当变频器万一发生故障时，必须迅速将电动机切换到工频电源上，使电动机不停止工作。

2）主电路线径的选择。

① 电源与变频器之间的导线。一般来说，和同功率普通电动机的电线选择方法相同。考虑到其输入侧的功率因数往往较低，应本着宜大不宜小的原则来决定线径。

② 变频器与电动机之间的导线。因为频率下降时，电压也要下降，在电流相等的条件下，线路电压降 ΔU 在输出电压中的比例将上升，而电动机得到电压的比例则下降，有可能导致电动机发热。所以在决定变频器与电动机之间的导线时，最关键的因素便是线路电压降的影响。一般要求如下：

$$\Delta U \leqslant (2\sim3)\% U_N$$

$$\Delta U = \frac{I_{MN} R_0 \sqrt{3}\, l}{1000}$$

式中　I_{MN}——电动机的额定电流，单位为 A；

R_0——单位长度（每米）导线的电阻，单位为 mΩ/m；

l——导线长度，单位为 m。

（2）控制电路的接线

1）模拟量控制线。模拟量控制线主要包括：

① 输入侧的给定信号线与反馈信号线。

② 输入侧的频率信号线和电流信号线。模拟量信号的抗干扰能力比较低，因此必须使用屏蔽线。屏蔽层靠近变频器的一端，应接控制电路的公共端（COM），而不要接到变频器的地端（E）或大地。屏蔽层的另一端应该悬空。布线时还应该遵守以下原则：

a. 尽量远离主电路 100mm 以上。

b. 尽量不和主电路交叉，如必须有交叉时，应采取垂直交叉的方法。

2）开关量控制线。如起动、点动、多档转速控制等方式。一般来说，模拟量控制线的接线原则也都适用于开关量控制线。但开关量的抗干扰能力较强，故在距离不远时，允许不使用屏蔽线，但同一信号的两根线必须绞接在一起。如果操作台离变频器较远，应该先将控制信号转变成能远距离传送的信号，再将能远距离传送的信号转变成变频器所要求的信号。

3）变频器的接地。所有变频器都专门有一个接地端子“E”，用户应将此端子与大地相接。当变频器和其他设备，或有多台变频器一起接地时，每台设备都分别与地线相接；不允许将一台设备的接地端和另一台设备的接地端相接后再接地。

4）大电感线圈的浪涌电压吸收电路。接触器、电磁继电器的线圈及其他各类电磁铁的线圈都具有很大的电感。在接通和断开的瞬间，由于电流的突变，它们会产生很高的感应电动势，因而在电路内形成峰值很高的浪涌电压，导致内部控制电路的误动作。所以，在所有电感线圈的两端，必须接入浪涌电压吸收电路，在大多数情况下，可采用阻容吸收电路；在直流电路的电感线圈中，也可以只用一个二极管。

试题精选：

西门子 MM420 变频器的主电路电源端子（C）需经交流接触器和保护用断路器与三相电源连接。仍不宜采用主电路的通、断进行变频器的运行与停止操作。

A. X、Y、Z　　B. U、V、W　　C. L1、L2、L3　　D. A、B、C

鉴定点 9　变频器的使用注意事项

问：使用变频器的注意事项有哪些？

答：变频器的使用注意事项有：

1）应将变频器牢固地固定在坚实的壁面上。

2）应将变频器及电动机接地端（PE）可靠接地。

3）应在变频器电源侧安装同容量以上的断路器。

4）变频器内电路板及其他装置有高电压，切勿用手触摸。

5）切断电源后因变频器内高电压需要一定时间泄放，维修检查时，需确认主控板上高压（HV）指示灯完全熄灭后方可进行。

6）当使用 60Hz 以上的输出频率时，应事先对电动机及负载的安全性进行充分确认。

7）变频器若较长时间不使用时，务必切断变频器的供电电源。

8）将变频器安放在符合标准要求（温度、湿度、振动、尘埃）的场所。

9）变频器初次运转时，应进行仔细的检查，以免发生接线错误。

10）保持变频器周围良好通风，以便降低变频器环境温度。

11）不要在变频器和电动机之间装设补偿电容、电涌抑制器。

12）不要在变频器和电动机之间接电磁接触器。否则，变频器运转中接触器动作时，会产生大电流，对变频器不利。

13）变频器输入电源容量应为变频器额定容量的 1.5 倍，并小于 500kV·A。当使用大于 500kV·A 电源时，输入电源会出现较大的尖峰电压，有时会损坏变频器，应在变频器的输入侧配置相应的交流电抗器。

14）变频器和电动机间的电缆应在 30m 内，超过此范围，应在变频器和电动机间配置相应的交流电抗器。

15）绝不能长期使变频器过载运转，否则有可能损坏变频器，降低其使用性能。

试题精选：

（×）在变频器实际接线时，控制电缆应靠近变频器，以防止电磁干扰。

鉴定点 10 变频器的日常维护方法

问：如何进行变频器的日常维护？

答：变频器的日常维护方法如下：

（1）日常检查 变频器在运行过程中，可以从设备外部目视检查运行状况有无异常。主要检查项目有：

1）电源电压是否在允许范围内。

2）冷却系统是否运转正常。

3）变频器、电动机是否过热、变色或有异味。

4）变频器、电动机是否有异常振动和声音。

5）安装地点的环境有无异常。

（2）变频器的定期维护 变频器的定期维护应在暂时停产期间进行，在变频器停机后进行。主要项目有：

1）对紧固件进行必要的紧固。

2）清扫冷却系统中的积尘。

3）检查绝缘电阻是否在允许范围内。

4）检查导体、绝缘物是否有腐蚀、变色或破损等现象。

5）确认保护电路是否动作。

6）检查冷却风扇、滤波电容器、接触器等工作情况。

（3）维护时的注意事项

1）操作前必须切断电源，而且在主电路滤波电容器放电完毕，电源指示灯 HL 熄灭后再行作业，以确保操作者的安全。

2）在出厂前，生产厂家都已对变频器进行了初始设定，一般不能任意改变这些设定。而在改变了初始设定后又希望恢复初始设定值时，一般需进行初始化操作。

3）在新型变频器的控制电路中使用了许多 CMOS 芯片，用手指直接触摸电路板将会使这些芯片因静电作用而损坏。

4）在通电状态下不允许进行改变接线或拔插连接件等操作。

5）在变频器工作过程中不允许对电路信号进行检查。这是因为连接测量仪表时所出现的噪声以及误操作可能会使变频器出现故障。

6）当变频器发生故障而无故障显示时，注意不能再轻易通电，以免引起更大的故障。这时应对断电进行电阻特性参数测试，初步查找故障原因。

试题精选：

（×）在变频器工作过程中允许对电路信号进行检查。

鉴定点 11 变频器的常见故障

问：变频器的常见故障有哪些？

答：变频器的常见故障及分析如下：

（1）过电流跳闸的原因分析

1）重新起动时，升速就跳闸，这是过电流十分严重的情况，主要原因有：负荷侧短路；工作机械卡阻；逆变管损坏；电动机的起动转矩过小，拖动系统转不起来。

2）重新起动时，并不立即跳闸，而是在运行过程中跳闸，可能的原因有：升速时间设定太短；降速时间设定太短；转矩补偿设定较大，引起低频时空载电流过大；电子热继电器整定不当，动作电流设定的太小，引起误动作。

（2）过电压、欠电压跳闸的原因分析

1）过电压跳闸，主要原因有：电源电压过高；降速时间设定太短；降速过程中，再生制动的放电单元工作不理想；如果因来不及放电所造成，应增加制动电阻和制动单元；如果有制动电阻和制动单元，那么可能是放电支路没有放电。

2）欠电压跳闸，可能的原因有：电源电压过低；电源断相；整流桥故障。

（3）电动机不转的原因分析

1）功能预置不当。

① 上限频率与最高频率或基本频率与最高频率设定，最高频率的预置值必须大于上限频率和基本频率的预置值。

② 使用外接给定时，未对“键盘给定/外接给定”的选择进行预置。

③ 其他的不合理预置。

2）在使用外接给定方式时，无“起动”信号。当使用外接给定信号时，必须由起动按钮或其他触头来控制其起动。如不需要由起动按钮或其他触头控制时，应将 RUN 端（或 FWO 端）与 COM 端之间短接。

3）其他可能的原因有：机械有卡阻现象；电动机的起动转矩不够；变频器发生短路故障。

试题精选：

一台使用多年的 250kW 电动机用于拖动鼓风机，经变频改造运行二个月后常出现过流跳闸。故障的原因可能是（C）。

A. 变频器选配不当

B. 变频器参数设置不当

C. 变频供电的高频谐波使电动机绝缘加速老化

D. 负载有时过重

鉴定点 12 UPS 电源的组成

问：UPS 电源主要由几部分组成？

答：UPS 电源一般指不间断电源，UPS 是 Uninterruptible Power Supply 的简称。主要由整流、储能、变换和开关控制四部分组成。其稳压功能通常是由整流器完成的，整流器采用晶闸管或高频整流器，本身具有可根据外部电源的变化控制输出电压幅度的功能，从而当外部电压发生变化时，输出电压幅度基本不变。净化功能由储能电池来完成，由于整流器对瞬时脉冲干扰不能消除，整流后的电压仍存在干扰脉冲。储能电池除可存储直流电能的功能以外，对整流器来说相当于一个大电容，其等效电容量的大小与储能电池容量的大小成正比。由于电容两端的电压不能突变，即利用了电容器对脉冲的滤波作用消除脉冲干扰，起到了净化功能，形成对干扰的屏蔽。频率的稳定则由变换器来完成，频率稳定度取决于变换器的振荡频率的稳定程度。为方便 UPS 电源系统的日常操作和维护，设计了系统工作开关，主机自检故障后的自动旁路开关、检修旁路开关等开关控制。

试题精选：

工频 UPS 主机主要组成部分不包括（B）。

A. 晶闸管整流电路　　B. IGBT 整流电路

C. IGBT 逆变器　　D. 升压变压器

鉴定点 13　UPS 电源的工作原理

问：简述 UPS 电源的工作原理。

答：UPS 电源的工作原理如图 1-10 所示，在电网电压工作正常时，给负载供电，并且同时给储能电池供电；当突发停电时，UPS 电源开始工作，由储能电池供给负载所需的电源，使设备维持正常的工作；当由于生产过程中，负载严重过载时，由电网电压经整流直接给负载供电。

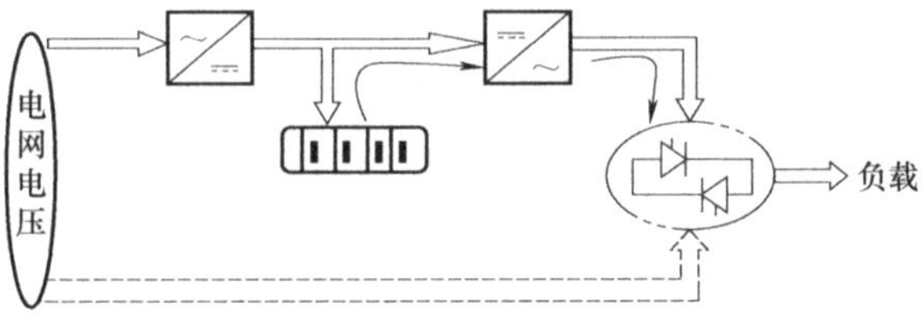

图 1-10　UPS 电源的工作原理

UPS 电源系统主要分为主机和储能电池两大部分。额定输出功率的大小取决于主机部分，并与负载的性质有关，因为 UPS 电源对不同性能的负载驱动能力不同，通常负载功率应满足 UPS 电源 70%的额定功率。当负载确定后，储能电池容量的选取主要取决于后备时间的长短，这个时间因各企业情况不同而不同，主要由备用电源的接入时间来定，通常在几分钟或几个小时不等。

试题精选：

在交流电正常时，在线互动式 UPS 供给负载的交流是（C）。

A. 经过整流　　B. 经过逆变

C. 经过升降压（稳压）　　D. 经过滤波

鉴定点 14　UPS 电源的工作过程

问：简述 UPS 电源的工作过程。

答：（1）AC-DC 转换　将来自电网的交流电经自耦变压器降压、全波整流、滤波变为直流电，供给逆变器电路。AC-DC 输入端有软起动电路，可避免开机对电网的冲击。

（2）DC-AC 逆变电路　采用大功率的 IGBT 模块全桥逆变电路，具有很大的功率富余量，在输出动态范围内输出阻抗较小，具有快速响应特性。由于采用高频调制限流技术及快速短路保护技术，使逆变器无论是供电电压瞬变还是负载冲击或断路，均可安全可靠的工作。

（3）控制驱动　控制驱动是完成整机功能控制的核心，它除了提供检测、保护、同步以及各种开关和显示驱动信号外，还完成 SPWM 正弦脉宽调制的控制，由于采用静态和动态双重电压反馈，极大地改善了逆变器的动态性能和稳定性。UPS 电源的工作原理框图如图 1-11 所示。

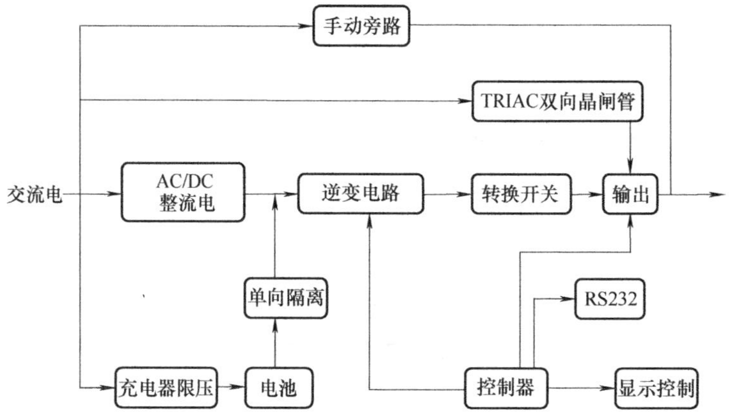

图 1-11　UPS 电源的工作原理框图

当电网电压正常为 380V 时，直流主回路有直流电压，供给 DC-AC 交流逆变器，输出固定的 220V 交流电压，同时对直流电源充电。当任何时刻电网电压欠电压或突然停电时，则由电池组通过隔离二极管向直流回路馈送电能，从电网供电到电池供电没有切换时间。当电池能量即将耗尽时，不间断电源发出声光报警，并在电池放电下限点停止逆变器工作，长鸣告警。不间断电源还有过载保护功能，当发生超载（150%负载）时，跳到旁路状态，并在负载正常时自动返回。当发生严重超载时，不间断电源立即停止逆变器的输出并跳到旁路状态，此时前向断路器也可能跳闸。消除故障后，只要合上开关，重新开机即开始恢复工作。为使不间断电源充分工作，避免在过载和欠载下运行，电源在开机前，应估算负载容量，不要超过不间断电源容量的 80%。

试题精选：

UPS 电源主机中逆变环节是指（B）。

A. 交流电转换成直流电

B. 直流电转换成交流电

C. 交流电转换成交流电

D. 直流电转换成直流电

鉴定点 15　UPS 电源的使用方法

问：如何正确使用 UPS 电源？

答：（1）UPS 电源的开机和关机

1）第一次开机。开机时，按以下顺序合闸：储能电池开关→自动旁路开关→输出开关；按 UPS 电源起动面板上的起动键，有关指示灯显示正常。经空载运行几分钟后，按负载从小到大的顺序起动负载。

2）正常开机。只需按 UPS 电源起动面板上的起动键，几分钟后，即可开启计算机或其他一起使用，通常等 UPS 电源起动进入稳定工作后，方可打开负载设备电源开关。

3）关机。现将计算机或其他仪器关闭，让 UPS 电源空载 10min 左右，待机内热量排除后，再按下面板上的停止键。

（2）使用注意事项

1）主机中设置的参数在使用中不能随意改变，特别是对电源组的参数，会直接影响其使用寿命，但随着环境温度的改变，对浮充电电压要做相应调整。

2）在无外部电源且需要靠 UPS 电源系统自行供电时，应避免带负载起动 UPS 电源，应先关断各负载，等 UPS 电源系统起动后再开起负载。因负载瞬间供电时会有冲击电流，多负载的冲击电流和加上所需的供电电流会造成 UPS 电源瞬间过载，严重时将损坏变换器。

3）UPS 电源系统按使用要求功率余量不大，使用中应避免随意加大功率的额外设备，也不允许在满负载下长期运行。

4）自备发电机的输出电压、波形、频率、幅度应满足 UPS 电源对输入电压的要求。另外，发电机的功率要远大于 UPS 电源的功率，否则，将造成 UPS 电源工作异常或损坏。

5）由于组合电池组的电压很高，存在电击穿危险，因此在装卸导电连接条、输出线时应采取安全保障措施，特别是输出接点应有防触摸措施。

6）不论是在浮充工作状态还是在充电、放电检修测试状态，都要保证电压、电流负荷规定要求。

7）在任何情况下，都应防止电池短路或深度放电，因为电池的寿命和放电深度有关，放电深度越深，寿命越短，在容量试验或者是放电检修中，通常放电达到容量的 30%～50% 就可以了。

8）对电池放电应避免大电流放电，虽然在充电时可以接受大电流，但是在实际操作中应尽量避免，否则会造成电池极板膨胀变形，使得极板活性物质脱落，电池内阻增加，温升越高，严重时会造成容量下降，寿命提前终止。

试题精选：

当负载发生短路时，UPS 电源应能立即自动关闭（C），同时发出声光告警。

A. 输入　　B. 电压　　C. 输出　　D. 电流

鉴定点 16　UPS 电源的日常维护

问：如何正确维护 UPS 电源？

答：1）UPS 电源在正常使用的情况下，主机的维护工作很少，主要是防尘和除尘，特别是在干燥的地区，由于空气中的颗粒很多，一般每个季度都应彻底清洁一次。

2）UPS 电源系统的主要检修工作是电池的维护。

3）储能电池的工作全部是在浮充状态，在这种情况下至少应每年进行一次放电。放电前应对电池组进行均衡充电，以达全组电池充电的均衡，要清楚放电前电池组已存在的落后电池，放电过程中如有一只达到放电终止电压时，应停止放电，继续放电前先消除落后电池后再放电。

4）核对性放电，不是首先追求放出容量的多少，而是要关注发现和处理落后电池，经对落后电池处理后再作核对性放电试验。这样可防止事故，以免放电过程中落后电池恶化为反极性电池。

5）平时每组电池至少应有 8 只电池作为标示电池，作为全面了解全电池组工作情况的参考，对标示电池应定期测量并做好记录。

6）日常维护中需要经常检查的项目有：清洁并检测电池的两端电压和温度；连接处有无松动、腐蚀现象，检测连接条压降；电池外观是否良好，有无壳体变形和渗漏；电极柱、安全阀周围是否有酸雾逸出；主机设备是否正常。

7）当电池组中发现电压反极、压降大、压差大和酸雾泄漏现象的电池时，应及时采用相应的方法恢复和修复，对不能恢复和修复的要予以更换，但不能把不同容量、不同性质、不同厂家的电池联在一起，寿命过期的电池组也要予以更换。

8）当 UPS 电源系统出现故障时，应先查明原因，分清是负载故障还是 UPS 电源系统，是主机还是电池组。

9）对主机出现击穿、短路保护装置跳闸或烧毁元器件故障，一定要查明原因才能重新起动。

试题精选：

当 UPS 电源从逆变器供电向市电交流旁路供电切换时，逆变器频率与市电交流旁路电源频率不同步时，将采用（B）的方式来执行切换操作。

A. 先接通后断开　　B. 先断开后接通

C. 同时断开　　D. 同时接通

鉴定范围 5　非工频设备的装调与维修

鉴定点 1　趋肤效应

问：何谓趋肤效应？简述趋肤效应的应用。

答：趋肤效应又称为“集肤效应”。交变电流通过导体时，由于感应作用引起导体截面上电流分布不均匀，越近导体表面电流密度越大。这种现象称“趋肤效应”。趋肤效应使导体的有效电阻增加。频率越高，趋肤效应越显著。当频率很高的电流通过导线时，可以认为电流只在导线表面上很薄的一层中流过，这等效于导线的截面减小，电阻增大。既然导线的中心部分几乎没有电流通过，就可以把这中心部分除去以节约材料。因此，在高频电路中可以采用空心导线代替实心导线。此外，为了削弱趋肤效应，在高频电路中也往往使用多股相互绝缘细导线编织成束来代替同样截面积的粗导线，这种多股线束称为辫线。在工业应用方面，利用趋肤效应可以对金属进行表面淬火，使某些钢件表皮坚硬、耐磨，而内部却有一定柔性，防止钢件脆裂。

试题精选：

集肤效应的基本原理是（A）。

A. 电磁感应　　B. 电流磁效应　　C. 电流热效应　　D. 欧姆定律

鉴定点 2　涡流的原理

问：何谓涡流？简述涡流的原理及应用。

答：在铁心上绕有一组线圈且线圈中通以交变电流时，铁心内就会产生交变磁通，这种交变磁通穿越铁心而在铁心中产生感应电动势。由于铁心可看作一个闭合回路，因而在感应电动势作用下产生感应电流。这种感应电流是在整块铁心中流动的，形如水中的漩涡，故称作涡流。

涡流产生时，由于整块铁心的电阻很小，所以涡流往往可以达到很大的数值，使铁心发热造成不必要的损耗，如变压器通电工作时铁心发热等。我们把这种由于涡流而造成的损耗称作涡流损耗。涡流损耗和磁滞损耗一起叫作铁损。

另一方面，涡流产生的磁通有阻止原磁通变化的趋势，也就是说，涡流具有削弱原磁场的作用。涡流的这种作用叫作去磁作用。

涡流造成的热能损耗与去磁作用都是电工设备运行中所不希望的，应该设法减小。通常用增大涡流回路电阻的方法，来达到减小涡流的目的。

在许多情况下，涡流是有害的，它对电气设备起着不良影响。但涡流也有可利用的一面，如电能表测量电能，中高频感应炉利用涡流对金属进行加热。

试题精选：

涡流的基本原理是（A）。

A. 电磁感应　　B. 电流磁效应　　C. 电流热效应　　D. 自感

鉴定点 3　三相晶闸管中频电源装置的主电路

问：何谓中频电源装置？简述 KGPS100-1 中频电源装置主电路的组成和工作原理。

答：晶闸管中频电源装置是一种利用晶闸管把 50Hz 的工频电流转变为中频电流的设备，是一种较先进的静止变频设备。

KGPS100-1 中频电源装置的主电路原理如图 1-12 所示。该电路由整流电路和逆变电路两部分组成。经过全控整流后的直流电经电感滤波后送给逆变器，逆变器的输出端接负载，输出频率由 LC 并联振荡器的振荡频率 f_0 决定，输出功率可以通过调节整流触发角来改变整流输出电压，以达到调整功率的目的。

（1）整流电路　380V 工频电网电压经低压断路器 QF、接触器 KM1 为电路供电，晶闸管 VT1～VT6 接成三相桥式全控整流电路；在电源输入端接入由 C、R 组成的阻容吸收装置 FRC 及由硒堆组成的过电压保护装置 FV，以避免电网中出现的操作过电压和其他故障可能产生的浪涌电压危害晶闸管；每个晶闸管都串有空心电感器、电阻、电容及快速熔断器，进而组成晶闸管保护电路，限制晶闸管导通时的电流上升率；电路中的整流电流通过分流器 R_D 检测，经电感 L_d 滤波；RP 是引流电阻，其通断由接触器 KM3 控制；另外，交流电源线上装有两组电流互感器 TA1、TA2，用于电路的截电流和过电流保护。

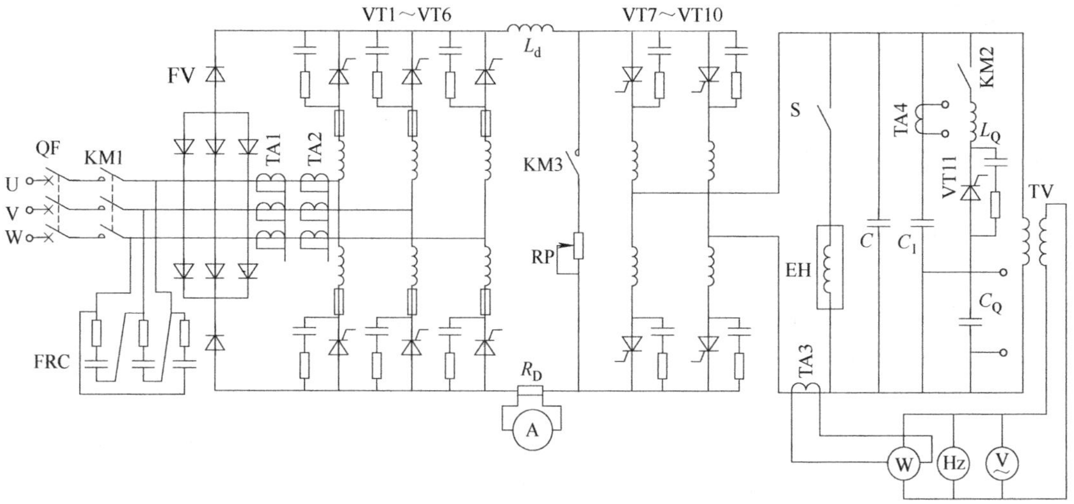

图 1-12　KGPS100-1 中频电源装置的主电路原理

（2）逆变电路　逆变桥由晶闸管 VT7～VT10 组成。每个晶闸管均串有空心电感以限制晶闸管导通时的电流上升率。感应加热电炉 EH 为逆变桥的负载，由电容 C 补偿所需要的无功功率。电容 C_Q、电感 L_Q 及晶闸管 VT11 构成起动电路。中频电流互感器 TA3、中频电压互感器 TV 用于检测逆变器的中频电流和电压。电流互感器 TA4 所检测的信号用作自动调频用。

试题精选：

KGPS100-1 中频电源装置整流电路中的每个晶闸管都串有空心电感器、电阻、电容及快速熔断器，进而组成晶闸管保护线路，以限制晶闸管导通时的（D）。

A. 电流　　B. 电流变化　　C. 电流上升　　D. 电流上升率

鉴定点 4　三相晶闸管中频电源装置的控制电路

问：三相晶闸管中频电源控制电路由几部分组成？简述其工作原理。

答：三相晶闸管中频电源控制电路由整流触发电路，逆变触发电路，过电流、过电压保护电路，截电流、截电压电路，以及集成电路触发器组成。

（1）整流触发电路　其框图如图 1-13 所示。从同步信号电源变压器 1 输出的同步信号经阻容移相电路 2a、2b、2c 后滞后，其滞后的波形送至触发脉冲形成级 4a、4b、4c，可通过改变移相控制端电压来改变触发脉冲控制角，输出的矩形脉冲再经微分电路后产生一负尖脉冲送至双稳态触发电路，输出得到 6 路单脉冲，这 6 路单脉冲相位关系是两两相差 60°，同时这 6 路单脉冲经过双脉冲形成级 7a～7f 形成 6 路双脉冲送至脉冲功放级 8a～8f 进行功率放大，放大后的脉冲经变压器加到晶闸管上。

（2）逆变触发电路　逆变触发电路框图如图 1-14 所示。为了实现频率的自动跟踪，逆变触发电路采取自激工作方式，自激信号来自负载端，通过电流互感器及电压互感器检测出负载端电压及电流信号，经调频电路进行合成得到调频信号，输入到方波变换器变成两组互差 180°的方波输出，经微分电路后产生尖脉冲，送至双稳态触发电路形成两组互差 180°的矩形脉冲，经脉冲功率放大级进行功率放大，然后经脉冲变压器加到逆变晶闸管上。

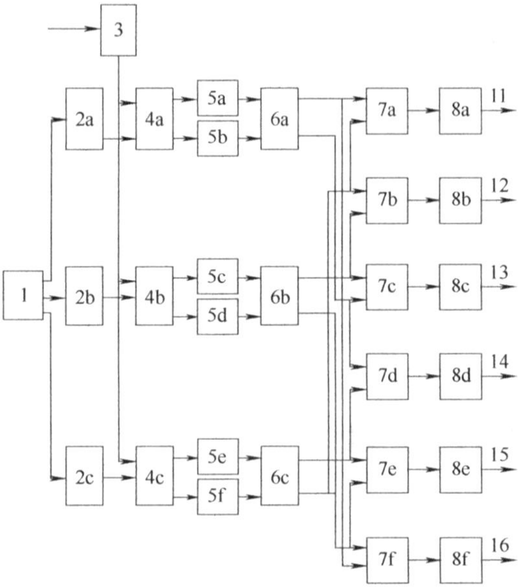

图 1-13　整流触发电路框图

1—同步信号电源变压器　2a、2b、2c—阻容移相电路　3—移相控制电路
4a、4b、4c—触发脉冲形成级　5a～5f—分电路　6a、6b、6c—双稳态触发器
7a～7f—双脉冲形成级　8 a～8f —脉冲功放级

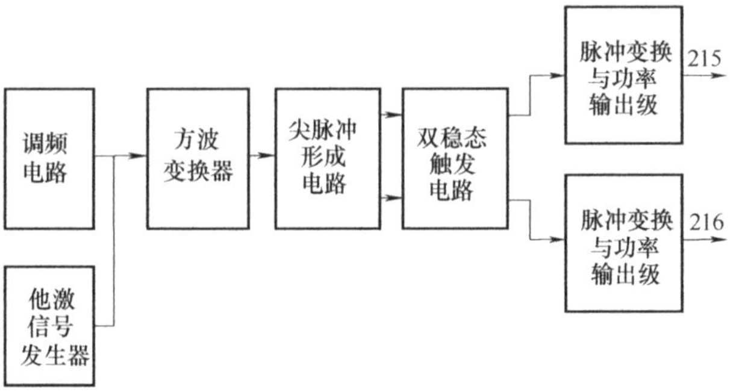

图 1-14　逆变触发电路框图

（3）过电流、过电压保护电路　由电压、电流检测电路检测到的电流、电压信号经整流滤波后，与给定信号进行比较，当检测信号超过预先设定值时，装置中的过电流、过电压保护电路工作，把移相控制端电压降为0V，使整流触发脉冲控制角自动移到150°，三相全控整流桥自动由整流区快速拉到逆变区，把电感中的能量馈送到电网中去，从而切断整个电路，电表读数快速回零，以避免事故发生。

（4）截电流、截电压电路　由于感应加热工作过程中电路参数变化很大，有时虽然电流、电压超过允许值，但并不意味着设备一定出了故障，而是电路参数变化过大所致，只要限制此时的电流、电压不超过允许值，设备仍能正常工作。为此系统设置了截电流、截电压电路。当电流、电压检测电路检测到的电流、电压信号超过预先设定的截电流、截电压信号时，控制板上的截电流、截电压指示灯就亮，装置中的截电流、截电压电路就工作，通过改变移相控制电压，自动把整流触发脉冲控制角后移，使三相全控整流桥的输出电压降低，从而使主机工作电流、电压自动下降，直至降到截电流、截电压设置值。

（5）集成电路触发器　由于分立元器件组成的触发电路，线路复杂且使用组件多，而集成电路触发器性能可靠、功率低、体积小，已在晶闸管电路中大量使用。

试题精选：

从三相晶闸管中频电源的同步信号电源变压器 1 输出的同步信号经阻容移相电路 2a、2b、2c 后滞后，其滞后的波形送至脉冲形成级 4a、4b、4c，可通过改变移相控制端电压来改变触发脉冲控制角，输出的矩形脉冲再经微分电路后产生一负尖脉冲送至双稳态触发电路，输出得到 6 路单脉冲，这 6 路单脉冲相位关系是两两相差（B）。

A. 30°　　B. 60°　　C. 120°　　D. 150°

鉴定点 5　KC04 晶闸管移相触发器

问：简述 KC04 晶闸管移相触发器的组成和工作原理。

答：KC04 晶闸管移相触发器的工作原理如图 1-15 所示。点画线框内为集成电路。V1～V4 组成同步检测环节。端子 7、8 输入同步电压 u_T，经限流电阻 R_4 加到 V1、V2 基极。u_T 正半周时，V1 导通，V2、V3 截止，m 点低电平，n 点高电平；u_T 负半周时，V1 截止、V2、V3 导通，m 点高电平，n 点低电平。V6、V7 组成与门电路，只要 m、n 两点有一处是低电平，就将 U_{b4} 钳位在低电平，V4 截止。只有在同步电压过零时刻，V1、V2、V3 都截止，m、n 两点都是高电平，V4 饱和导通。V4 截止时，积分电容 C_1 充电形成锯齿波。V4 导通时，C_1 放电形成锯齿波回程电压。

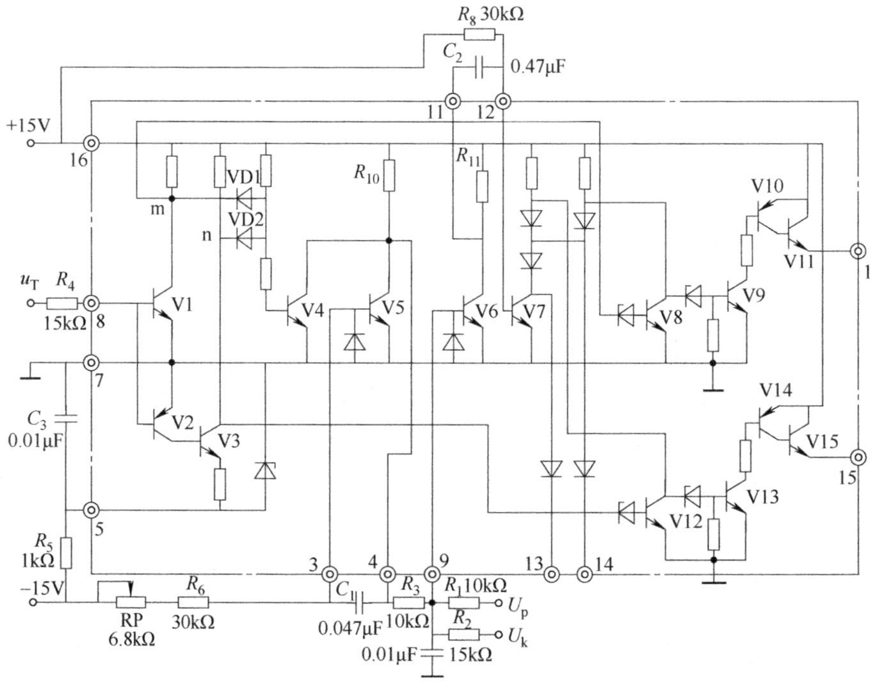

图 1-15　KC04 晶闸管移相触发器的工作原理

积分电路 C_1 接在 V5 的集电极，它是电容负反馈的锯齿波发生器。在 V4 截止期间，锯齿波上升段开始形成，15V 电源经 R_{10}、R_6、RP 向电容 C_1 充电，V5 的集电极电位逐渐升高，基极电位有所下降，V5 从饱和区过渡到放大区，集电极电流逐渐下降，虽然流经 R_{10}的电流逐渐减少，但经 C_1、R_6、RP 的电流基本恒定，集电极电位线性增大。锯齿波的斜率决定于 R_6、RP、C_1，RP 是调整斜率用的电位器。V5 是锯齿波形成环节。

锯齿波电压 U_{c5}经过 R_3，偏移电压 U_p 经过 R_1，控制电压 U_k 经过 R_2 在 V6 的基极并联综合，当 V6 基极电压达到 0.7V 时，V6 导通。不改变 U_{c5}、U_p，让 U_k 变动，V6 导通时刻随之变动，即脉冲可前、后移动。V6、U_p、U_k 是脉冲移向环节。V6 截止时，C_2 经+15V 电源，经 R_{11}、V7 的基极结充电，V7 导通，C_2 的极性是左正右负。V6 导通，C_2 发出负脉冲信号输入到 V7 基极，V7 截止。以后，C_2 经+15V 电源，R_8 和 V7 反向充电。当电容电压使 V7 基极电压大于 0.7V 时，V7 又导通。V7 截止时间，在集电极得到一定宽度的移相脉冲，在同步电压的正负半周都产生一个相隔 180°的脉冲，其宽度由放电时间常数 C_2R_8 决定。V7 是脉冲形成环节。

V7 每周期输出的两个脉冲，经脉冲选择环节 V8 和 V12，分别截去负半周和正半周的脉冲。V8 基极经稳压二极管接 m 点。m 点在同步电压负半周是低电平，V8 截止，功放级 V9、V10、V11 导通，端子 1 在同步电压正半周输出脉冲。同时，在同步电压负半周时，端子 15 输出脉冲。

试题精选：

KC04 晶闸管移相触发器积分电路中，V7 截止时间，在集电极得到一定宽度的移相脉冲，在同步电压的正负半周都产生一个相隔 180°的脉冲，其宽度由放电时间常数（A）决定。

A. C_2R_8　　B. C_2R_{10}　　C. C_2R_{11}　　D. C_1R_3

鉴定点 6　KC41 六路双脉冲形成器

问：KC41C 六路双脉冲形成器是如何工作的？

答：KC41C 六路双脉冲形成器是三相全控桥式触发电路中必备组件。KC41C 的内部原理如图 1-16 所示，1~6 端输入三块 KC04 晶闸管移相触发器来的 6 个脉冲，每个脉冲由二极管送给本相和前相，再由六路晶体管放大输出。

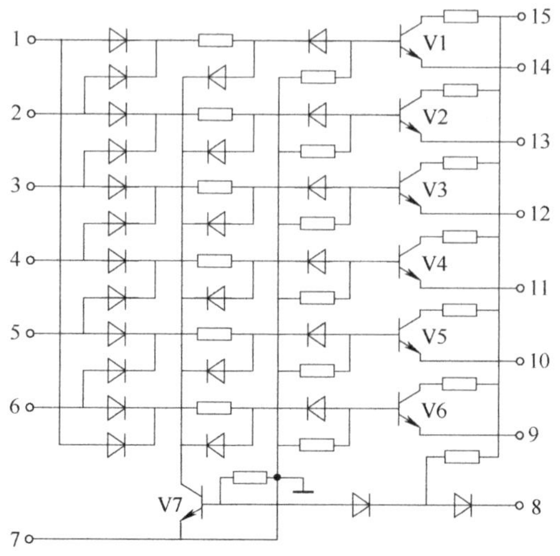

图 1-16　KC41C 六路双脉冲形成器的内部原理

V7 是电子开关，当控制端 7 接低电平时，V7 导通，将各电路输出脉冲接地，无输出脉冲。KC41C 六路双脉冲形成器各点波形如图 1-17 所示。用两块 KC41C 六路双脉冲形成器，使其对应的输入端并联，两个控制端 7 分别作为正反组控制端。这样就可以组成全控桥逻辑无环流可逆系统的触发器。

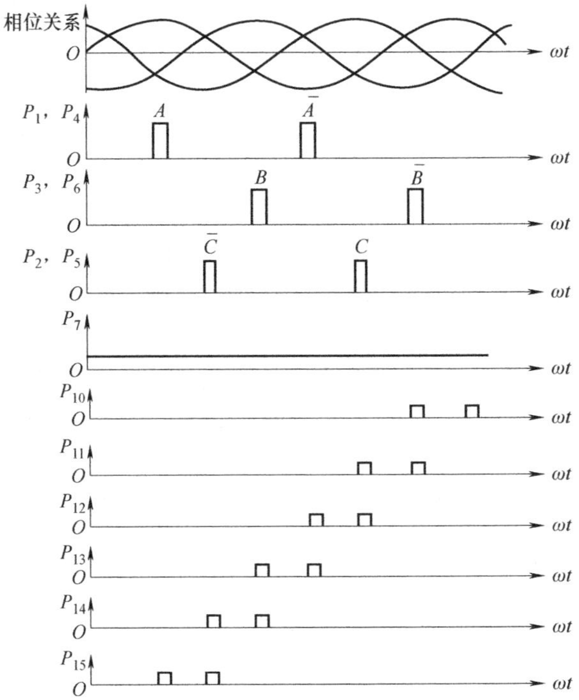

图 1-17　KC41C 六路双脉冲形成器各点波形

试题精选：

KC41C 六路双脉冲形成器是三相全控桥式触发电路中必备组件。1～6 端输入三块 KC04 来的 6 个脉冲，每个脉冲由二极管送给本相和前相，再由六路（B）放大输出。

A. 二极管　　B. 晶体管　　C. 晶闸管　　D. 电子管

鉴定点 7　KC42 脉冲列调制形成器

问：为什么要采用脉冲列调制形成器？简述 KC42 脉冲列调制形成器的工作原理。

答：在大功率晶闸管触发电路中，为了减少脉冲变压器的体积，提高脉冲前沿的陡度，常常采用脉冲列触发电路。KC42 脉冲列调制形成器的电路原理如图 1-18 所示。它的工作原理是：来自三块 KC04 触发器 12 号端子的触发脉冲信号，分别送入 KC42 的 2、4、12 端。V1、V2、V3 构成与非门电路。只要任何一个触发器有输出，S 点就是低电平，V4 截止，使 V5、V6、V8 组成的环形振荡器起振；否则，S 点高电平，V4 导通，环行振荡器停振。端子 10 及经 V7 整形放大由端子 8 输出的波形如图 1-19 所示。振荡周期 $T=T_1+T_2$，其中 $T_1=0.693R_1C_1$；$T_2=0.693C_2R_1R_2/(R_1+R_2)$。振荡频率 $f=1/T$。

KC42 调制脉冲为 5～10kHz，调节 R_1、R_2、C_1、C_2 值可改变频率；调节 R_1、R_2 比例可

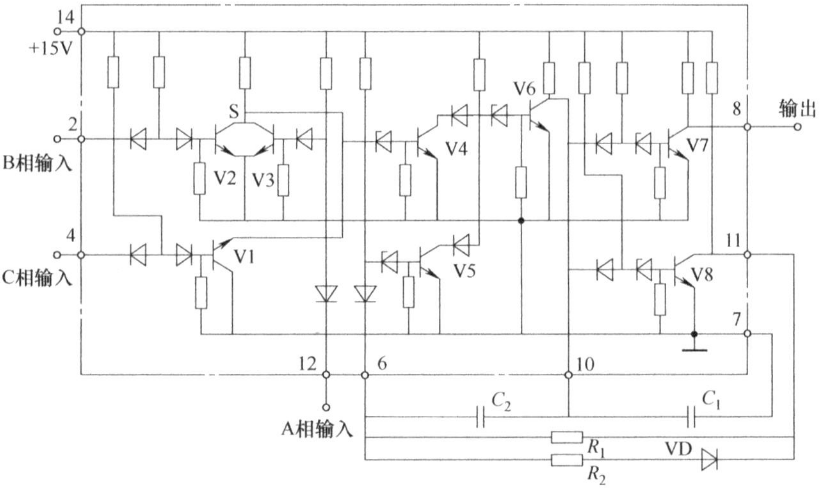

图 1-18 KC42 脉冲列调制形成器的电路原理

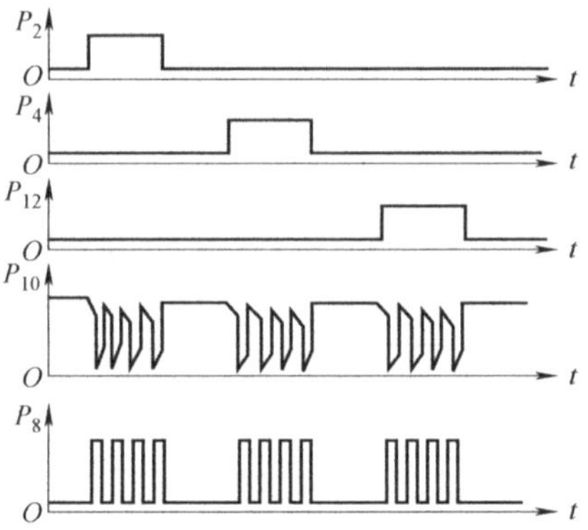

图 1-19 KC42 脉冲列调制形成器各点波形

改变调制频率的占空比。

试题精选：

KC42 脉冲列调制电路中，调制脉冲为（B）kHz。

A. 1~2　　B. 5~10　　C. 20~30　　D. 50~60

鉴定点 8 KCZ6 集成化六脉冲触发组件

问：简述 KCZ6 集成化六脉冲触发组件的工作原理。

答：集成化六脉冲触发组件的电路原理如图 1-20 所示。每相同步电压经 RCT 型网络滤波，约移相 30°。电位器 RP5、RP6、RP7 微调各相同步电压的相位，保证六相脉冲间隔均匀。同步电压取 30V 左右，电流限制在 2~3mA。同步电压输入后，在 KC04 电路端子 4 形成 100Hz 的锯齿波。偏移电压 U_p 调好后，改变 U_k 就可以在端子 12 得到移相的一定宽度的触发脉冲。将三块 KC04 输出的触发脉冲，送到 KC42 的输入端 2、4、12，调制成 5~10kHz 脉冲列，再从输入端 8 送到三块 KC04 的端子 14。这时，KC04 的输出端 1、15 输出调制了

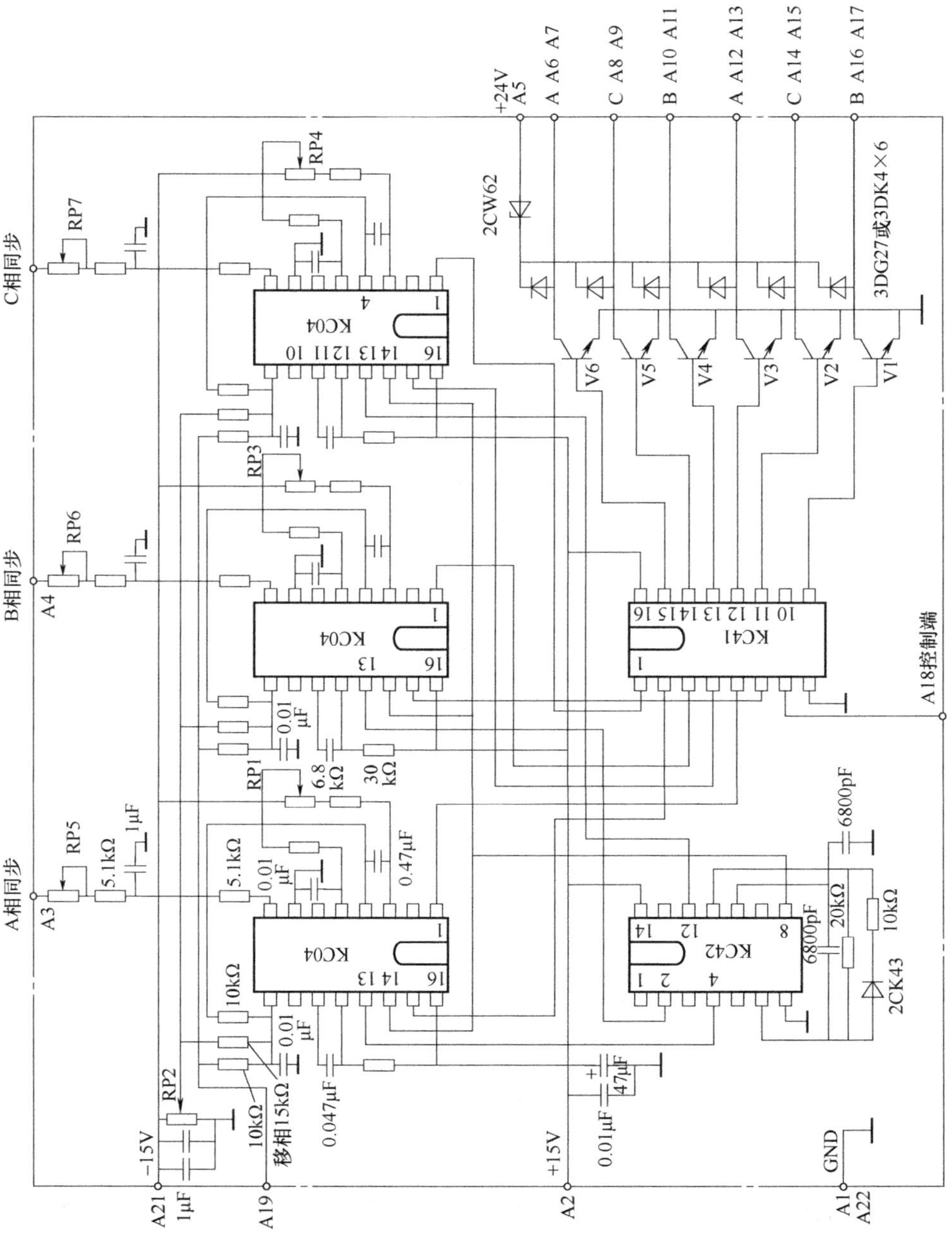

图 1-20 集成化六脉冲触发组件的电路原理

的触发脉冲。三块触发器的6个输出脉冲，送到KC41的1~6输入端。KC41输出端10~15是按后相给前相补脉冲的规律，经V1~V6放大，可输出驱动电流为300~800mA的双窄脉冲列。*P*是KC04各输出端子的波形；A6、A12是KCZ6输出端子的波形。调节每相的RC数值，可以改变触发脉冲的宽度。调节RP2、RP3、RP4可以改变锯齿波斜率。为了使脉冲变压器在脉冲间断时去掉剩磁，稳压二极管要选择合适的击穿电压，使脉冲变压器反电动势建立一定值之后短路，以便去掉剩磁。

试题精选：

集成化六脉冲触发电路中。电位器RP5、RP6、RP7微调各相同步电压的相位，保证六相脉冲间隔均匀。同步电压取（C）V左右，电流限制在2~3mA。

A. 10　　B. 20　　C. 30　　D. 40

鉴定点9　工频电源输入电路及高压整流电路

问：高频感应有哪些作用？GP100—C3型高频设备电路主要由哪几部分组成？简述工频电源输入电路及高压整流电路的工作原理？

答：在感应加热的工业应用中，除钢质工件表面淬火外，高频感应广泛应用于特种合金熔炼、半导体提纯、焊接等生产领域中。

GP100—C3型高频设备的电路原理如图1-21所示，它由功频电源输入电路、电压整流电路、高频振荡电路、灯丝供电电路、测量电路和控制保护电路等部分组成。

（1）工频电源控制电路　如图1-21a所示，该工频电源输入端接有两极LB—300型电源滤波器，它保证工频电源顺利输入高频设备，而阻止高频设备产生的信号通过工频电网馈送到高频设备机房以外的电器上去，从而保证了其他电子设备的正常运行。

（2）高压整流电路　该电路由整流变压器T3、电子管V1~V7及整流控制电路组成。工作中，由高压整流电路供给振荡管的电压。如图1-21b所示，电子管V1、V2、V3、V7接成零位管，其栅极与阴极连接在一起，V4、V5、V6的栅极电压可控。电子管V4、V5、V6截止时，V7导通，形成三相半波整流电路，输出半高压直流电压。V4、V5、V6开放时，V7承受反压截止，随着可控电子管起燃点的变化，输出电压可以从半高压至全压调节。变压器T4与R_8、C_6、C_7组成移相电路向V4、V5、V6提供交流栅极控制电压，二极管VD1、VD2构成全波整流电路提供栅极控制电压中的固定负栅偏压。自耦调压器T7通过整流变压器T5，经单相桥式整流电路提供栅极控制电压中的可变栅极电压。转动自耦调压器的手柄，可改变栅极控制电压的幅度，从而改变电子管的起燃点，调节整流输出电压。

试题精选：

高压整流电路中，二极管VD1、VD2构成全波整流电路提供栅极控制电压中的（D）。

A. 栅压可控　　B. 可变栅极电压

C. 整流输出电压　　D. 固定负栅偏压

鉴定点10　高频振荡电路

问：高频振荡电路的组成特点有哪些？为防止高频振荡电路产生寄生振荡和起振、停振控制的问题应采取哪些措施？

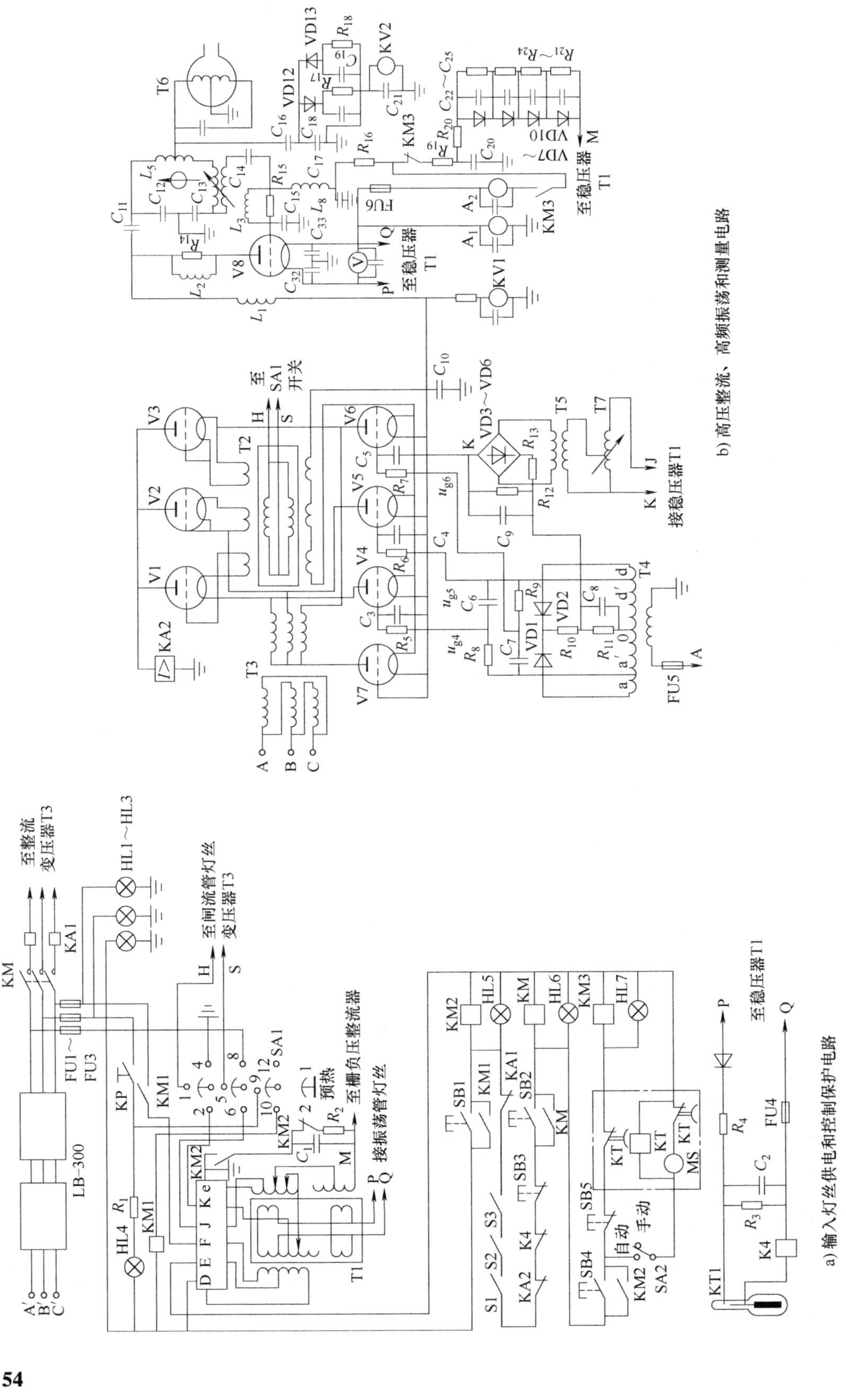

a) 输入灯丝供电和控制保护电路

b) 高压整流、高频振荡和测量电路

图 1-21　GP100—C3 型高频设备的电路原理

答：GP100—C3 型高频设备电路的高频振荡电路如图 1-21b 所示。电子管 V8 采用并联供电方式。隔直输入电容 C_{11} 把振荡电路与振荡管阳极直流高压隔开，使振荡电路直流电位为零。振荡器的基本电路是电容三点式与变压器反馈式振荡电路的复合方式，由于变压器两线圈 L_6、L_7 的耦合系数可以调节，所以总反馈电压在一定范围内可调。

在实际应用中，高频振荡器存在着防止寄生振荡和起振、停振控制的问题。为此，电路中采取的相应措施如下：

（1）防止寄生振荡的措施　防止寄生振荡产生的原则是破坏寄生自激振荡的条件。本电路中采取了以下三个措施：

1）在电子管阳极和栅极各串接一个很大的无感电阻 R_{14} 和 R_{15}，并分别并联电感 L_2、L_3。对于超高频率的寄生振荡频率而言，L_2、L_3 感抗很大，使寄生超高频电流无法建立。

2）在振荡管栅—阴极间跨接一个小电容 C_{15}。对于工作频率而言，C_{15} 的容抗很大，相当于开路；对于超高频寄生振荡，C_{15} 容抗很小，起到了高频旁路和移相的作用，从而破坏了寄生振荡的振幅平衡条件和相位平衡条件。

3）将可能引起正反馈的各元器件或引线远离且互相垂直放置，以减小它们的耦合，破坏其振荡平衡条件。

（2）起振、停振控制电路　大功率振荡器的起振、停振不宜用切断阳极高电压的方法来控制。GP100—C3 型高频振荡电路中采用栅极控制的方法来实现振荡器的起振和停振。

如图 1-21b 所示，M 点由铁磁饱和变压器供电，它对地之间的交流电压约 1000V，通过二极管 VD7 ~ VD10 半波整流使电容 C_{20} 峰值充电，由于 C_{20} 正端接地，其负端电压可达 1000V 以上。停振时，这个负压经限流电阻 R_{19}、接触器 KM3 的常闭触头及栅极电阻 R_{16} 等与振荡管栅极相通，给振荡管栅极加上了远远低于振荡管截止栅压的负电压，因而振荡管截止，振荡器停振。要求起振时，接触器 KM3 动作，其常闭触头断开，切断了迫使振荡管截止的负栅压；其常开触头闭合，接通了振荡管自给栅偏压电路，振荡管开放，振荡器立刻起振。

二极管 VD7 ~ VD10 并联了均压电阻 R_{21} ~ R_{24}。为抑制浪涌电压；还并联了电容器 C_{22} ~ C_{25}。

试题精选：

大功率振荡器的起振、停振不宜用切断阳极高电压的方法来控制。GP100—C3 型高频振荡电路中采用（A）的方法来实现振荡器的起振和停振。

A. 栅极控制　　B. 源极控制　　C. 破坏寄生振荡　　D. 切断电源

鉴定点 11　灯丝供电电路

问：为什么要稳定振荡管与闸流管灯丝的电压？简述灯丝供电电路的组成和工作原理。

答：因为振荡管与闸流管灯丝电压波动会引起设备输出功率的急剧变化，并严重影响管子使用寿命，因此必须专门考虑灯丝供电电路的稳压问题。

GP100—C3 型高频设备中应用了铁磁饱和式稳压器来稳定灯丝电压。铁磁饱和式稳压器的基本结构与变压器相似，由硅钢片叠压成两心柱式铁心，两个心柱 1、2 的横截面积 S_1、S_2 不相等，S_1 约为 S_2 的两倍。心柱 1 上绕一次线圈 W1，接电源；心柱 2 上绕二次线圈 W2

接灯丝，其结构如图 1-22a 所示。心柱 1 工作在磁化曲线的未饱和段，而心柱 2 工作在磁化曲线的饱和段。

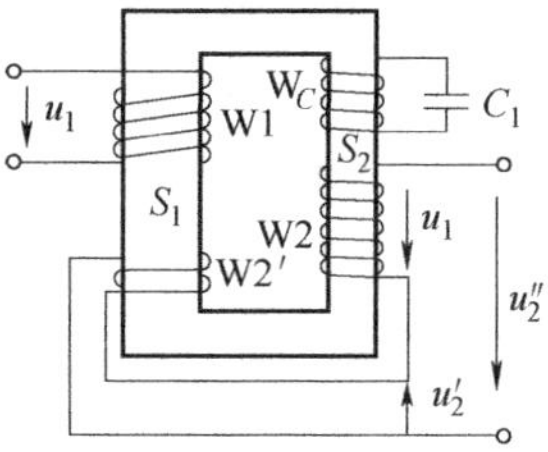

a) 结构

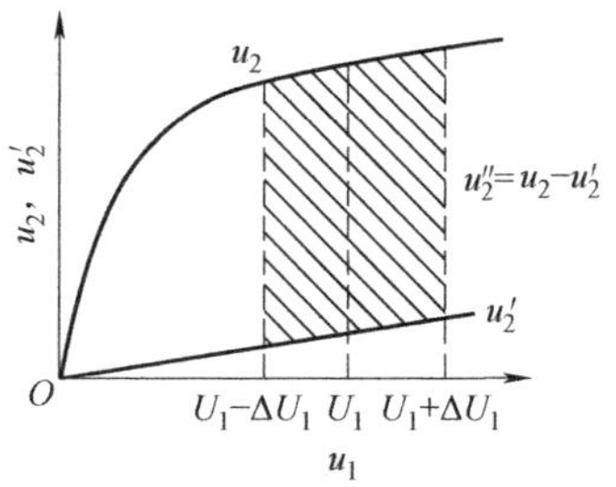

b) 补偿绕组的作用

图 1-22　铁磁饱和式稳压器

当一次线圈 W1 接上额定电压 u_1 时，心柱中的磁通与电源电压成正比，此磁通一部分通过心柱 2 而闭合，使心柱 2 饱和，其余部分（漏磁通）则通过空气而闭合。当电源电压波动时，心柱 2 中的磁通变化幅度很小，故二次线圈 W2 的端电压 u_2 变化很小，起到稳定作用。

为了进一步提高稳压性能，实际使用的铁磁饱和式稳压器在心柱 1 上加绕匝数较少的补偿线圈 W2′，它与二次线圈 W2 反极性串联，故输出电压 $u_2''=-u_2-u_2'$。因为 W2′的磁通不饱和，u_2'与外加电源电压成正比，适当安排 W2′与 W2 的匝数比，如图 2-24b 所示，使 u_2'随 u_1 变化的斜率与 u_2 饱和段随 u_1 变化的斜率相同，则实际输出电压 u_2''为 u_2 与 u_2'之差，在 $U_1\pm\Delta U_1$ 之间近似为一常数，输出电压就更加稳定。

另外，心柱 2 上还绕有谐振线圈 W_C，当 W_C 接上电容 C_1 并使线圈电感和电容的参数匹配，使之在电源频率 50Hz 下发生谐振时，线圈内便产生很大的谐振电流（LC 串联谐振）。由于二次线圈 W2 和谐振线圈 W_C 套在一起，彼此互感很大，谐振电流产生的磁通在二次线圈 W2 中感应出一个数量相当大的附加电动势，所以加接电容后使输出电压 u_2''有很大增加，同时也大大地改善了稳压器的功率因数。

在图 1-21a 所示电路中，铁磁饱和式稳压器的 D、F 端接交流电压，P、Q 端向振荡管提供一个稳定的灯丝电压，J、K 端通过转换开关 SA1 向闸流管灯丝变压器供给稳定电压。e 端接地。谐振电容器 C_1 接在 eM 端点上，M 同时输出约 1000V 的交流电压供给栅极负电压整流器，在 C_{20}上形成 1000V 以上的直流负电压供振荡管停振时作截止负栅压用。

试题精选：

铁磁饱和式稳压器中的谐振电容器 C_1 接在 eM 端点上，M 同时输出约 1000V 的交流电压供给栅极负电压整流器，在 C_{20}上形成（C）以上的直流负电压供振荡管停振时作截止负栅压用。

A. 220 V　　B. 380 V　　C. 1000V　　D. 1500 V

鉴定点 12　高频设备的控制保护电路及要求

问：高频设备的控制保护电路应满足哪些要求？GP—100C3 型高频设备采取了哪些保护措施？

答：为了保障设备的正常使用，避免故障发生，高频电源的控制电路必须满足以下要求。

1）设备各单元应按照一定的顺序投入运行，如必须在闸流管、振荡管灯丝预热后，再接通高压电源；然后才能接通感应加热电路等。

2）为保障人身安全及设备的正常运行必须有可靠的保护措施，如所有机门关闭、振荡管阳极通上冷却水后，才允许接通高压电源，当水压不足或水温过高时，要能够自动切断高压电源。

3）闸流管及振荡管的灯丝分档供电，在不切断直流高压电源的情况下，能方便地进行加热和停止加热；根据产品批量的大小，可进行手动或自动操作。

本设备中采取的保护措施如下：

① 过电流保护。设备的过电流保护由图 1-21a 所示的交流接触器附属过电流继电器 KA1 来实现。振荡管阳极电流的超载则由图 1-21b 所示的过电流继电器 KA2 来保护。当出现设备过电流或振荡管超载时，相应的过电流继电器动作，断开电源接触器线圈电路，KM 断电释放，切断交流电源。

② 水压保护。高频电炉中水路系统非常重要，为保护设备运行时有足够的水压，设有水压继电器进行水压保护。水压过低时，水压继电器断开其触头，使整个控制系统全部断电，设备与电网隔离，从而保障了设备安全。

③ 水温保护。有时水压虽高，但因水路堵塞，或因振荡管阳极损耗过大，使冷却水水温太高，当达到 58℃时，水银触点 KT1 接通，灵敏继电器 K4 线圈通电，其常闭触头断开高压电路，使振荡管免除被损坏的危险。

④ 联锁保护。由于高频电路设备内部的高电压会给接近设备的人员带来危险，因此门上设有联锁保护开关。当门打开时，门联锁开关 S1、S2、S3 触头断开，电源接触器 KM 线圈断电释放，切断交流高压电源，从而保证操作维修人员的人身安全。

⑤ 其他保护。为避免振荡管灯丝因感应高频电压而烧坏，因此接上了电容 C_{32}、C_{33}。另外，在栅极回路中，还装有熔断器 FU6，以避免电流过大而烧坏管子。

试题精选：

（D）是高频电源的控制电路必须满足的要求。

A. 设备各单元应按照一定的顺序投入运行

B. 为保障人身安全及设备的正常运行必须有可靠保护

C. 闸流管及振荡管的灯丝分档供电

D. 以上都是

鉴定点 13　晶体管高频电源装置

问：简述晶体管高频电源装置的工作原理。

答：静电晶体管高频电源的工作原理如图 1-23 所示。KP1～KP6 组成三相全控桥式整流电路，u_d 经 C_L、C_H 滤波送到由四只静电晶体管 SIT1～SIT4（也可以用 IGBT 或 MOSFET）组成的逆变桥上，四只静电晶体管由四片驱动模块 A1～A4 驱动。第一个半波 SIT1、SIT3 导通，第二个半波 SIT2、SIT4 导通，负载上即得到交变电压与电流。电路形式与中频晶闸管逆变桥相似。高频电压互感器 HCPT 从负载 L 得到高频信号，送入振荡频率控制回路，经控制脉冲选通回路发出选通脉冲 in1～in4，送入驱动模块的 A1～A4 输入端，形成自激振荡的闭合回路。

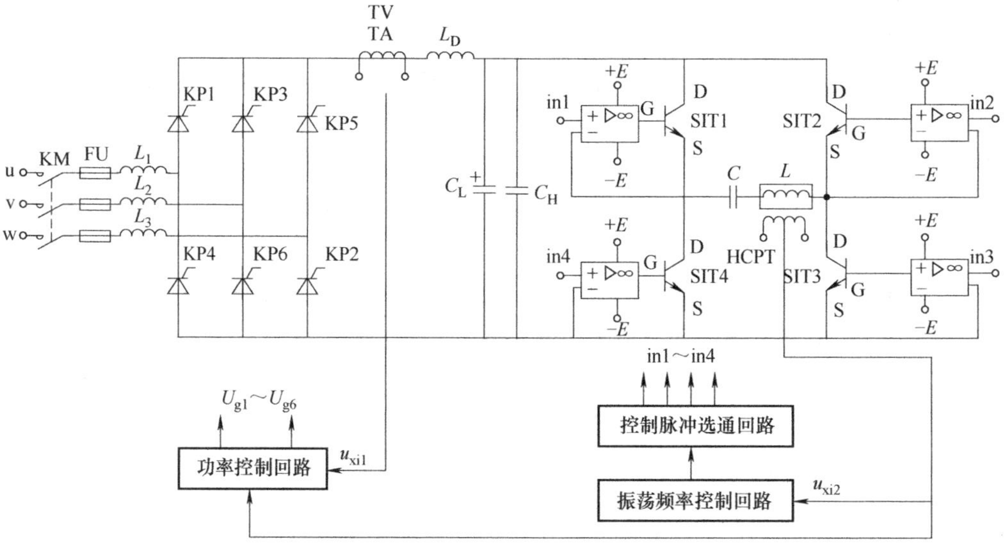

图 1-23　静电晶体管高频电源的工作原理

若采用 IGBT 或 MOSFET 的电路形式，将 IGBT 或 MOSFET 替换 SIT 即可。SIT 的频率高于 IGBT，MOSFET 比 SIT 的速度更快，更适用于高频率。一般来说，IGBT 适用于 8～50kHz，MOSFET 适用于 50～400kHz。功率等级：MOSFET 适用于 100kW 以下的高频电源。

试题精选：

在晶体管高频电源中，IGBT 适用于（A）kHz 的高频电源。

A. 8～50　　B. 50～200　　C. 50～400　　D. 400～800

鉴定点 14　中高频电源装置常见故障设备的检查

问：如何进行中高频电源装置常见故障设备的检查？

答：中高频电源装置常见故障设备的检查方法如下：

（1）中频发电机组的检查　检查中频发电机组安装地脚螺钉应紧固、无松动现象，接线盒内接线应正确无误。开机前用手拨动转子不得有卡住现象。使用时密切监视水压、轴承温升、振动等情况。

（2）中频发电机控制系统和发电机供电回路的检查

1）根据接线图检查设备的内部和外部接线均应正确无误。注意各转换开关的开断位置是否正确。检查中频电流互感器、电压互感器的变化是否正确。检查各部分接线是否牢固。

2）检查各电器元件、按钮、继电器、接触器等的触头是否良好，操作是否灵活。

3）中频发电机供电回路电流继电器动作电流应整定为发电机额定电流的 1.1 倍。过电压继电器动作电压应为发电机额定电压的 1.1 倍。发电机励磁回路过电流继电器动作电流应整定为额定励磁电流的 1.25～1.3 倍。

（3）功率因数表极性的检查　在调节电容器容量增大时，$\cos\varphi$ 表指针应往超前方向指示，则可确定 $\cos\varphi$ 表的极性正确无误。

（4）中频电容器和淬火变压器振荡回路的调整　调试时假定所需功率为额定值，淬火变压器匝数比为某一值，调整电容量使功率因数为 1 时，如果发电机的端电压达到额定值而其电流不足额定值，则需减少淬火变压器一次线圈的匝数；如果发电机的电流达到额定值而其电压不足额定值，则需增大淬火变压器一次线圈的匝数。

调整时要特别注意电容器的匹配，严禁盲目加大电容量。应视 $\cos\varphi$ 表的指示情况一点一点地调节，否则电容器匹配过大，便会引起发电机的自激。

试题精选：

检查中频发电机控制系统和发电机供电回路故障时，中频发电机供电回路电流继电器动作电流应整定为发电机额定电流的（A）倍。

A. 1.1　　B. 1.2　　C. 1.25~1.3　　D. 1.5

鉴定点 15　中高频电源装置的运行与维护

问：中高频电源装置常见故障的运行与维护的内容有哪些？

答：中高频电源装置常见故障的运行与维护的内容有：

（1）中频发电机组起动前的检查　应检查机组水冷系统和轴承润滑情况，检查有无漏水现象，然后按操作规程启动机组。

（2）工作中故障的处理方法　若工作中发生故障应首先断开负载，再切断中频机的励磁回路。

（3）停车时的操作步骤

1）减小发电机励磁电流，降低发电机电压。

2）切断控制回路。

3）断开中频机组电源。

试题精选：

中高频电源装置若在工作中发生故障应首先断开（A），再切断中频机的（A）。

A. 负载，励磁回路　　B. 励磁回路，负载

C. 电源，负载　　D. 电枢回路，负载

鉴定点 16　晶闸管中频电源常见故障的检修

问：如何进行晶闸管中频电源常见故障的检修？

答：晶闸管中频电源电气控制框图如图 1-24 所示。晶闸管中频电源常见故障的检修措施如下：

（1）总体检查　首先应了解中频电源的总体结构，并仔细检查主回路接线是否与图样相符。检查晶闸管的冷却水路连接是否符合同电位相连接原则，并观察进出水管有无阻塞及漏水现象。

（2）继电器控制电路动作程序检查

1）接通总电源开关，不起动总回路，仅接通继电器控制电路。

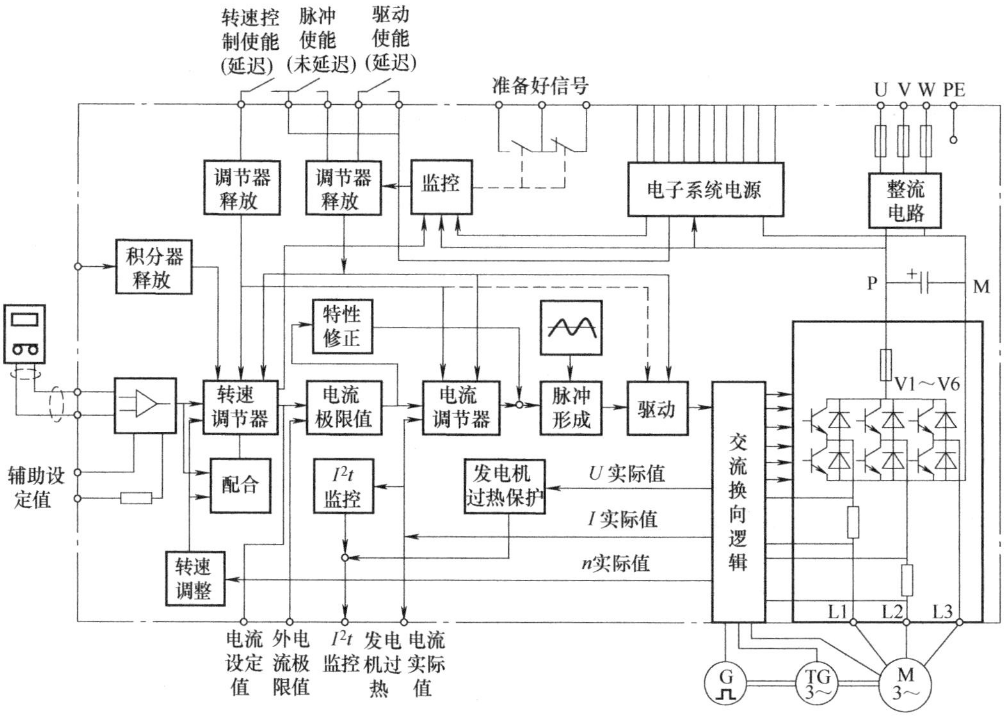

图 1-24　晶闸管中频电源电气控制框图

2）检查各继电器动作顺序，检查时间继电器动作时间、各指示灯是否正常。

（3）整流电路的检查及故障分析

1）校对相序，要求进线 U、V、W 的相序与同步变压器二次侧 U、V、W 相序相符。

2）接通控制电源，检查各输出电压是否正常。如果某个电压不符，检查是否有可调整的地方。如果调整不起作用或者没有调整的地方，可能是整流稳压电路板的元器件损坏，也可能是负载短路致使电源输出电压降低，可通过进一步的检查予以排除。

3）整流桥式晶闸管触发脉冲的检查。

① 检查各触发板输出及各晶闸管门极接线是否与图样相符。

② 用双综示波器依次检查各晶闸管的触发脉冲是否按规定顺序依次相差 60°。

③ 触发脉冲必须是正向脉冲，否则晶闸管不能触发导通。

④ 对触发脉冲要求有一定的宽度，而且还要达到一定功率。不同容量的晶闸管所需要的门极触发电压、电流是不同的，可按说明书要求检查。

⑤ 对脉冲封锁保护动作进行检查。逆变电路出现故障时，电流出现过电流或过电压。检测电路将过电流或过电压信号检测出来，经过保护控制电路将六路整流触发脉冲相位都移到 $\alpha=150°$。三相桥式全控整流电路由整流工作状态转为逆变工作状态。整流电路不再输出能量，反而将负载端的能量回馈给电网，从而防止事故进一步扩大，起到了保护作用。具体调整方法是：主回路不闭合，按下逆变工作按钮，调电位器 RP 使脉冲前移到 $\alpha=0°$；然后用外加稳压电源的方法（电压按实际电路情况所定）来模拟过电流信号；将稳压电源瞬时加在过电流、过电压检测桥式整流器两端（注意稳压电源极性与

整流桥出来的极性相同)，此时触发脉冲应在 $\alpha=150°$ 位置上；否则应对电路进行检查或调整。

4）整流桥通电试验。

① 将整流桥与逆变桥母线铜排断开，将逆变部分电路板取出。

② 接上假负载，可先用小电流负载（小电流负载可用 3kW 电炉，阻值约 240Ω）试验。

③ 调节冷却水压力，检查水压继电器动作是否正常。检查每根水管流通情况应良好。

④ 先合上控制回路电源，再合上主回路电源，逐步升高主回路电压，升高过程中注意观察主回路直流输出电压的波形，波形正常时可逐渐升高至全电压。

全导通时直流输出电压 $U_d=2.34E$（E 为相电压有效值）。如果电压升高过程中波形不正常或全导通时 U_d 值低于 $2.34E$，可能是由下列原因引起的：

a. 晶闸管门极断线，或短路，或触发电路故障所引起的失脉冲。

b. 触发电路输出功率不够大。

c. 脉冲变压器极性接反了，输出负脉冲。

d. 触发脉冲太窄。

e. 整流晶闸管发生误导通，可能是晶闸管的触发电压、电流太小，门极受干扰信号误导通。发现误触发时，要找出原因予以消除。

⑤ 改接大电流负载试验。大电流负载可用生铁电阻（阻值根据设备容量适当选取）。合上控制回路、主回路电源，逐步升高主回路电压，观察各晶闸管的管压降波形和直流输出波形，同时注意直流电压表和电流表的读数。当直流电流增大到一定数值时，可进行过电流动作值的整定。整定后反复试验几次，观察每次动作时，电流的整定值是否正确以及其可靠性。在电路工作正常后，通以全电压、全电流 0.5~1h，以考核电路元器件的发热情况和整流电路的稳定性。

整流电路的常见故障有以下 4 种：

第一种是快速熔断器 FU 熔断，造成整流波形断相，使直流电压下降，纹波增大，滤波电抗器发出连续的冲击声，可以造成逆变器颠覆。故障原因可能是整流桥某晶闸管反向击穿，交流相间短路，可用万用表检查晶闸管反向电阻。也可能是过电流保护失灵，当逆变失败时，熔断器熔断，这种情况往往会烧断 5~6 个熔断器。

第二种是烧毁晶闸管。故障原因是过电流保护失灵，同时快速熔断器 FU 的工作特性与晶闸管的过载特性配合不当，可能是熔断器不合格，也可能是晶闸管过载特性不合格，熔断器起不了作用。

第三种是整流电压断相，但熔断器 FU 和晶闸管都良好。故障原因可能是触发脉冲失落或触发功率不足，触发脉冲宽度太窄，可用示波器观察，并与正常工作的触发波形相比较；也可能是三相交流电源一相断电，可用万用表或验电器进行检查。

第四种是整流电压作不规则的跳动，用示波器观察滤波前的整流电压波形，可发现有一相波形时而出现提前 60°导电。故障原因可能是晶闸管的门极受到干扰。干扰信号是由晶闸管开关时所产生的电压跳变（对于三相全控桥是每 60°产生一次）。这些突变电压可以通过引线耦合或在空间侵入到整流触发电路和晶闸管的门极，致使晶闸管误导通，对此应加强控制电源的滤波。故障原因还可能是整流触发脉冲中有一路脉冲宽度处于临界值，应检查相应的脉冲触发电路。

试题精选：

逆变电路出现故障时，电流出现过电流或过电压。检测电路应将过电流或过电压信号检测出来，经过保护控制电路将六路整流触发脉冲相位都移到 $\alpha=$(C)。

A. 60°　　B. 120°　　C. 150°　　D. 180°

鉴定点 17　逆变电路的调试及故障分析

问：逆变电路的调试及故障分析方法有哪些？

答：逆变电路的调试及故障分析方法如下：

(1) 逆变触发电路的检查

1) 合上控制电源，检查逆变稳压电源电压是否符合要求。

2) 插上脉冲检查、脉冲形成、脉冲放大部分电路板。重新合上电源，按说明书操作进入检查状态，此时应出现音频响声。

(2) 检查逆变触发脉冲

1) 用滤波器观察各晶闸管 VT1～VT4 的触发脉冲，要求其脉冲幅值 $U_g \geq 4V$，同时脉冲前沿 $t_p<3\mu s$，脉冲宽度 $10\mu s<t_a<100\mu s$。

2) 用双踪示波器观察逆变桥对角线晶闸管（VT1、VT3 或 VT2、VT4）的触发脉冲是否重叠。

3) 用双踪示波器观察逆变桥相邻两组晶闸管（VT1、VT2 或 VT3、VT4）的触发脉冲相位差是否为 180°。

(3) 检查逆变起动电路　逆变起动电路很多，常用的预充电起动电路如图 1-25 所示。整流电路 REC 还未投入工作时，$U_d=0$，逆变器 INV 输入端无电压。起动前，起动电容器 C_S 预先经辅助整流电源 REC_S 充电。起动前先把接触器 KM2 触点合上，再将放电晶闸管 VT11 触发导通。此时起动电容器 C_S 上所充的电加到由炉子 L 和补偿电容 C 组成的并联谐振电路两端，产生衰减振荡电压和电流，通过信号检测电路和逆变触发系统形成了一连串脉冲，加到逆变晶闸管，其衰减振荡波形如图 1-26 所示。当然，由于逆变桥路没有加直流电

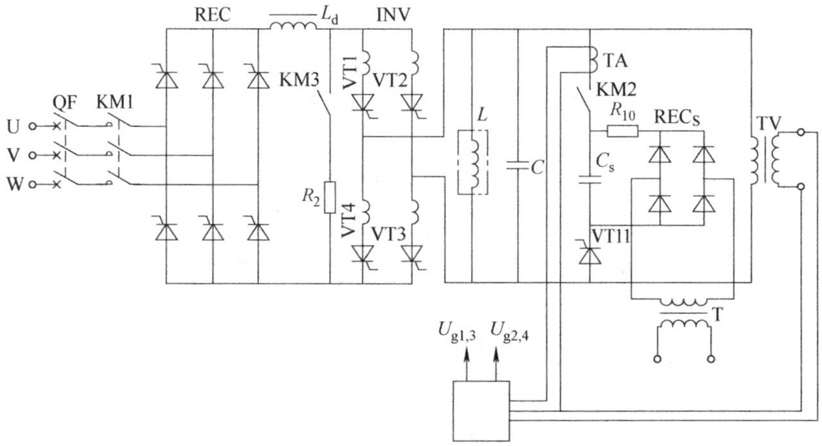

图 1-25　晶闸管中频电源预充电起动电路

压，所以逆变桥中晶闸管均未导通。用记忆示波器接在逆变桥输出端可看到衰减振荡波形。用普通示波器调到待触发状态，时标拨到10ms，Y轴衰减拨在150V档，瞬间也能看到衰减振荡。有时普通示波器一次不一定能捕捉到波形，需反复看几次。

如果没有衰减振荡产生，其原因是：

1）炉子L开路或短路。

2）起动电容器C_S没有充上电，起动充电回路有故障。

3）电流互感器TA内部开路或短路。

4）起动触发电路有故障。

5）起动电容器C_S或放电晶闸管VT11损坏。

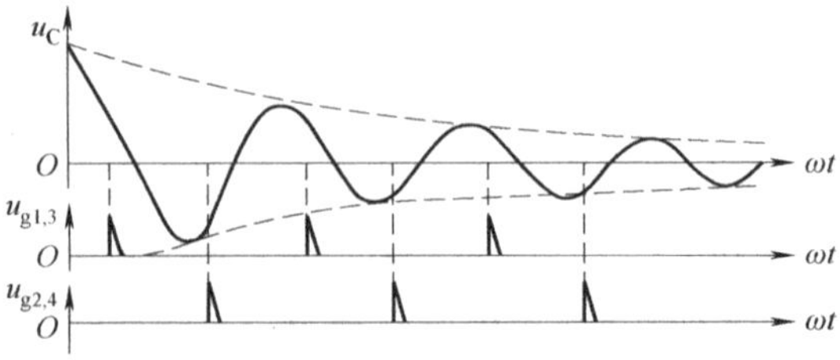

图1-26　衰减振荡波形

（4）起动前的准备工作

1）仔细观察逆变桥主回路接线及负载回路接线，以及各螺钉装接是否紧固。

2）开冷却水和炉子冷却水。如果是淬火设备应先接好感应线圈，并在感应线圈中放入淬火工件。

3）检查电流互感器及电压互感器的接线极性是否正确。

4）将各转换开关换至正常工作状态。

试题精选：

（D）不是逆变起动电路没有衰减振荡产生的原因。

A. 炉子L开路或短路　　B. 起动电容器C_S没有充上电

C. 起动触发电路有故障　　D. 逆变桥出故障

鉴定点18　逆变桥工作调整

问：如何进行逆变桥的工作调整？起动失败的原因有哪些？

答：逆变桥的工作调整方法如下：

1）将0.8Ω生铁电阻串联在直流电路里，这里串入限流电阻的作用是为了在过电压、过电流保护未调整好的情况下，当逆变失败时将主回路电流限制在一定范围内。

将功率调节电位器调至最小，合上总电源。按下逆变工作按钮，直流电压建立。经延时后，起动电容器放电，中频电压建立，装置出现叫声。逐渐升高中频电压和电流。当中频电压、电流调到足够大时，分别调整过电压、过电流保护电路，使保护装置动作。按上述方法反复动作几次，观察整流值是否变动。

2）逆变桥小功率稳定后，逐步减小直流电路中的限流电阻，直至完全取消。在这个过程中必须密切注意各部分的波形，并随时监视各元器件，一旦有异常情况应立即停机检查。如果电路工作正常，可按说明书规定值对过电压、电流保护进行整定。

起动失败的原因如下：

① 整流电路产生故障，主回路没有电流；起动电容器没有充上电压或电压太低；负载端没有建立振荡电压。

② 逆变电路、逆变触发系统发生故障。

③ 自动调频系统信号的极性不正确，或者因为自振频率与负载 LC 谐振频率相差太多，以至超出自动调频系统的范围。

④ 逆变桥换流失败。为了保证系统能够可靠换向，安全储备时间 t_β 必须大于晶闸管的关断时间 t_{off}。考虑到系统在换向时需要一定时间，因此触发脉冲应改为提前发生，这一引前触发时间 $t_f=t_\beta+t_r$ 如图 1-27 所示。换流时间 t_r 的大小取决于电路的电流 I_d 和晶闸管所能承受的电流上升率 di/dt，即 $t_r=I_d/(di/dt)$。由于在一般情况下 t_f 时间整定后保持不变，当电路的电流 I_d 增大时，换向时间 t_r 增大，这样 t_β 就会减少。当 $t_\beta<t_{off}$ 时，换向就会失败。所以应该保持当电路电流 I_d 最大时，引前触发时间 $t_f \geqslant t_\beta+t_r$。可由以上方法计算出 t_f 值，对电路进行整定。

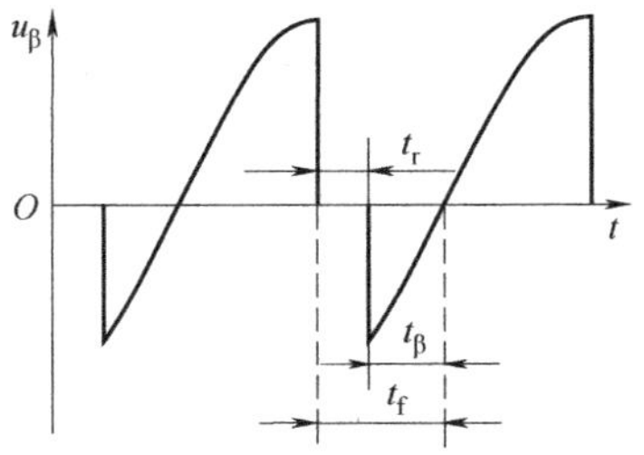

图 1-27　逆变桥中引前触发时间 t_f 与 t_β、t_r 的关系

试题精选：

为防止逆变桥换向失败，应该保持当电路电流 I_d 最大时，引前触发时间 $t_f \geqslant$（D）。

A. t_β　　B. t_r　　C. t_{off}　　D. $t_\beta+t_r$

鉴定点 19　高频设备常见故障的检修

问：高频设备常见故障及其原因有哪些？

答：GP100—C3 型高频设备发生故障后，应根据故障现象，分析原因，对症下药。

（1）接通电源加热后无栅流，不振荡　不振荡的原因有很多。如果振荡管的阳极直流电源和灯丝电源都是正常的，则应该在半高压的情况下观察一下阳极电流。

1）接通电源加热后阳极电流为零，这种情况多数是栅极电路的问题。检查栅极回馈线圈到电源的这一段电路有无断路之处。因为这一段电路中断后，栅极对地悬空，栅极上的负电荷没有直流泄放通路，因而形成负电荷积累，栅极形成强大的负电位场，从而阻止了阳极电流，使电子管始终处于截止状态，阳极电流为零。

2）半高压接通后阳极有电流。产生此故障的原因有三种可能。

① 阳极槽路电容器 C_{12} 击穿。

② 栅极电路上的旁路电容器 C_{13}、C_{14} 击穿。

③ 栅极回馈线圈到栅极这一段电路有断路的地方。

需要说明的是，有时设备并无故障，如果匹配不当，耦合太紧而使振荡器负载太重，也会造成停振。此时只要把耦合调小些，就会产生振荡。

（2）高压送不上或高压跳闸　引起高压跳闸的原因，除控制电路故障外，还可能是高压电源或者是振荡回路的故障原因。

1）控制电路故障引起跳闸的原因：

① 水压继电器动作。

② 各保护门开关动作。

③ 其他各保护器件或装置动作。

2）高压电源故障引起跳闸的原因：

① 闸流管逆弧或晶闸管损坏造成相间短路。

② 触发电路故障。

③ 变压器短路。

④ 高压硅堆损坏或压敏电阻击穿。

⑤ 滤波电容击穿。

⑥ 过电流保护电路调整不当。

3）高频振荡回路故障造成跳闸的原因：

① 隔直电容器 C_{11} 损坏。

② 高压旁路电容器 C_{10} 损坏。

③ 振荡管 VG 损坏。

④ 阳极回路对地绝缘损坏（包括冷却水管炭化变质），对地放电。

⑤ 水质不好，水冷系统漏电叠加在负载电流里，使电路电流达到过电流额定值而造成跳闸。

（3）直流高压波动大的原因

1）工频电网电压波动大。

2）整流管普遍老化。

3）电压反馈回路故障。

4）触发电路故障或调整不当。

5）电路中有连接不好的地方，或者是可调部分接触不良。

试题精选：

GP100—C3 型高频设备，当半高压接通后阳极有电流。（C）不是产生此故障的可能原因。

A. 阳极槽路电容器 C_{12} 击穿

B. 栅极电路上的旁路电容器 C_{13}、C_{14} 击穿

C. 直流电源电压波动

D. 栅极回馈线圈到栅极这一段电路有断路的地方

鉴定点 20　中高频电源的操作规程

问：中高频电源操作中应遵守的操作规程有哪些？

答：中高频电源操作中应遵守的操作规程：

1）必须有两人以上方可操作高频设备，并指定操作负责人。穿戴好绝缘鞋、绝缘手套和其他规定的防护用品。

2）操作者必须熟悉高频设备的操作规程，开机前应检查设备冷却系统是否正常，正常后方可送电，并严格按操作规程进行操作。

3）工作前应关闭全部机门，且机门应安装电气联锁装置，保证机门未关闭前不能送电。高压合上后，不得随意到机后活动，严禁打开机门。

4）工件应去除毛刺、金属屑和油污，否则在加热时容易与感应器产生打弧现象。打弧现象产生的电弧光既会损伤操作人员的视力，也容易打坏感应器和损坏设备。

5）高频设备应保持清洁、干燥和无尘土，工作中发现异常现象后，首先应切断高压电，再检查与排除故障。必须有专人检修高频设备，打开机门后，首先用电棒对阳极、栅极、电容器等放电，然后再开始检修，严禁带电抢修。

试题精选：

中高频淬火设备维护时，在捅炉时，因炉子外壳有一定的感应电压，为保证安全操作者，应配备的保护用品不包括（D）。

A. 绝缘手套　　B. 脚垫　　C. 橡胶绝缘垫　　D. 静电手环

鉴定范围 6　调功器的装调与维修

鉴定点 1　调功器的作用

问：何谓调功器？调功器有哪些作用？

答：晶闸管调功器又称为晶闸管交流功率控制器。它是以晶闸管为开关器件，是一种可以快速、准确地控制合闸时间的无触点开关。它是一种自动控制温度、系统高精度及高动态指标必不可少的功率终端控制设备。晶闸管调功器主要适用于电阻负载（功率因数为 1），如镍铬、铁铬铝、钼铁电阻丝、钨钼丝、碳化硅棒、远红外电热板等电热元件，主要用于各种电阻炉、电加热器、扩散炉、恒温槽、烘箱、熔炉等电热设备的温度自动、手动控制。

总之，晶闸管调功器是一种对电加热设备进行温度控制的装置；它的作用是：通过对电加热设备（负载）的电流或电压进行调整，达到控制其温度的目的。

试题精选：

晶闸管调功器主要适用于（B）负载。

A. 电容　　B. 电阻　　C. 容性　　D. 电感

鉴定点 2　调功器的结构

问：晶闸管调功器主要由哪些部分组成？

答：晶闸管交流调功器主要由主电路和触发电路两大部分组成。其主要部件有：主回路单元、周波控制器、温控仪。辅助部件有：断路器、熔断器、电压表、电流表（互感器）、指示灯和按钮等。

晶闸管交流调功器的主电路与晶闸管交流调压器的主电路完全相同。由三组反并联的晶闸管或三个双向晶闸管构成，三条支路的 6 个端子可与外电路连接成不同的形式，可接成星形和三角形，如图 1-28 所示。实际晶闸管交流调功器包括周波控制器、反并联晶闸管、双向晶闸管、快速熔断器、过电流保护、音响报警、电源电压表、输出功率指示仪表等部件。自动恒温晶闸管交流调功器还包括温度显示和控制仪表，温度显示和控制采用先进的仪表，具有 PID 自适应控制功能。

带有保护装置的晶闸管交流调功器主电路如图 1-29 所示。

触发电路采用过零比较触发电路，由分立元件组成的过零比较触发电路如图 1-30 所示。快速熔断器担任短路和过载保护任务，所有保护动作，均发出报警声响，以引起工作人员的注意。

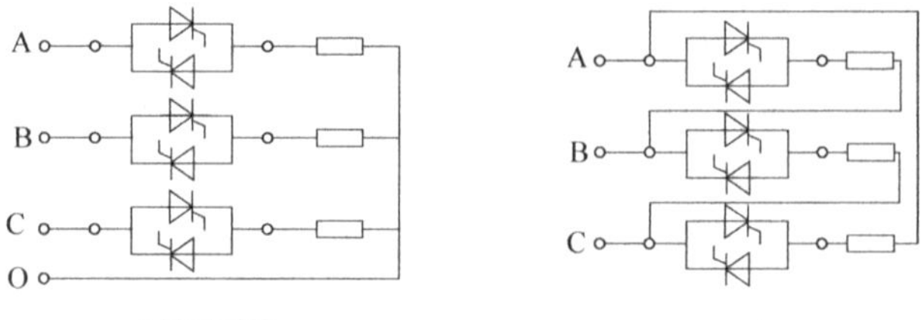

图 1-28　晶闸管交流调功器主电路

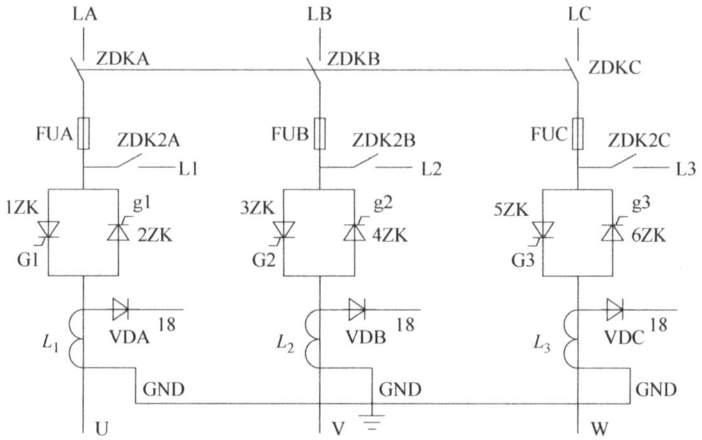

图 1-29　带有保护装置的晶闸管交流调功器主电路

温度的自动控制由温度控制仪完成，温度控制仪具有以下功能：实测温度和设定温度的数字显示；温度上限与下限报警的设置；输出控制功率执行器信号，模拟信号或逻辑信号；使温度上升不过冲和很快稳定的 PID 控制参数，PID 控制参数在较宽的范围内可调，停电后无须重新设置设定点。

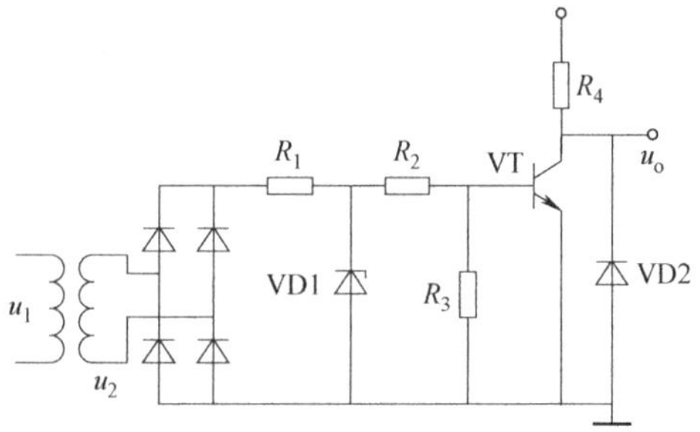

图 1-30　过零比较触发电路

试题精选：

晶闸管交流调功器主要起交流调功作用的元器件是（C）。

A. 二极管　　B. 晶体管　　C. 晶闸管　　D. 双向晶闸管

鉴定点 3　调功器的工作原理

问：简述晶闸管调功器的工作原理。

答：晶闸管交流调功器是在一个固定周期或波动周期里，以控制导通的交流电周波数来控制输出功率的大小。晶闸管在正弦波过零时导通，然后在过零时自动关断，输出为完整的正弦波。通过改变晶闸管的导通频率，或改变导通角度，实现对负载电流或电压改变。

定周期晶闸管交流调功器是以晶闸管零电压无触点开关，在固定的周期内，以改变输出交流电周期内波群数的变化而变化，其输出波形如图 1-31 所示。

变周期晶闸管交流调功器输出的正弦波是平均分布的，又称为间隔式调功器，其中重复周期以最小正弦波间隔安排，例如最小周期是输出功率的 50%时，周期为 40ms，即导通一个周波，关断一个周波，在最大和最小输出功率时周期最大，如在输出功率为 99.9%时，周期为 20s，即导通 999 个周波，关断 1 个周波，输出功率为 0.1%。周期也为 20s，即导通 1 个周波，关断 999 个周波，其输出波形如图 1-32 所示。这两种改变周期内周波数的连续控温方式，精度高，温度波动小，是一种简单有效的控温方式。

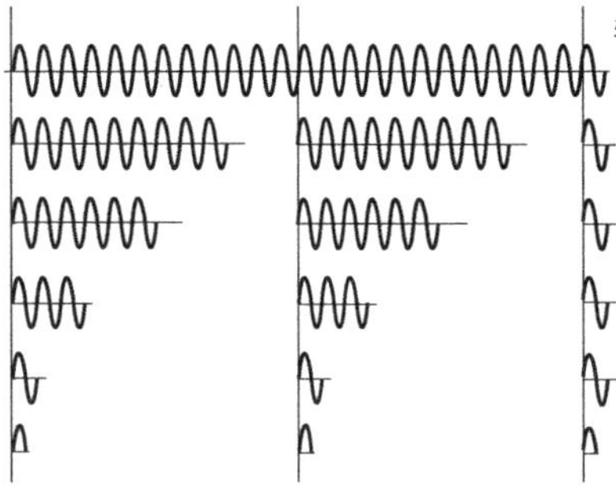

图 1-31　定周期晶闸管交流调功器输出波形

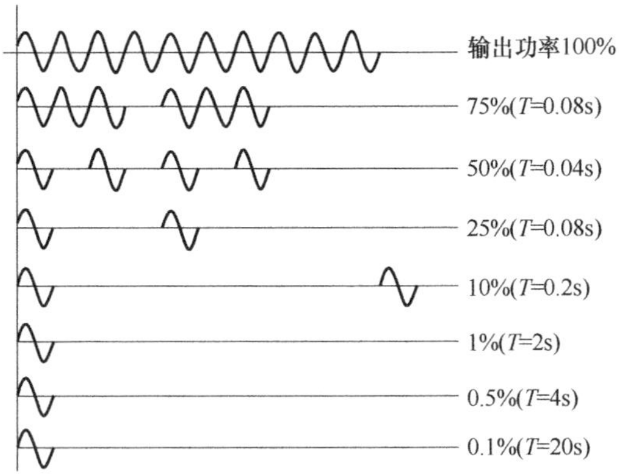

图 1-32　变周期晶闸管交流调功器输出波形

试题精选：

定周期晶闸管交流调功器是以晶闸管零电压无触点开关，在固定的周期内，以改变输出交流电周期内（A）的变化而改变输出电压和电流的变化。

A. 波群数　　B. 控制角　　C. 导通角　　D. 时间

鉴定点 4　调功器的特点

问：简述晶闸管调功器的特点与种类。

答：晶闸管调功器具有以下特点：采用正弦波过零触发方式，输出为完整的正弦波，其辐射干扰、传导干扰和负载电流的瞬态浪涌电流小。运行时无噪声，寿命长，效率比电磁装置高，功率因数也较高，有利于节能。调功器直接给电热元件供电，不需要变压器耦合。晶闸管交流调功器仅对加热设备的功率进行控制，即使在晶闸管关断状态也不能与电源安全隔离，应在控制前装置刀开关、自动开关等，以保证停机与检修安全。

晶闸管调功器是由分立元件组成的传统调功器；还有一种智能调功器。智能调功器又分为箱式晶闸管智能调功器、柜式晶闸管智能调功器和模块化（一体化）晶闸管智能调功器。

试题精选：

晶闸管调功器采用正弦波过零触发方式，输出的波形为（C）。

A. 尖顶波　　B. 正弦半波　　C. 完整的正弦波　　D. 非正弦波

鉴定点 5　调功器与调压器的区别

问：简述晶闸管交流调功器与交流调压器的区别。

答：晶闸管交流调功器与相控式交流调压器的区别在于两者的控制方式不同。调功器采用通断式控制方式，各支路的晶闸管连续导通几个周期后又持续截止一段时间。在晶闸管导通期间，负载电压与电源电压相同，晶闸管截止时，各相负载电压为 0。通过晶闸管导通性的通断可以调节负载的功率。

试题精选：

晶闸管交流调功器与相控式交流调压器的区别在于两者的控制方式不同。调功器采用（A）控制方式。

A. 通断式　　B. 调制　　C. 整流　　D. 逆变

鉴定点 6　过零触发控制电路的结构

问：过零触发控制电路主要由哪几部分组成？

答：为了避免晶闸管开通期间输出电压和输出电流的跳变对负载和通电网的其他设备的不良影响，交流调功器通常采用“过零触发”的方式，即晶闸管总是在电源电压过零点被触发导通，使负载电压和电流每一次都是从 0 开始。图 1-30 是由分立元件组成的过零比较触发电路，其主要由同步变压器、4 个二极管组成的桥式整流电路、稳压器和晶体管过零脉冲输出电路组成。

试题精选：

（✓）过零触发控制电路主要由同步变压器、4 个二极管组成的桥式整流电路、稳压器和晶体管过零脉冲输出电路组成。

鉴定点 7　过零触发控制电路的工作原理

问：简述过零触发控制电路的工作原理。

答：图 1-30 中同步变压器的一次侧接将触发的晶闸管所属相的相电压 u_1，因此同步电压 u_2 与主电路电压同相。同步电压经桥式整流后接在由 R_1 和 VD1 组成的稳压器的输入端，为一个与主电路电源同步的梯形波，在一个半波的大部分时间内，其电压值为 VD1 的稳压值，电压出现下降，晶体管 VT 的集电极为过零脉冲的输出端，基极通过电阻 R_2、R_3 与梯形波电压相连接，在梯形波的瞬时值较大时，晶体管导通，集电极输出电压为 0，没有脉冲输出。只有在梯形波电压很小，也就是说在电源电压的过零点附近时，由于基极电位过低，晶体管才处于截止状态，此时其集电极输出电压 u_0 为高电平，向晶闸管输出触发脉冲。主电路电压每一个半周，在过零点附近出现一个触发脉冲，从而实现“过零触发”。

试题精选：

过零触发控制电路在（A）向晶闸管交流调功器主电路输出触发脉冲。

A. 电源过零点　　B. 电源电压最大值

C. 电源电压有效值　　D. 晶体管导通时

鉴定范围 7　可编程序控制系统的分析、编程、调试与维修

鉴定点 1　梯形图编程规则

问：简述梯形图编程规则。

答：梯形图基本编程规则如下：

1）外部输入/输出继电器、内部继电器、定时器、计数器等器件的接点可多次重复使用，无需用复杂的程序结构来减少接点的使用次数。

2）梯形图每一行都要从左母线开始，线圈接在最右边，如图 1-33 所示。

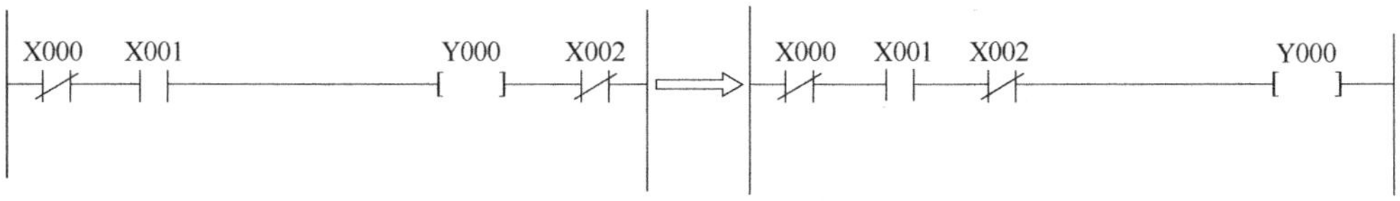

a) 不正确电路　　b) 正确电路

图 1-33　规则 2 的说明

3）线圈不能直接与左母线相连。

4）同一编号的线圈在一个程序中使用两次称为双线圈输出。双线圈输出容易引起误操作，应尽量避免线圈重复使用。

5）梯形图程序必须符合顺序执行的原则，即从左到右，从上到下地执行，不符合顺序执行的电路不能直接编程，如图 1-34 所示。

图 1-34　桥式电路

6）在梯形图中串联接点使用次数没有限制，可无限制次地使用，如图 1-35 所示。

7）两个或两个以上的线圈可以并联输出，如图 1-36 所示。

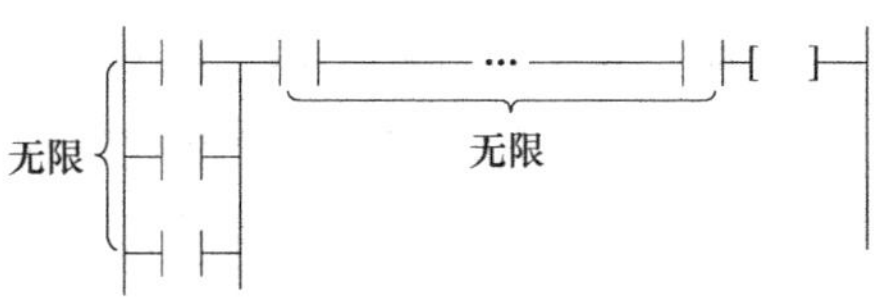

图 1-35　规则 6 的说明

图 1-36　规则 7 的说明

试题精选：

如图 1-37 所示，PLC 梯形图实现的功能是（B）。

图 1-37 梯形图

A. 点动控制　　B. 起保停控制　　C. 双重联锁　　D. 顺序起动

鉴定点 2 脉冲指令的编程方法

问：何谓脉冲指令？如何利用脉冲指令进行编程？

答：脉冲指令的基本功能如下：

（1）PLS 指令称为“上升沿脉冲微分指令” 其功能是当检测到输入脉冲的上升沿时，PLS 指令的操作元件 Y 或 M 得电，扫描一个周期，产生一个脉冲宽度为一个扫描周期的脉冲信号输出。

（2）PLF 指令称为“下降沿脉冲微分指令” 其功能是当检测到输入脉冲的下降沿时，PLF 指令的操作元件 Y 或 M 的线圈得电，扫描一个周期，产生一个脉冲宽度为一个扫描周期的脉冲信号输出。

PLS 和 PLF 指令的操作元件为输出继电器 Y 和辅助 M，不含特殊继电器。

PLS 和 PLF 指令的使用如图 1-38 和图 1-39 所示。

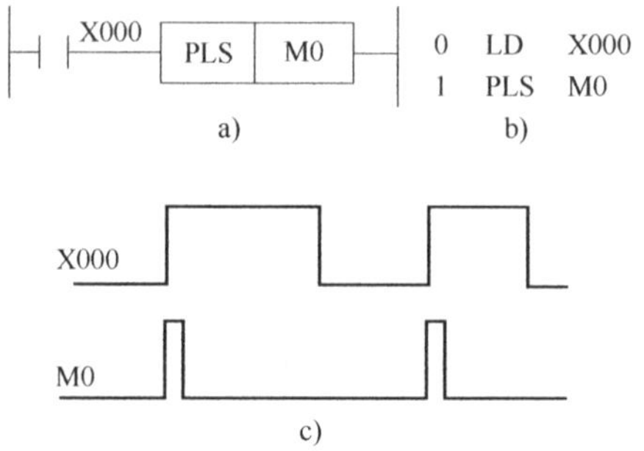

图 1-38 上升沿脉冲微分指令

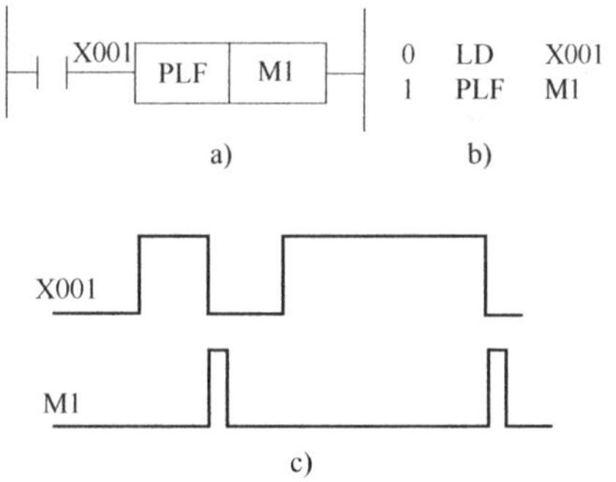

图 1-39 下降沿脉冲微分指令

试题精选：

FX2N 系列可编程序控制器的上升沿脉冲指令，可以（B）。

A. 隔离输出　　B. 防止输入信号抖动

C. 延时　　D. 快速读入

鉴定点 3 交通灯控制的 PLC 编程与分析方法

问：如何利用 PLC 实现交通灯的控制？

答：利用 PLC 实现交通灯控制的程序有很多，现以较为简单的交通灯为例来说明交通灯控制程序的编程方法及程序功能分析。

交通灯的控制要求：绿灯亮 20s 后闪 3s；黄灯亮 2s 后，红灯亮 20s 后闪 3s，连续循环。交通灯控制的 PLC 输入输出接点分配见表 1-4。

表 1-4　交通灯控制的 PLC 输入输出接点分配

输入			输出		
输入继电器	输入元件	作用	输出继电器	输出元件	作用
X000	SB1	起动按钮	Y000	绿灯	信号灯
			Y001	黄灯	信号灯
			Y002	黄灯	信号灯

交通灯控制的梯形图程序如图 1-40 所示。

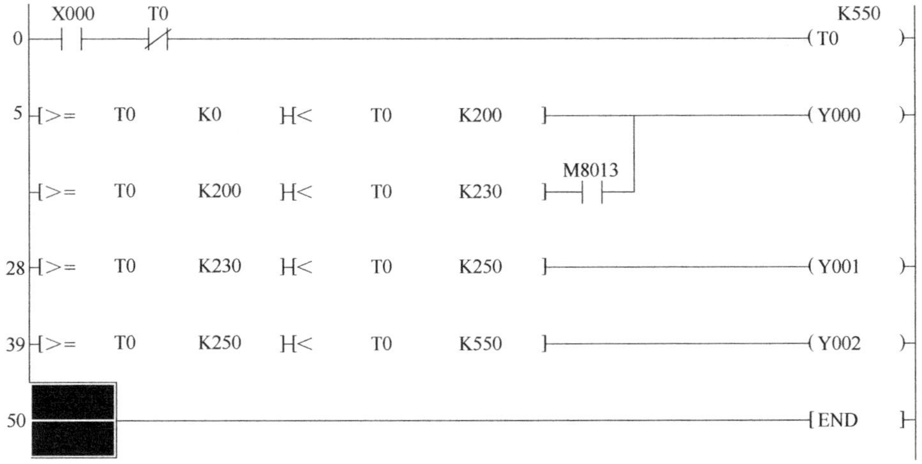

图 1-40　交通灯控制的梯形图程序

试题精选：

在使用 FX2N 系列可编程序控制器控制交通灯时，将相对方向的同色灯并联起来，是为了（B）。

A. 减少输出电流　　B. 节省 PLC 输出口

C. 提高输出电压　　D. 提高工作可靠性

鉴定点 4　编程软件模拟现场的调试方法

问：简述编程软件模拟现场的调试方法。

答：PLC 程序的调试可分为模拟调试和现场调试，调试前首先应对 PLC 外部接线进行仔细检查，为了安全考虑，最好将主电路断开。确认接线无误后再连接主电路，将模拟调试好的程序送入用户存储器进行调试，直到各部分的功能都正常，并能协调一致地完成整体的控制功能为止。

（1）程序的模拟调试　将设计好的程序写入 PLC 后，首先逐条仔细检查，并改正写入时出现的错误。用户程序一般先在实验室模拟调试，实际的输入信号可以用开关和按钮来模拟，各输出量的通/断状态用 PLC 上有关的发光二极管来显示，一般不用接 PLC 实际的负载（如接触器、电磁阀等）。可以根据功能表图，在适当的时候用开关或按钮来模拟实际的反馈信号，如限位开关触点的接通和断开。对于顺序控制程序，调试程序的主要任务是检查程序的运行是否符合功能表图的规定，即在某一转换条件实现时，是否发生步的活动状态的正确变化，即该转换所有的前级步是否变为不活动步，所有的后续步是否变为活动步，以及各步被驱动的负载是否发生相应的变化。

在调试时应充分考虑各种可能的情况，对系统各种不同的工作方式、有选择序列的功能表图中的每一条支路、各种可能的进展路线，都应逐一检查，不能遗漏。发现问题后应及时修改梯形图和 PLC 中的程序，直到在各种可能的情况下输入量与输出量之间的关系完全符合要求。

如果程序中某些定时器或计数器的设定值过大，为了缩短调试时间，可以在调试时将它们减小，模拟调试结束后再写入它们的实际设定值。

在设计和模拟调试程序的同时，可以设计、制作控制台或控制柜，PLC 之外的其他硬件的安装、接线工作也可以同时进行。

（2）利用 PLC 仿真软件进行　具体步骤如下：

1）进入仿真软件界面，建立一个新文件并编制程序。

2）通过菜单或快捷图标启动仿真。

3）启动仿真后，程序开始在计算机上模拟程序写入。

4）仿真。

试题精选：

（√）PLC 编程软件模拟时可以通过时序图仿真模拟。

鉴定点 5　可编程序控制器现场调试的方法

问：简述可编程序控制器现场调试的方法。

答：可编程序控制器现场调试的方法如下：

1）软件调试应首先调试子程序功能模块，然后调试初始化程序，最后调试主程序。

2）调试输出部分，尽可能逼近实际系统，并考虑到各种可能出现的状态，并应做多次反复的调试，发生问题应及时分析和调整。不要轻易放过出现的异常现象，以免在运行中出现事故。

3）系统试运行。在此阶段，系统设计者应密切注视和观察系统的运行情况，遇到问题应及时停机，认真分析产生问题的原因，找出解决问题的方法，并做好记录。

① 选择机型时，有的手册或产品目录上给出了最大输入点数和最大输出点数，而实际上给出的是输入和输出的容量之和。

② 系统调试时，应首先通过编程器将程序输入 PLC，按照被控设备的动作要求进行模拟调试。调试子程序功能模块，然后调试初始化程序，最后调试主程序，调试的输出部分尽可能逼近实际系统，并考虑到各种出现的状态，并应做多次反复的调试，发生问题应及时分析和调整。

③ 试运行时应视系统规模的大小、复杂程度、系统对可靠性的要求以及系统实际运行

的状况而定。通电试验时，应注意人身和设备安全。

4）系统空载调试时应注意的事项：

① 检查输出表中输出端口为“1”状态时，外部设备是否运行；为“0”状态时，外部设备是否停止运行。也可以交叉地对某些设备做“1”与“0”的“强制”，应考虑供电系统是否能保证准确而安全启动或者停止。

② 通过人机命令在用户软件监视下，考核外部设备的起动或停止。对于某些关键设备，为了能及时判断它的运行，可以在用户软件中加入一些人机命令联锁，细心地检查它们，检查正确后，再将这些插入的人机命令撤除。这种做法等同于软件调试时设置断点或语言调试时的暂停。

③ 空载调试全部完成后，要对现场再做一次完整的检查，去掉多余的中间检查用的临时配线，临时布置的信号，将现场做成真正使用的状态。

④ 调试好的程序传送到现场使用的 PLC 存储器中，这时可先不带负载，只带上接触器线圈、信号灯等进行调试。

⑤ 合上电源后，按下起动按钮，观察接触器动作是否正常；按下停止按钮，观察接触器动作是否正常。若不符合要求，可对硬件和程序进行调整，通常只需修改部分程序即可达到调整的目的。

5）负载调试。加上负载，合上电源后，按下起动按钮，观察接触器动作是否正常，负载是否能正常运行。

6）交付验收。负载调试正常运行后，再次检查设备运行情况，在确认无误后方可交付验收。

试题精选：

（√）可编程序控制器进行调试时，发现设备运行不符合要求，通常只需修改部分程序即可达到调整的目的。

鉴定点 6　PLC 硬件故障的类型

问：PLC 主要由中央处理器（CPU）、存储器（RAM、ROM）、输入/输出单元（I/O 接口）、通信接口、电源及编程器等部分组成。PLC 硬件故障的类型包括 CPU 模块故障，存储器模块故障，输入模块、输出模块、通信模块、电源模块和外围电路等故障。

试题精选：

以下不是 PLC 硬件故障类型的是（D）。

A. I/O 模块故障　　B. 电源模块故障

C. CPU 模块故障　　D. 状态矛盾故障

鉴定点 7　PLC 输入模块的常见故障及处理方法

问：PLC 输入模块的常见故障有哪些？如何进行处理？

答：PLC 输入模块故障相对较少，绝大部分为外部元件（如按钮、行程开关、传感器等）及接线故障（如按钮、行程开关、传感器等），具体检查步骤如下：

1）出现输入故障时，首先检查 LED 指示灯是否响应现场元件（如按钮、行程开关、传感器等)。

2）有输入信号但输入模块指示灯不亮时，应检查输入直流电源是否接反。

3）如果 LED 指示灯变暗，而且根据编程器件监视器、处理器未识别输入，则输入模块可能存在故障。

PLC 输入模块的常见故障及处理方法见表 1-5。

表 1-5　PLC 输入模块的常见故障及处理方法

故障现象	故障可能原因	故障处理方法
输入均不能接通	1）未加外部输入电源或电源过低 2）端子板接触不良 3）端子螺钉松动	1）接通或调整电源 2）处理端子板并重新接线 3）紧固螺钉
输入均不关断	输入单元电路故障	更换 I/O 单元
特定继电器不接通	1）输入器件故障 2）输入配线断路 3）输入端子松动 4）输入端子接触不良 5）输入接通时间短 6）输入回路故障	1）更换输入器件 2）检查输入配线 3）紧固输入端子 4）处理后重接 5）调整有关参数 6）更换输入单元
特定输出继电器不关断	输出回路故障	更换单元
输入全部断开（指示灯灭）	输入回路故障	更换单元
输入随机性动作	1）输入信号电压过低 2）输入噪声过大 3）端子螺钉松动 4）端子连接器接触不良	1）调整电源及输入器件 2）增加屏蔽或滤波 3）紧固端子螺钉 4）处理后重接
动作正确但指示灯不亮	LED 指示灯损坏	更换 LED 指示灯

试题精选 1：

PLC 输入模块故障处理方法不正确的是（B）。

A. 有输入信号但是输入模块指示灯不亮时应检查输入直流电源正负极是否接反

B. 指示器不亮，万用表检查有电压，直接说明输入模块烧毁了

C. 出现输入故障时，首先检查 LED、电源指示器是否响应现场元件（如按钮、行程开关等）

D. 若一个 LED、逻辑指示器变暗，而且根据编程器件监视器、处理器未识别输入，则输入模块可能存在故障

试题精选 2：

PLC 输入模块出现故障可能是（D）造成的。

A. 供电电源　　B. 端子接线　　C. 模板安装　　D. 以上都是

鉴定点 8　PLC 输出模块的常见故障与处理方法

问：PLC 输出模块的常见故障有哪些？如何进行处理？

答：PLC 输出模块的常见故障有：无输出、无指示；无输出、有指示；误动作；有输出、无指示；PLC 输出模块出现故障可能是供电电源、端子接线、模板安装等原因造成的。其常见故障及处理方法见表 1-6。

表 1-6　PLC 输出模块的常见故障及处理方法

故障现象	故障可能原因	故障处理方法
输出均不能接通	1）未加负载电源或电源过低或电源损坏 2）端子接触不良 3）熔丝熔断 4）输出回路故障，I/O 总线插座脱落	1）接通电源或修理电源 2）处理后重接 3）更换熔丝 4）更换 I/O 单元
输出均不关断	输出回路故障	更换 I/O 单元
特定输出继电器不接通（指示灯灭）	1）输出时间过短 2）输出回路故障	1）修改程序 2）更换 I/O 单元
特定输出继电器不接通（指示灯亮）	1）输出继电器损坏 2）输出配线断路 3）输出端子接触不良 4）输出回路故障	1）更换输出继电器 2）检查输出配线 3）处理后重接 4）更换 I/O 单元
特定输出继电器不关断（指示灯灭）	1）输出继电器损坏 2）输出驱动管不良	1）更换输出继电器 2）更换输出驱动管
特定输出继电器不关断（指示灯亮）	1）输出驱动电路故障 2）输出指令中地址重复	1）更换 I/O 单元 2）修改程序
输出随机动作	1）PLC 供电电源太低 2）接触不良 3）输出噪声过大	1）调整电源 2）检查端子接线 3）加入防噪声措施
动作正确但指示灯灭	LED 指示灯损坏	更换 LED 指示灯

注意：无论是更换输入模块还是更换输出模块以及指示灯，都要在 PLC 断电状态下进行。

试题精选 1：

无论是更换输入模块还是更换输出模块，都要在 PLC（C）进行。

A. RUN 状态下　　B. 通电状态下　　C. 断电状态下　　D. 以上都不是

试题精选 2：

（√）PLC 输出模块常见的故障包括供电电源故障、端子接线故障、模板安装故障、现场操作故障等。

鉴定点 9　PLC 电源模块的常见故障及处理方法

问：PLC 电源模块的常见故障有哪些？如何进行处理？

答：PLC 控制系统的电源包括上机电源、扩展单元电源和自带电源等。PLC 电源模块的常见故障就是没电，电源指示灯不亮。

如果发现电源指示灯不亮，则需要进行电源检查。电源检查应从外部电源开始，依次是主机电源、扩展单元电源、传感器电源和执行部件的电源。在对电源系统进行检查时，需要掌握有关的供电标准。如果发现电池电压指示灯亮时，就需要更换电池；PLC 电源模块指示灯报错可能是接线问题或负载问题；PLC 中“24V DC”灯熄灭表示无相应的直流电源输出。

试题精选 1：

PLC 中“24V DC”灯熄灭表示无相应的（B）输出。

A. 交流电源　　B. 直流电源　　C. 后备电源　　D. 以上都是

试题精选 2：

（√）PLC 电源模块的常见故障就是没电，指示灯不亮。

鉴定点 10　PLC 通信模块的常见故障及处理方法

问：PLC 通信模块的常见故障有哪些？如何进行处理？

答：通信是 PLC 网络工作的基础，PLC 的面板上有多个通信端口，如与手持编程器的通信端口、与特殊功能模块的通信端口、与计算机的通信端口等。

PLC 与计算机的连接形式有：RS-232C 通信电缆连接、RS-485 通信电缆连接和网络连接三种形式。其中，计算机与 PLC 端口所选用的电缆不同，计算机的 RS-232C 为 9 针端口，而 FX 系列 PLC 与计算机的通信端口 RS-232C 却只有 7 针。所以通信时，要在两者之间进行转换。FX 系列 PLC 与计算机通信使用的是 RS-232C/RS-422 转换器。这三者就组成了 FX 系列可编程序控制器与计算机的通信电缆。

PLC 网络的主站、从站的通信处理器和通信模块都有工作正常指示。当通信不正常时，说明 PLC 通信模块及外围设备处理故障。通信模块的常见故障及处理方法见表 1-7。

表 1-7　通信模块的常见故障及处理方法

故障现象	故障可能原因	故障处理方法
单一模块不通信	1）模块接插不好 2）模块故障 3）组态不对	1）紧固相应模块 2）更换模块 3）重新组态
从站不通信	1）分支通信电缆故障 2）分支处理器松动 3）通信处理器地址开关错误 4）通信处理器故障	1）检查故障或更换 2）紧固分支处理器 3）重新设置 4）更换通信处理器
主站不通信	1）通信电缆故障 2）调制解调器故障 3）通信处理器故障	1）排除故障、更换电缆 2）断电时再启动，无效时更换 3）清理后再启动，无效时更换
通信正常，但通信故障灯亮	某模块插入或接触不良	插入并紧固

试题精选 1：

（√）当 RS-232C 通信线损坏时有可能导致程序无法上传。

试题精选 2：

（×）PLC 与计算机通信不可以用 RS-422/485 通信线连接。

鉴定点 11　PLC 常见外围故障的类型及解决方法

问：PLC 常见外围故障的类型有哪些？如何解决？

答：PLC 常见外围故障的类型及解决方法为：PLC 的外围故障占 PLC 控制系统总故障的 80%以上，PLC 的外围线路由现场输入信号（如按钮、选择开关、接近开关以及一些按其输出的开关量、继电器输出触点或模/数转换器转换的模拟量等）和现场输出信号（电磁阀、继电器、接触器和电动机等），以及导线和端子等组成。接线松动、元器件损坏、机械故障、干扰等均可引起外围电路故障，外围故障有可能使 PLC 的程序不能正常执行，如输入信号出现故障。

处理外围故障时，要认真仔细，替换的元器件要选用性能可靠和安全系数高的优质元器件。

试题精选 1：

（×）PLC 外围出现故障一定不会影响程序正常运行。

试题精选 2：

（×）PLC 外围线路出现故障一定导致程序不能运行。

鉴定范围 8　单片机控制电路装调

鉴定点 1　MCS-51 系列单片机的组成

问：MCS-51 系列单片机由哪几部分组成？

答：计算机都是由 5 部分（见图 1-41）组成的，一般情况下这 5 部分是由相对独立的元器件组成的。对于 MCS-51 系列单片机，它把这 5 部分集成在一个超大集成电路芯片中。在使用时还要经过相应的总线将它们连接起来。

（1）MCS-51 系列单片机的组成

1）输入设备（Input）：例如键盘，它是用来把信号、命令及数据输入到计算机内部的设备。

2）输出设备（Output）：例如 CRT 显示器、LED 及打印机等。它是用来把计算机中的运算结果或所需的数据从计算机内部输出到计算机外部（如显示、打印出来）的设备。

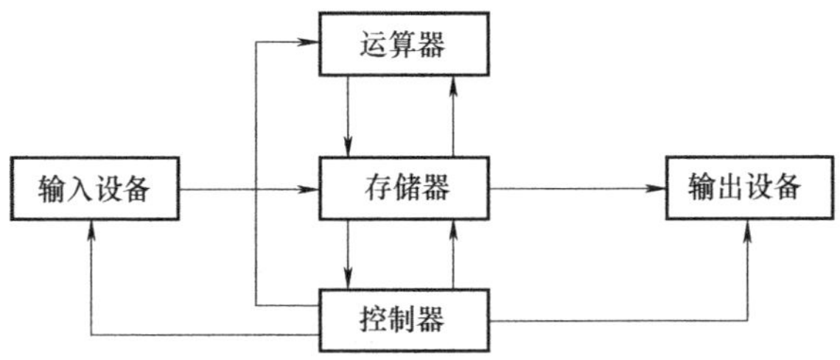

图 1-41　计算机的组成

3）存储器（Memory）：用来存储数据、程序、中间结果和最终结果等数字信息的设备。

4）运算器（ALU）：用来完成对数据进行基本的算术运算和逻辑运算的设备。例如：对数据进行算术运算的“加”或“减”；对数据进行逻辑运算的逻辑“与”、逻辑“或”和逻辑“非”。

5）控制器（CU）：计算机的一切动作都要在控制器的控制下进行。例如数据输入、数据输出打印、数据的运算处理等，均是在控制器统一控制下进行的。

运算器和控制器合起来称为中央处理器即 CPU（Central Processing Unit）。CPU 和存储器合起来称为主机，主机以外的一切设备统称为外围设备。有时候又将外围设备中的输入、输出设备和外存储器统称为外部设备。

（2）MCS-51 系列单片机总线　MCS-51 系列单片机通过相应的总线将 5 个组成部分连接起来的。其中总线包括：地址总线、数据总线和控制总线。

1）地址总线。处理器在对存储器或外部设备进行传送数据时要选择相应的存储器或外部设备的地址，通过这些地址来选中相应的存储单元或外部设备，这样的地址线路由若干条组成，称为地址总线。

2）数据总线。把数据送入到处理器和从处理器送出来的那些总线。

3）控制总线。除了地址总线和数据总线外，处理器还必须有一组控制线，即输入控制线和输出控制线，这些控制线用于使处理器的操作与外部设备的操作同步。这些控制线统称为处理器的控制总线。

MCS-51 系列单片机的地址总线和数据总线是合用的，即对于同样的总线先进行地址操作再进行数据操作。

微型计算机配上功能齐全的外部设备，以及较为丰富的系统软件后，才能形成一个完整的微型计算机系统。人们还要开发出相应的控制程序，才能完成相应的数据输入、数据处理、数据输出与控制工作。

试题精选：

CRT 显示器属于（B）设备。

A. 输入设备　　B. 输出设备　　C. 运算器控制器　　D. 存储器

鉴定点 2　MCS-51 系列单片机的结构

问：MCS-51 系列单片机的结构有哪些?

答：MCS-51 系列单片机的结构大致可分为基本结构、存储结构和并行 I/O 结构。

（1）基本结构　MCS-51 系列单片机的典型芯片为 8051，其结构框图如图 1-42 所示。与 8051 芯片结构相同的产品还有 8751 和 8031。8751 是一个用 EPROM 代替 ROM 的 8051，8031 是一个无 ROM 的 8051，它从外部 ROM 读取所有指令。一般都是用 8051 来代表 8051、8751 和 8031，它们的基本特性如下：

1）8 位 CPU。

2）片内时钟振荡器，最高时钟频率为 12MHz。

3）4KB 程序存储器 ROM/EPROM，8031 片内无 ROM。

4）128KB 数据存储器 RAM。

5）可寻址外部程序存储器和数据存储器空间各 64KB。

6）21 个特殊功能寄存器 SFR。

7）4 个 8 位并行 I/O 口，共 32 根 I/O 线。

8）1 个全双工串行口。

9）2 个 16 位定时器/计数器。

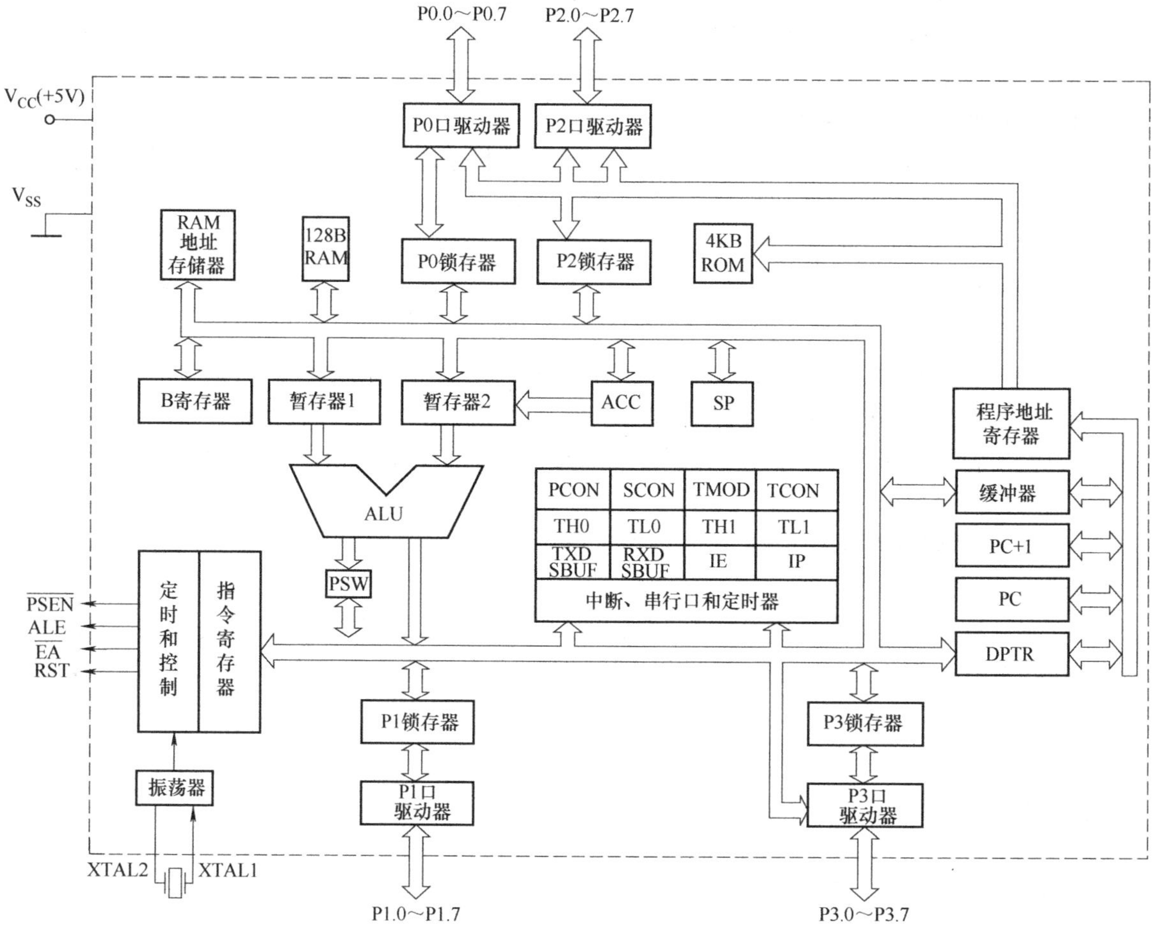

图 1-42　8051 芯片的结构框图

10）5 个中断源，2 个优先级。

11）具有位寻址功能，适用于位（布尔）处理。

（2）存储结构　一般微机通常是程序和数据共用一个存储空间，而 MCS-51 系列单片机则是把程序存储空间与数据存储空间相互分离开的。8051 芯片的存储结构分为以下几个不同的存储地址空间。

1）程序存储器。程序存储器用于存放程序及表格常数。8051（或 8751）片内驻留有 4KB 的 ROM（或 EPROM），外部可用 16 位地址线扩展到最大 64KB 的 ROM 空间。片内 ROM 和外部扩展 ROM 是统一编址的。当芯片引脚 $\overline{EA}$ 为高电平时，8051 的程序计数器 PC 在 0000H～0FFFH 范围内（即前 4KB 地址），执行片内 ROM 中的程序。当 PC 的内容在 1000H～FFFFH 范围（超过 4KB 地址）时，CPU 自动转向外部 ROM 执行程序，如果 $\overline{EA}$ 为低电平（接地），则所有取指令操作均在外部程序存储器中进行，这时外部扩展的 ROM 可从 0000H 开始编址。

2）数据存储器。数据存储器用于存放运算中间结果，用作缓冲和数据暂存，以及设置特征标志等。8051数据存储器地址空间分为内部和外部两个独立部分。片内有256字节的数据存储器地址空间，把它的物理地址空间划分成几个用途不同的区域。低128字节地址空间（00H~7FH）为内部RAM区，作为处理事件的数据缓冲器，它能满足大多数控制型应用场合的需要。高128字节地址空间（80H~FFH）为特殊功能寄存器，但实际上仅有21个字节单元能够被用户使用。外部数据存储器地址空间为64KB（0000H~FFFFH），在应用系统中，如果数据缓冲器需要量比较大，内部RAM不能满足要求，那么就可以外接RAM芯片来扩展数据存储器容量，最大可达64KB。当系统需要扩展I/O口时，I/O地址空间就要占用一部分外部数据存储器地址空间。内部RAM及特殊功能寄存器各存储单元之间的数据传送用“MOV”指令，访问外部RAM或扩展I/O时用“MOVX”指令。

3）特殊功能寄存器。MCS-51系列单片机内部的I/O锁存器、串行口数据缓冲器、定时器/计数器以及各种控制寄存器和状态寄存器统称为特殊功能寄存器。它包括：累加器ACC、B寄存器、程序状态字寄存器PSW、堆栈指针SP、数据指针DPTR和I/O端口锁存器P0~P3。

4）位（布尔）处理器。MCS-51系列单片机片内的CPU还是一个性能优异的位处理器，在位处理方面有自己的CPU、位寄存器、位累加器（即进位标志Cy）、I/O口和指令系统，它们组成一个完整的、独立的而且功能很强的位处理单片机。对于位变量操作（布尔处理）有置位、清零、取反、测试转移、传送、逻辑与和逻辑或运算等。

（3）并行I/O结构　8051有4个8位并行双向I/O口P0~P3，共32根I/O线。每根I/O线都能当作独立的输入或输出使用。使用时要注意这4个端口在结构上有所不同，以利于正确合理地使用。

1）P0口。P0口由1个输出锁存器、2个三态输入缓冲器、输出驱动电路及控制电路组成。它具有高阻抗输入特性，因而P0口是双向口。除可用于控制使用还可作为地址/数据总线使用。

2）P1口。P1口在电路结构上与P0口有所不同，其输出驱动电路中的场效应晶体管接有提升电阻。P1口一般作通用I/O使用。

3）P2口。P2口的位结构比P1口多了一个控制转换部分。当P2口作通用I/O使用时，由于多路开关的作用使它构成一个准双向口。它还可以用作系统扩展时的地址总线。

4）P3口。P3口也是一个多功能口，既可以当作通用I/O使用，还可以发挥其第二功能，如串行输入/输出、外部中断、定时/计数以及外部数据存储器的读写脉冲输出等。

试题精选：

MCS-51系列单片机中有（A）个特殊功能寄存器。

A. 4　　B. 10　　C. 21　　D. 1

鉴定点3　MCS-51系列单片机的指令系统

问：MCS-51系列单片机汇编语言的指令格式及寻址方式是怎样的？

答：MCS-51系列单片机汇编语言的指令格式及寻址方式如下：

（1）汇编语言的指令格式　MCS-51系列单片机的指令和一般的微型计算机一样，具有两级表达式：即汇编语言级和机器语言级。主要使用汇编语言级进行编写程序，然后由汇编程序（机器汇编）或手工汇编将汇编语言程序翻译成二进制代码组成的机器语言程序。在编制其指令时和一般的微型计算机程序一样都要有一定的格式要求。MCS-51 系列单片机的指令格式如下：

[标号:] 操作码助记符 [第一操作数] [，第二操作数] [，第三操作数] [；注释]

其中，带方括号 [···] 的部分为可选项。

标号表示该指令位置的符号地址。它是以英文字母开始的由 1~6 个字母或数字组成的字符串，并以“:”结尾。通常在子程序入口或转移指令的目标地址处才赋予标号。

操作码助记符也称为操作码，是表示指令操作功能的英文缩写。每条指令都有操作码，它是指令的核心部分。

操作数字段表示指令操作所需要的操作数或操作数的地址。操作数字段的表达形式与寻址方式有关。指令的操作数可以是 1 个、2 个或 3 个，有些指令可以没有操作数。操作数与操作数之间以“,”分隔，操作码与操作数之间以空格分隔。

注释字段是用户给该指令或该段程序的功能说明，是为了方便阅读程序的一种标注。注释以“;”为开始。注释部分不影响指令的执行。

（2）汇编语言的寻址方式　获得操作数地址的方式，称为操作数地址的寻址方式，简称为寻址方式。MCS-51 系列单片机指令的操作数或操作数地址主要有以下 7 种寻址方式。

1）立即寻址。指令的操作数为 8 位或 16 位数据，这个操作数叫作立即数，这种寻址方式就叫作立即寻址。

2）直接寻址。指令中直接给出操作数地址的寻址方式叫作直接寻址。这种寻址方式提供了访问内部存储器 3 种地址空间的方法：特殊功能寄存器地址空间、内部 RAM 的 128 个字节单元地址空间、位地址空间。

3）寄存器寻址。寄存器寻址时，指令中指出某一寄存器，其内容是操作数。以这种寻址方式对所选的当前工作寄存器 R0~R7 进行数据操作。

4）寄存器间接寻址。寄存器间接寻址是把指令中指定的寄存器的内容作为操作数的地址，把该地址对应单元的内容作为操作数。这种寻址方式用于访问内部 RAM 和外部 RAM。

5）变址寻址。变址寻址是以程序计数器 PC 或数据指针 DPTR 作为基地址寄存器，以累加器 A 作为变址寄存器，把两者的内容相加形成操作数的地址（16 位）。这种寻址方式用于读取程序存储器中的常数表。

6）相对寻址。相对寻址是以程序计数器 PC 的当前值作为基地址，与指令中给定的相对偏移量 rel 进行相加，把所得之和作为程序的转移地址。这种寻址方式用于相对转移指令中。指令中的相对偏移量是一个 8 位带符号数，用补码表示。

7）位寻址。MCS-51 系列单片机中设有独立的位处理器。位操作指令能对内部 RAM 中的位寻址区和某些有位地址的特殊功能寄存器进行位操作，即可对位地址空间的每一位进行位变量传递、状态控制、逻辑运算等操作。

试题精选：

MCS-51 系列单片机直接寻址的寻址方式提供了访问内部存储器（C）地址空间的方法。

A. 1 种　　B. 2 种　　C. 3 种　　D. 4 种

鉴定点 4　MCS-51 系列单片机的中断系统

问：什么是 MCS-51 系列单片机的中断系统？其中断方式及注意事项有哪些？

答：MCS-51 系列单片机的中断系统、中断方式及注意事项有以下几个方面：

（1）中断系统　中断系统在计算机系统中起着十分重要的作用。一个功能很强的中断系统，能大大提高计算机处理事件的能力，提高效率，增强实时性。

MCS-51 系列单片微机的中断系统是 8 位单片微机中功能较强的一种，它具有 5（或 6）个中断请求源，2 个中断优先级，可实现 2 级中断嵌套。用户可很方便地通过软件实现对中断的控制。

“中断”是处理事件的一个“过程”，这一过程一般是由计算机内部或外部某种紧急事件引起并向主机发出请求处理的信号，主机在允许情况下响应请求，暂停正在执行的程序，保存好“断点”处的现场，转去执行中断处理程序，处理完后自动返回到原断点处，继续执行原程序。

为了能使中断处理完后正确返回到被中断原程序的断点处继续往下执行，必须将断点处的现场（例如程序指针 PC 的当前值、累加器 A 及有关内容）压进堆栈保护。待执行完中断处理程序，恢复现场（原进栈保护的现场信息出栈恢复），返回原断点继续执行原程序。这一过程，保证了原程序执行的连续性，称为中断的现场（或断点）保护和恢复。

（2）中断方式　引起并发出中断请求的源头（如某设备或事件）称为中断源。一台微型计算机设有多个中断源（MCS-51 设有 5/6 个中断源）。中断源的多少反映了计算机处理中断的能力。由于一般设有多个中断源，中断系统必须具备正确识别中断源的功能，才能为其可靠服务。一般有 2 种识别方式：查询中断和向量中断。

1）查询中断方式。查询中断方式是通过软件逐个查询各中断源的中断请求标志，其查询顺序反映出各中断源的优先顺序。先查询的优先级高，后查询的优先级低，顺序排队。例如某一时刻有 2 个或 3 个以上的中断源请求中断，则排前面的被响应，而排后面的暂不响应。通过查询并找出对应的中断服务程序入口地址，然后转向该中断服务程序执行。其缺点是软件查询循环占用一定的时间，每次必须从优先级最高的中断源查询开始，逐级向低优先级查询，影响主机响应中断的效率。

2）向量中断方式。向量中断则以硬件为基础，为每个中断源直接提供对应中断服务程序入口地址，或称为向量地址。中断请求通过优先级排队电路，一旦被响应，立即转向对应的向量地址去执行。因此，向量中断响应速度快，提高了主机的效率。

随着中断技术的发展，在中断系统中设有多个中断源，当有 2 个或 3 个以上的中断源同时请求中断时，主机应如何处理？这就提出了中断优先级问题，主机应响应优先级高的中断请求。不同计算机的中断系统具有不同的处理方法。除采用硬件中断优先级排队电路、优先权比较电路、按优先顺序查询等方法处理，还可采用软件随机设定。

（3）采用中断技术具有的优点

1）可使多种功能（或设备）同时工作，只有需占用主机时才等待主机安排处理，因此大大提高了计算机系统的速度和主机的效率。

2）有利于实时处理。

3）有利于随机故障的处理。

由于中断技术的采用大大推动了计算机科学和技术的发展，也大大扩展了计算机的应用以及各应用领域的自动化和智能化。

（4）中断方式的使用注意事项

1）由于中断的发生是随机的，因而使得由中断驱动的中断服务程序难于把握、检测和调试，这就要求在设计中断和中断服务程序时要特别谨慎，力求正确。

2）在输入/输出的数据处理频度很高或实时处理要求很高时，不宜采用中断方式。

试题精选：

在计算机响应中断前应该先进行（A）处理。

A. 必须将断点处的现场压进堆栈保护

B. 不一定要对断点处的现场压进堆栈保护

C. 恢复保护内容

D. 只需将程序指针进行保护

鉴定点 5　MCS-51 系列单片机的定时/计数器

问：MCS-51 系列单片机的定时/计数器及应注意的问题有哪些？

答：MCS-51 系列单片机的定时/计数器及应注意的问题有以下几个方面：

由于单片机面向测控系统，因此要求单片机提供实时功能，以实现定时、延时或实时时钟，也常要求有计数功能，以实现对外部事件进行计数。为此，MCS-51 系列单片机提供了 2 个或 3 个（8052 型）16 位的定时/计数器，为单片机应用系统提供了功能很强的定时或计数功能。

（1）MCS-51 系列单片机定时/计数器的基本原理　MCS-51 系列单片机的定时/计数器组成的核心是一个 16 位的加 1 计数器，提供给计数器实现加 1 的信号脉冲有两个来源：一个是由外部事件提供的计数脉冲通过引脚 Tx 端口送至加 1 计数器；另一个则由单片机内部的时钟脉冲经 12 分频后送至加 1 计数器。因此，既可用于定时方式，也可作为外部事件计数方式，通过程序对控制寄存器 TMOD 的设置位 $C/\overline{T}$ 的设定来选择。当 $C/\overline{T}$ 为 0 时，为定时方式；当 $C/\overline{T}$ 设定为 1 时，为计数方式。

1）定时方式。当定时/计数器设定为定时方式时，其计数脉冲来源于时钟振荡器（经 12 分频后提供）。这个脉冲的周期称为单片机的机器周期，每个机器周期使定时计数器加 1，所以定时器实际上是计算机器周期的计数器。由于每个机器周期是振荡周期的 12 分频，所以定时计数的速率是振荡频率的 1/12。一旦振荡频率选定，则机器周期也就确定了。例如，主频为 12MHz 时，机器周期为 1μs，从而对机器周期的计数就转换为定时，即实现了定时功能。

2）计数方式。当定时/计数器设定为计数方式时，其计数脉冲是来源于 Tx 端口的外部事件计数脉冲，即 Tx 端口上出现由“1”（高电平）到“0”（低电平）的负跳变脉冲时，计数器则加 1 计数。计算机是在每个机器周期的 S5P2 状态时采样 Tx 端口，当前一个机器周期采样为 1，后一个机器周期采样为 0 时，计数器即加 1 计数。计算机需用两个机器周期来识别 1 次计数，因而最大计数速率为振荡频率的 1/24。对外部事件计数脉冲的占空比（即脉冲的持续宽度）无特殊要求，但必须保证所给出的高电平在其改变之前至少被采样一次，即至少保持 1 个完整的机器周期。

当不断加 1 计数到达设定值时，16 位计数器将全“1”回归为全“0”时，计数器产生回 0 溢出脉冲，置位中断系统的请求标志位，请求主机进行中断处理。

16 位的加 1 计数器由两个 8 位的特殊功能寄存器 THx（高 8 位）和 TLx（低 8 位）组成（x=0、1 或 2）。它们可被程控为不同的组合状态（13 位、16 位或两个分开 的 8 位），从而可形成不同的四种工作方式，并以通过对工作方式控制寄存器 TMOD 相应位的设定来选择。

整个定时/计数器功能，可由用户通过指令对特殊功能寄存器 TMOD 和 TCON（8052 型还有 T2CON）的各位进行编程实现。换言之，MCS-51 系列单片机的定时/计数器是可编程的。

（2）应注意的问题　在实际应用中注意以下两个问题：

1）定时/计数器的实时性。定时/计数器启动后当计满回 0 溢出向主机请求中断处理时，由内部硬件自动进行。但从回 0 溢出请求中断到主机响应并做出处理存在时间延迟，且这种延时随中断请求时的环境不同而不同，一般需延时 3 个机器周期以上，这就给实时处理带来误差。大多数应用场合可忽略不计，但对某些要求实时苛刻的场合，应采用补偿措施。

2）动态读取运行中的计数值。在动态读取运行中的定时/计数器的计数值时，如果不加注意，就可能出错，这是因为不可能在同一时刻同时读取 TLx 和 THx 的值。比如，先读 TLx 后读 THx，因为定时/计数器处于运行状态，在读 THx 前正好 THx 产生溢出向 THx 进位，则读得的 THx 值就不对了。同样，先读 THx 再读 TLx 也可能出错。

一种可避免读错的方法是：先读 THx，后读 TLx，再读 THx。将两个 THx 值进行比较，若两次值相等，则可确定读得的数值是正确的，否则重复上述过程，重复读得的值一般不会再错。

试题精选：

动态读取运行中的计数值正确方法是（D）。

A. 先读取 THx，后读取 TLx

B. 先读取 TLx，后读取 THx

C. 同时读取 THx、TLx

D. 先读取 THx，后读取 TLx，再读取 THx，将两个 THx 值进行比较，若值相等，则可确定读取的值正确，否则重复此过程

鉴定点 6　MCS-51 系列单片机存储器的扩展

问：试述 MCS-51 系列单片机存储器的扩展原理。

答：MCS-51 系列单片机由其系统结构决定了程序存储器与数据存储器截然分开，除片内集成少量存储器外，还可根据需要进行外部扩展。

（1）外部程序存储器扩展　MCS-51 系列单片机的程序存储器寻址空间为 64KB，其中 8051、8751 片内集成了 4KB 的 ROM 或 EPROM，8031 片内无 ROM。当片内 ROM 不够用或

采用 8031 为主机时，均需进行外部扩展。一般选用 EPROM 作为存储器扩展器件。

扩展外部 EPROM 极其简单，只需将对应的地址线和数据线直接相连，读选通线$\overline{PSEN}$和$\overline{MEMR}$相连，而片选线$\overline{CS}$一般接地或与线性选择线或译码输出线相连。EPROM 中地址 N 由其具体容量决定，N≤15。剩余的高位地址总线用于地址空间分配，作为线性选择或地址译码器的地址编码输入。MCS-51 主机的$\overline{EA}$信号端应视不同类型主机而定，8051/8751 型$\overline{EA}$应与 V_{cc}（+5V）相连，使程序小于 4KB 时访问片内程序存储器，超过 4KB 时，则自动转向访问外部扩展的 EPROM；8031 型的$\overline{EA}$应接地（低电平），主机全部访问外部 EPROM。

（2）外部数据存储器扩展　MCS-51 系列单片机片内均集成少量数据存储器 RAM（128/256 字节单元）。对于数据量较小的应用系统已够用，不必进行外部扩展。当数据量较大时，则可外部扩展。MCS-51 的系统结构提供了外部扩展的方便。

MCS-51 外部数据存储器扩展空间为 64KB，并配有专门的指令；MOVXA，@ DPTR、MOVX @ DPTR，A 或 MOVX　A，@ Ri 、MOVX　A@ Ri，A 供选用。扩展外部数据存储器 RAM 逻辑框图如图 1-43 所示。

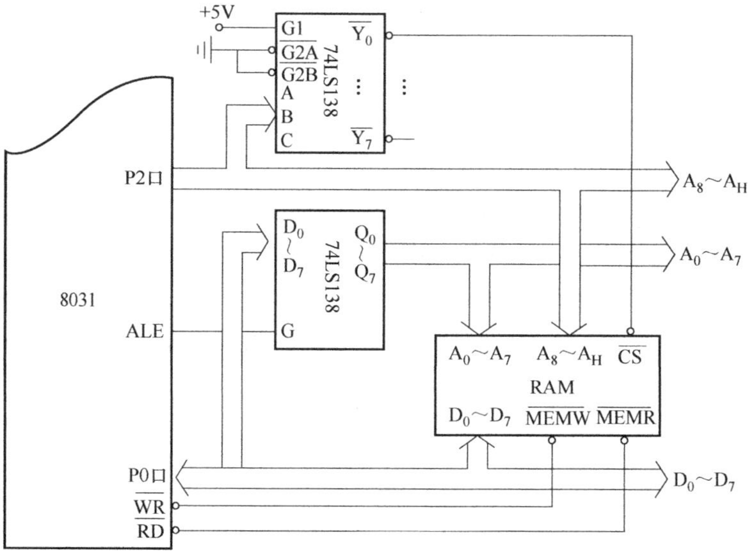

图 1-43　8031 外扩 RAM 逻辑图

从图 1-43 可见，这里采用地址译码方式进行地址空间分配，$\overline{CS}$与$\overline{Y_0}$相连，其地址空间为 0000H ~ 1FFFH 共 8KB，如果超过 8KB，则需由两位以上译码输出线经逻辑组合后与$\overline{CS}$片选端相连。读/写信号$\overline{WR}$/$\overline{RD}$与$\overline{MEMW}$/$\overline{MEMR}$对应相连。

由于除外扩 EPROM 外，其余所有外扩功能部件均共用一套指令（MOVX 类）、读/写选通信号（$\overline{WR}$/$\overline{RD}$），因此，它们均统一编址在 64KB 外部数据存储器的地址空间，必须进行地址空间分配。

如果 8031 用于大量的数据处理，需要外扩 64KB 或超过 64KB 的 RAM，这时 16 位地址线已全被占用，无多余地址线进行地址分配，这时可借用 P1 口的一些位作为线性选择线进行选片。

图 1-44 为访问外部 RAM 时序图。

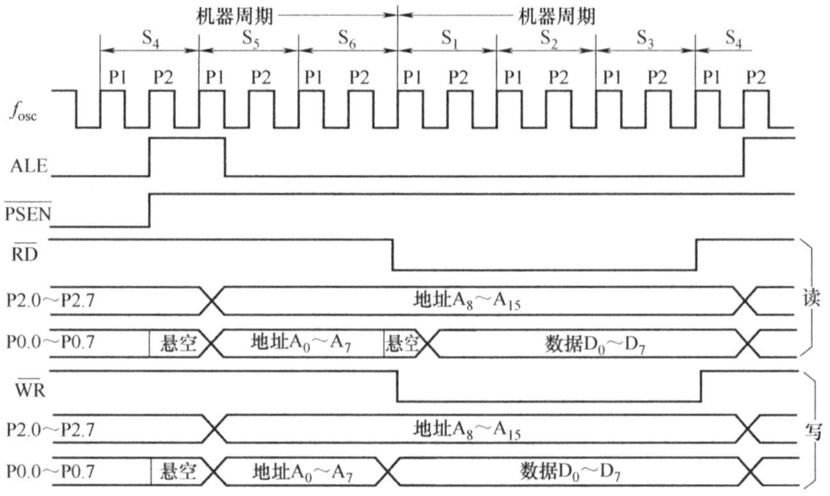

图 1-44 执行 MOVX 类指令时序图

MCS-51 访问外部数据存储器设有专门指令：MOVX 类指令，其操作周期为两个机器周期，图 1-44 所示时序图为第一机器周期的后半周期和第二机器周期的前半周期。

在第一机器周期的前半周期，主机读取了 MOVX 指令的指令代码，在后半个周期的 S_4 状态末将访问外部 RAM 的低 8 位地址送 P0 口总线，高 8 位地址送 P2 口总线，在 S_5 状态 ALE 的下降沿将 P0 口总线上的低 8 位地址打入存储器输出。当执行读操作时，在 P0 口的低 8 位地址打入锁存器后，P0 口变为总线悬空（高阻状态）。在第二机器周期开始，读选通信号 $\overline{RD}$ 变成低电平有效，P0 口变为输入方式，将所寻址单元的内容读出送 P0 口总线输入主机（累加器 A）；当执行写操作时，在 P0 口低 8 位地址打入锁存器后，主机将累加器 A 的内容经 P0 口总线输出，在写信号 $\overline{WR}$ 变成低电平有效时，将 P0 口总线上的数据写入所寻址的 RAM 单元中。

访问外部程序存储器的读选通信号 $\overline{PSEN}$ 在此期间一直保持高电平（无效状态）。

（3）外部 EEPROM 存储器扩展　EPROM 存储器需脱机改写，而且需要高电平写入。静态 RAM 一旦停电或电源电压波动，均将危及原有存储信息。对于有高可靠性要求的某些重要数据，不允许因上述原因而丢失。这类应用系统，以往常采用掉电保护措施。此外，还可以采用 EEPROM 存储器。

电可擦可编程只读存储器（EEPROM）的主要特点是能在线+5V 改写，掉电时原有存储信息不会丢失。因此常被选用为重要数据存储器。EEPROM 系列产品种类较多。这里仅以 2817A 为例加以介绍。

Intel2817A 是 2K×8 位的电可擦可编程只读存储器（EEPROM），由单一+5V 电源供电，最大工作电流为 150mA，维持电流为 55mA，读出最大时间为 250ns。由于其片内设有改写高压脉冲产生电路，故而无需外加改写高压电源及写入脉冲即可工作。2817A 为 28 脚双列直插封装，其引脚排列如图 1-45 所示，部分引脚功能见表 1-8。

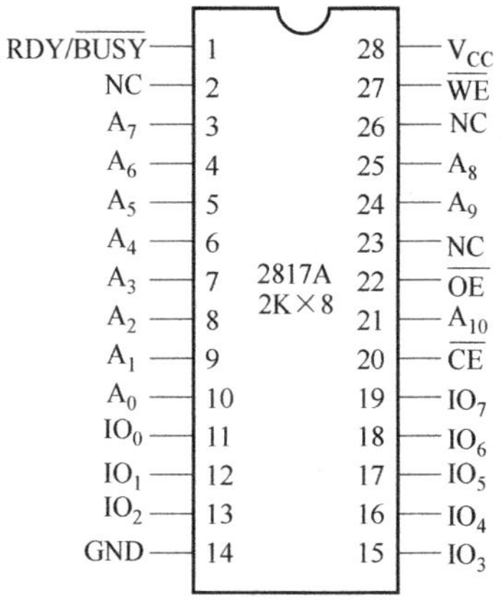

图 1-45　2817A 的引脚排列

表 1-8　2817A 的部分引脚功能

引脚	功能	引脚	功能
$A_0 \sim A_{10}$	11 位地址线	$\overline{OE}$	读出允许线
$IO_0 \sim IO_7$	8 位数据线	$\overline{WE}$	写入允许线
$\overline{CE}$	片选线	$RDY/\overline{BUSY}$	器件忙闲状态指示

试题精选：

MCS-51 系列单片机存储器扩展是指（D）。

A. 外部程序存储器扩展

B. 外部数据存储器扩展

C. 外部 EEPROM 扩展

D. 外部程序存储器扩展、外部数据存储器扩展及外部 EEPROM 扩展

鉴定点 7　MCS-51 系列单片机的 I/O 口扩展

问：MCS-51 系列单片机常见的 I/O 扩展方式及外总线的驱动是怎样的？

答：MCS-51 系列单片机 I/O 扩展方式因型号不同在扩展方式上略有不同。在此以 8031 为例进行说明。

（1）8031 外扩 I/O 接口　当选用 8031 为主机时必须外部扩展程序存储器。这是因为 8031 本身提供给用户使用的 I/O 口线就不多，只有 P1 口 8 位和 P3 口的某些剩余未用位线可作为 I/O 线使用。因此，在大多数应用系统中均需外扩 I/O 接口器件。由于 MCS-51 的系统结构规定外部 RAM 和 I/O 接口等（除 EPROM 外）所有功能部件、器件，均用同一套指令和选通信号进行访问，因此，它们统一编址在 64KB 外部数据存储器的地址空间之内，每一个接口芯片中的功能寄存器相当于一个外部 RAM 存储单元，主机可以像访问外部 RAM 那样访问外部接口芯片，对其功能寄存器进行读/写操作。

Intel 配套外围接口器件的种类齐全，与 MCS-51 单片机外部接口配置逻辑电路极为简单、方便，这也是 MCS-51 单片机应用广泛的原因之一。

MCS-51 单片机在进行外部扩展接口设计时，应注意以下问题：

1）熟悉 MCS-51 系列单片机本身的外特性及指令功能。

2）分析清楚要扩展的接口器件的功能、结构及驱动方式。

3）在进行硬件电路设计时要注意接口电平及驱动能力，防止总线上的数据发生冲突。

（2）MCS-51 系列单片机外总线的驱动　由于 MCS-51 系列单片机设有外部功能扩展总线，其扩展空间是很大的，从而能适应各种不同要求的应用，既可组成简单应用系统，也可构成很复杂、功能很强的应用系统。而所有外部扩展的功能部件、器件，均通过外部总线与主机相连，因此，在某种情况下外部总线的负载可能很重。但 MCS-51 系列单片机的总线口的负载能力是有限的。若应用系统需要外部扩展器件较多，总线负载过重时，需要外加总线驱动器，否则系统将不能稳定工作。

在三总线中，地址/数据复用总线 P0 口负载较重且是双向的。一般常选用双向 74LS245 进行驱动，P2 口作地址总线用，常选用单向 74LS244 进行驱动。图 1-46 为 74LS244 和 74LS245 的引脚排列及接线方法。

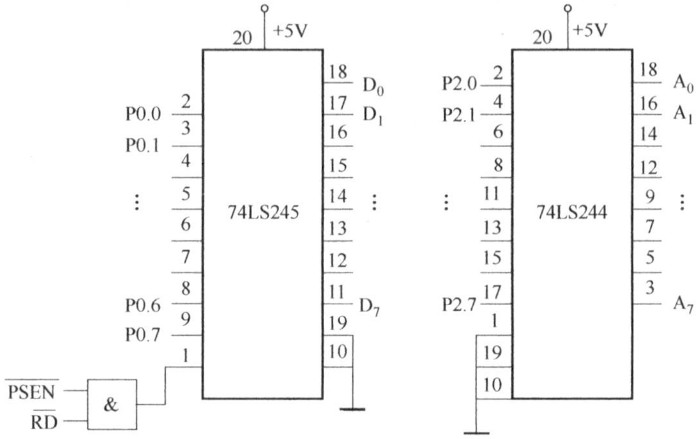

图 1-46　74LS244 和 74LS245 的引脚排列及接线方法

试题精选：

8031 中地址/数据复用总线 P0 口常用（B）进行驱动。

A. 74LS244　　B. 74LS245　　C. CD4046　　D. LM324

鉴定点 8　MCS-51 系列单片机 A/D、D/A 转换器的接口

问：A/D、D/A 转换器的作用及 D/A 转换的原理是什么？

答：A/D、D/A 转换器的作用及 D/A 转换的原理如下：

（1）A/D 和 D/A 转换器的作用　在单片机面向测控领域进行应用时，常常需要将连续变化的模拟量转换成离散的数字量，转换后才能送至计算机进行数值处理；反之，由计算机数值处理的数字量也必须转换成模拟量，以实现连续变化的模拟量控制。前者称为模/数转换（简称 A/D），后者称为数/模转换（简称 D/A）。

随着大规模集成电路技术的发展以及微型计算机广泛应用于自动化的急切需要，各种型号的 A/D、D/A 转换芯片已商品化，无论在精度、速度、可靠性等方面都有了很大的提高，

可供不同应用要求且直接与计算机配置选用。

（2）D/A 转换器的原理　D/A 转换器有串行和并行两种。在测控系统中，常对转换速度有一定要求，主要采用并行 D/A 转换器。

D/A 转换器是将离散的数字量转换成连续变化的模拟量——电压或电流。如何实现这两种完全不同量的转换？从分析知，一个数字量是由数字代码按位组合而成，每一位数字代码表示一定的“权”，数字代码与对应的“权”相结合，就代表了一个具体的数值，把全部数值相加，就是该数字量。例如，一个二进制数 1101，其最高位的“权”为 $2^3=8$，数字代码为 1，则该位所表示的数值为 $1\times2^3=8$；次高位的“权”为 $2^2=4$，数字代码为 1，则该位所表示的数值为 $1\times2^2=4$，再次位的数值为 $0\times2^1=0$；最后位为 $1\times2^0=1$。因此，这个二进制数（1101B）的值为可用展开式表示：（1101）$=1\times2^3+1\times2^2+0\times2^1+1\times2^0=13$。从此得到启发，若要求该数字量对应的模拟量，则只需将各位数字量分别转换成相应的模拟量，然后将所有模拟量相加，所得和即为该数字量相应的模拟量。这就是数/模（即 D/A）转换的基本原理。

按上述基本原理构成的数/模转换器，将数字量的所有位同时进行转换，称为并行数/模转换器。这种数/模转换器是由解码网络、电子开关、标准电源等组成，如图 1-47 所示。

其中数字量（二进制数）的位数与电子开关一一对应。输入数字量的各位数字代码（D_n，D_{n-1}，…，D_1，D_0）将决定各对应位电子开关的状态：1 代表开关闭合；0 代表开关断开。标准电源提供的电流将通过闭合的电子开关流入解码网络，解码网络将标准电压转换成相应的电流，由求和放大输出形成和输入数值大小相应的模拟电压 U_o 输出。

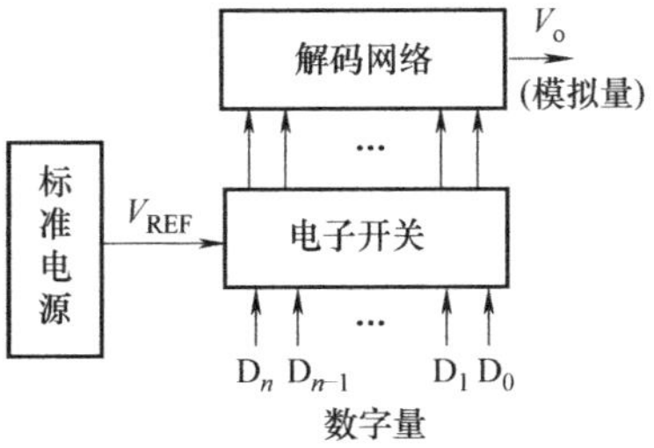

图 1-47　D/A 转换器的基本结构

并行 D/A 转换器根据解码网络的不同，可分为权电阻译码网络、T 型网络以及变型权电阻译码网络等 D/A 转换器。目前商品化的集成 DAC 芯片多采用 R-2RT 型解码网络和 TTL 或 MOS 型电流开关结构，如图 1-48 所示。

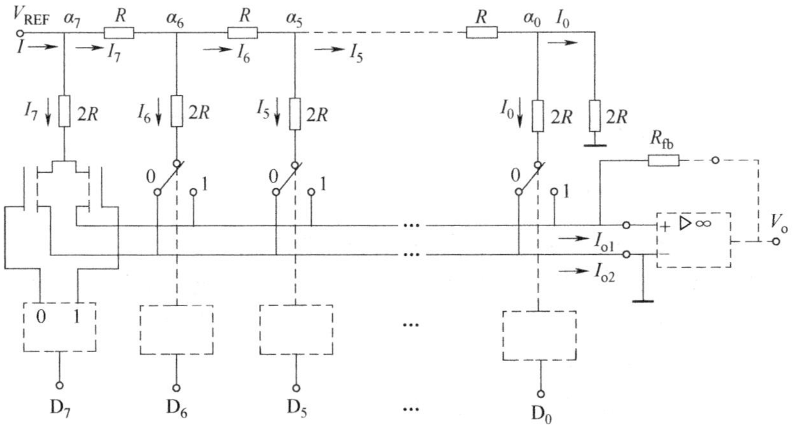

图 1-48　带电流开关的 T 型解码网络 DAC 原理框图

其中，V_{REF}为外接标准电源，R_{fb}为连接运放的反馈电阻，D_n，D_{n-1}，…，D_1，D_0为控制电流开关的二进制数码输出端，虚线框部分表示为数据输入的寄存器等。设 $n=7$，则 T 型网络为 8 位，可得到各节点（α_7，α_6，…，α_1，α_0）的 2R 支路电流具有以下二进制的关系：

$$I_7=\frac{I}{2}=\frac{V_{REF}}{2R},\ I_6=\frac{I_7}{2}=\frac{I}{2^2},\ \cdots,\ I_0=\frac{I_1}{2}=\frac{I}{2^8}$$

当输入数据为全"1"时，全部电流开关均处于闭合（逻辑"1"）状态，各加权电阻与 I_{o1}输出端相连，这时的 I_{o1}输出总电流为 $I_{o1}=I_7+I_6+\cdots+I_1+I_0$，$I_{o2}$因加权电阻断开而使输出总电流为 0，即 $I_{o2}=0$，设运放的反馈电阻 R_{fb}等于反相输入电阻 R，则运放输出的模拟电压为

$$\begin{aligned}V_o&=-I_{o1}\times R_{fb}\\&=-\frac{V_{REF}}{2^8}\left(2^7+2^6+\cdots+2^1+2^0\right)\\&=-\frac{V_{REF}}{2^8}\times\sum_{i=0}^{7}2^i\end{aligned}$$

对于任意二进制代码输入时，其输出模拟电压 V_o 为

$$V_o=-\frac{V_{REF}}{2^{n+1}}\times\sum_{i=0}^{n}A_i2^i$$

当 $A_i=1$ 时表示与之对应的电流开关处于闭合（逻辑"1"）状态；当 $A_i=0$ 时，则表示对应位的电流开关处于断开（逻辑"0"）状态。

很显然，采用电流开关进行控制具有开关时间短、缓冲性能好、转换速度快等优点。n 越大，即二进制数的位数越多，则模拟量输出 V_o 与 V_{REF}的接近程度越高，即 D/A 转换器的精度越高。

并行 D/A 转换器的转换速度快，是因为数字量的所有位同时输入到转换器对应的端口，转换时间取决于转换器中电源电压的建立时间和求和时间。而这些时间实际是很短的，一般为纳秒数量级，因而被广泛应用。

试题精选：

D/A 转换器的基本结构由（D）组成。

A. 解码网络　　B. 电子开关　　C. 标准电源　　D. 以上均有

鉴定点 9　MCS-51 系列单片机的数据传送方式

问：MCS-51 系列单片机的数据传送及其指令分类有哪些？

答：MCS-51 系列单片机的数据传送及其指令分类如下：

（1）数据传送　数据传送指令是指令系统中最基本的、编程时使用最频繁的一类指令。

数据传送指令的功能是将指令中源操作数传送到目的操作数。指令执行后，源操作数不改变，而目的操作数修改为源操作数，或者源操作数与目的操作数互换，即源操作数变成目的操作数，目的操作数变成源操作数，保存目的操作数不被丢失。

数据传送指令不影响标志位，即不影响 C、AC 和 OV，但不包括检验累加器 A 奇偶性的标志位 P。

MCS-51 系列单片机具有极丰富的数据传送指令，能实现多种数据传送操作，能实现各个方面的数据传送。

由于能直接寻址累加器 A 和工作寄存器 Rn，因而对于双操作数的数据传送指令允许在任何两个累加器 A、工作寄存器 Rn、内部 RAM 和特殊功能寄存器之间传送一个字节的数据，而且立即数能传送到上述任何单元中，实现直接地址到直接地址的数据传送，它能将该地址单元中的内容直接传送到另一个地址单元中而不必经过任何中间过渡的工作寄存器 Rn 或累加器 A，从而提高了编程效率和传送速度，数据指针 DPTR 能直接输入 16 位（二进制码）立即数。

累加器 A 是最活跃的单元，各种单元的数据均可与累加器 A 传送，有的数据传送必须经过累加器 A，而有的数据传送不必经过累加器 A，相当于把累加器 A 旁路，这是 MCS-51 数据传送指令的重大改进。

这类指令中可实现数据交换，既可实现源操作数与目的操作数互换，也可实现自身高半字节与低半字节数据互换，从而提高了编程效率和执行速度。

程序存储器中的诸如表格之类的固定常数可通过累加器 A 以间接寻址方式进行读取，为实现某些算法的编程提供了方便。

通过累加器 A 可与外部数据存储器实现广泛的数据传送。

由此可见，MCS-51 的数据传送指令的功能是很强的，特别是直接寻址传送，可旁路工作寄存器 Rn 或累加器 A，从而提高了数据传送速度和编程效率。指令种类极其丰富，在编程时应合理选择指令。

（2）指令分类

1）一般传送指令。一般传送指令有三种通用数据传送操作，适用于大多数操作数，是编程中用得最多、最频繁的基本指令。

2）栈操作类指令：

① PUSH（压栈）指令。压栈指令操作：栈指针（SP）+1 指向栈顶的上一个空单元，将直接地址（direct）寻址的单元内容压入当前 SP 所指示的堆栈单元中（本操作不影响标志位）。

② POP（弹出）指令。弹出指令操作：由栈指针（SP）所寻址的内部 RAM（堆栈）单元中内容，送入由直接地址寻址的单元中，然后（SP）-1→（SP）（本操作不影响标志位）。

3）累加器传送类指令。累加器传送类指令包括以下几种：

① 字节交换指令。将第二操作数所指定的工作寄存器 Rn（R0～R7）、直接寻址和间接寻址的单元内容与累加器 A 中的内容互换。操作码为 C5H～CFH。

② 半字节交换指令。将 Ri 间接寻址的单元内容与累加器 A 内容低 4 位互换，高 4 位内容不变，不影响标志位。

③ 累加器 A 高 4 位和低 4 位的内容互换指令。将累加器 A 的高 4 位和低 4 位内容互换，这种操作也可看作 4 位循环移位指令，不影响标志位。

④ 累加器 A 与外部 RAM 传送指令。这是累加器 A 与外部数据存储器（RAM）之间传送一个字节的数据，采用间接寻址方式。

采用当前工作寄存器组的 R0 或 R1 作为间接寻址寄存器，寻址范围为 0～255 个字节单元，8 位地址和数据均由 P0 口分时输入/输出。

采用 16 位数据指针 DPTR 作为间接寻址寄存器，可寻址 0~64KB 的外部数据存储器 RAM，这时低 8 位地址（DPL）由 P0 口分时输出，高 8 位地址（DPH）由 P2 口输出。当 P2 口输出高 8 位地址时，P2 口锁存在特殊功能寄存器的原内容保持不变。对于访问大容量外部数据存储器时，选用 DPTR 作为间接寻址寄存器的原内容保持不变。对于访问大容量外部数据存储器时，先用 DPTR 作为间接寻址寄存器则执行速度快、编程效率高。

上述指令可以任意选用。例如，即使访问大容量外部数据存储器（容量超过 256 个字节单元），除选用 DPTR 作为间接寻址寄存器外，也可选用 Ri 作为间接寻址寄存器，这时先将高 8 位地址用 MOV 指令通过 P2 口输出，然后再用 Ri 作为间接寻址寄存器访问外部数据存储器 RAM。当然，这样将用两条指令来完成访问，访问速度和编程效率相对要差些。

⑤ 累加器 A 与程序存储器数据传送指令。MCS-51 的程序存储器，主要用于存放应用程序，但也存放表格之类的按一定顺序排列的固定常数。为此，在 8051 的指令系统中提供了查表指令。它们均从程序存储器中读取数据，其执行过程相同。但两者的基址寄存器不同，因此适用范围也不同。

这类查表指令中，先动态确定 A 的变址值，即从表格首地址到需要查找的目的地址之间的位移量，与基址寄存器的表格首地址相加，形成查表有效地址。根据所得的查表有效地址读取的表格值送至累加器 A。由此可见，前后累加器 A 的内容和含义是不同的。前者是查表变址值，后者是表格数据值。

4）16 位数据传送指令。把 16 位常数装入数据指针（DPTR）。16 位常数在指令的第二、第三字节中。第二字节（DPH）为高位字节，而第三字节（DPL）为低位字节。操作不影响标志位，这是仅有的 16 位数据一次传送指令。

这种 16 位（二进制码）立即数通常为访问外部数据存储器的目标地址。

试题精选：

累加器传送类指令分为（D）。

A. 2 种　　　B. 3 种　　　C. 4 种　　　D. 5 种

鉴定范围 9　消防电气系统及冷水机组系统的装调与维修

鉴定点 1　消防系统的组成

问：消防系统主要由哪几部分组成?

答：消防系统主要由火灾自动报警系统、消火栓系统、自动喷水灭火系统、防排烟系统、防火卷帘门系统、消防事故广播以及对讲系统组成。

1）火灾自动报警系统：当火灾发生时，探测器将火灾信号传输到报警控制器，通过声光信号表现出来，并在控制面板上显示火灾发生部位，从而达到预报火警的目的。同时，也可以通过手动报警按钮来完成报警功能。

2）消火栓系统：消火栓系统管道中充满有压力的水，如系统有微量泄漏，可以靠稳压泵或稳压罐来保持系统的水和压力。当火灾发生时，首先打开消火栓箱，按要求接好接口、水带，将水枪对准火源，打开消火栓阀门，水枪立即有水喷出；按下消火栓按钮时，通过消防栓起动消防泵向管道中供水。

3）自动喷水灭火系统：自动喷水灭火系统处于正常工作状态时，管道内有一定压力的水，当有火灾发生时，火场温度达到闭式喷头的温度时，玻璃泡破碎，喷头出水，管道中的水由静态变为动态，水流指示器动作，信号传输到消防控制中心的消防控制柜上报警，压力开关动作后，通过控制柜起动喷淋泵为管道供水，完成系统的灭火功能。

4）防排烟系统：火灾发生时，防排烟控制柜接到火灾信号，发出打开排烟机的指令，火灾区开始排烟，也可人为地通过手动控制装置进行人工操作，完成排烟功能。

5）防火卷帘门系统：火灾发生时防火卷帘门系统起防火分区隔离作用。在火灾发生时，感烟探测器报警，火灾信号传送到卷帘门控制柜，控制柜发出起动信号，卷帘门自动降到 1.8m 的位置（特殊卷帘门也可降到底），如果感温探测器报警，卷帘门才能降到底。

6）消防事故广播以及对讲系统：当消防值班人员得到火情后，可以通过电话与各防火分区通话了解火灾情况，用以处理火灾事故，也可以通过广播及时通知有关人员采取相应措施，进行疏散。

试题精选：

（×）火灾自动报警系统具有灭火的功能。

鉴定点 2　火灾报警消防系统的供电要求

问：火灾报警消防系统的供电有什么具体要求？

答：火灾报警消防系统供电是消防用电设备，系统供电除符合国家有关规定的要求以外，根据其自身特点和实际需要，还应符合以下要求：

1）火灾自动报警消防系统应设置主电源和直流备用电源，而且主电源、备用电源应能自动切换。

2）火灾自动报警消防系统的主电源应采用消防电源，直流备用电源应采用火灾报警控制器的专用蓄电池或集中设置的蓄电池，火灾报警器应采用单独的供电回路，并应保证在消防系统处于最大负载状态下，不影响火灾报警控制器的正常工作。

3）火灾自动报警系统中的消防通信设备等的电源宜采用 UPS 电源，以防止突然停电造成装置不能正常工作。

4）火灾自动报警系统中主电源的开关不宜采用漏电保护开关，以防止造成系统断电，不能正常工作。

试题精选：

火灾自动报警消防系统的主电源应采用（A）。

A. 消防电源　　B. 蓄电池　　C. 单独的供电回路　D. UPS 电源

鉴定点 3　火灾报警消防系统的布线要求

问：火灾报警消防系统的布线有什么要求？

答：火灾自动报警消防系统的布线首先应符合一般建筑电气系统布线的基本要求，同时还应符合有关火灾自动报警消防系统的设计规范，其要求如下：

1）火灾自动报警消防系统的传输线路和50V以下供电的控制电路，应采用电压等级不低于交流250V的铜芯绝缘导线或铜芯电缆。采用交流380/220V的供电或控制电路应采用电压等级不低于交流500V的铜芯绝缘导线或铜芯电缆。

2）火灾自动报警消防系统的线芯截面选择，除应满足自动报警装置技术条件的要求外，还应满足机械强度的要求。

3）火灾自动报警消防系统的传输线路应采用穿金属管或经阻燃处理的硬质塑料管保护方式布线。

4）消防控制、通信和报警线路采用暗线敷设时，宜采用金属管或经阻燃处理的硬质塑料管保护方式，并应敷设在不燃烧的结构层内，且保护层厚度不宜小于30mm。当采用明线敷设时，应采用金属管或金属线槽保护方式，应在金属管或金属线槽上采取防火保护措施。采用阻燃电缆时，可不穿金属管保护，但应敷设在电缆井内或吊顶内有防火保护措施的封闭线槽内。

5）火灾自动报警消防系统用电缆竖井，宜与电力、照明用低压配电线路电缆竖井分别设置。

6）从接线盒、线槽等处引到探测器底盒、控制设置盒、扬声器箱的线路均应加金属软管保护。

7）火灾探测器的传输线路，宜选择不同颜色的绝缘导线或电缆，同一工程中的相同用途导线的颜色应一致，接线端子应有符号。

8）接线端子箱内的端子宜选择压接或带锡焊点的端子板，其接线端子上应有相应的标号。

9）火灾自动报警系统的传输网络不应与其他系统的传输网络合用。

试题精选：

采用交流380/220V的供电或控制电路应采用电压等级不低于交流（D）的铜芯绝缘导线或铜芯电缆。

A. 50V　　B. 220V　　C. 380V　　D. 500V

鉴定点4　火灾报警消防系统的施工要求

问：火灾报警消防系统的施工要求有哪些？如何进行布线？

答：火灾报警消防系统的施工应按照设计图样进行，不得随意修改。确有必要修改的，必须在与有关人员协商一致的情况下，经消防监督机构同意，并办理必要的手续，方可更改。严格按照GB 50116—2013《火灾自动报警系统设计规范》进行施工。

火灾报警消防系统的安装布线应符合相应的国家标准GB 50150—2016《电气装置安装工程　电气设备交接试验标准》和GB 50339—2013《智能建筑工程质量验收规范》进行施工。

火灾报警消防系统的布线方法如下：

1）在管内和线槽内的穿线，应在建筑抹灰及地面工程结束后进行，在穿管前应将管内和槽内的积水和杂物清除干净。

2）不同系统、不同电压等级、不同电流类别的线路，不应穿在管内和线槽的同一槽孔内。

3）导线在管内或线槽内，不应有接头和扭接。导线的接头应在接线盒内焊接或用端子连接。

4）敷设在多尘或潮湿场所管路的管口和管子连接处，均应进行密封处理。

5）管路超长时应按照有关规定在便于接线处装设接线盒。

6）管子入盒时，盒外侧应加套螺母，内侧应装护口，在吊顶内敷设时，盒的内侧均应套螺母。

7）在吊顶内敷设管线和线槽时，宜采用单独的卡具吊装或支撑物固定。支撑点应按照有关规定设置。

8）火灾报警消防系统每回路导线的绝缘电阻值不应小于20Ω。

试题精选：

火灾报警消防系统导线敷设后，应对每回路的导线用500V绝缘电阻表表测量绝缘电阻，其对地绝缘电阻值不应小于（D）。

A. 0.5Ω　　B. 1Ω　　C. 5Ω　　D. 20Ω

鉴定点5　火灾报警消防系统探测器的施工

问：如何安装火灾报警消防系统的探测器？

答：火灾报警消防系统的探测器安装步骤如下：

1）探测器的位置应按照规定要求进行设置，确保其探测效果和作用。

2）探测器的底座应安装牢固，其导线连接必须可靠，可采用压接或焊接。当采用焊接方式时，不得使用带腐蚀性的助焊剂。

3）探测器底座的外接线，应留有不小于15cm的余量，入口处还要有明显的标志。

4）探测器底座的穿线孔宜封堵，安装完毕后的探测器底座应采取保护措施。

5）探测器即将调试时方可安装，在安装前应妥善保管，并应采取防尘、防潮、防腐蚀处理。

试题精选：

探测器底座的外接线，应留有不小于（C）cm的余量，入口处应有明显的标志。

A. 5　　B. 10　　C. 15　　D. 25

鉴定点6　火灾报警消防系统报警器的施工

问：如何安装火灾报警消防系统的报警器？

答：安装火灾报警消防系统报警器的步骤如下：

（1）手动火灾报警器的安装

1）手动火灾报警按钮应安装在墙上距地面（楼）高度1.5m处。

2）手动火灾报警按钮应安装牢固，不得倾斜。

3）手动火灾报警按钮的外接导线，应留有不小于10cm的余量，且在其端部应有明显的标志。

（2）火灾报警控制器的安装

1）火灾报警控制器在墙上安装时，其底边距地面（楼）高度不小于1.5m处落地安装，其底部应高出地坪0.1~0.2m。

2）控制器应安装牢固，不得倾斜。安装在轻质墙上时，应采取加固措施。

3）引入控制器的电缆或导线应符合规范要求，整齐美观。

4）控制器的主电源引入线，应直接与消防电源连接，严禁使用电源插头，主电源应有明显的标志。

5）控制器的接地应牢固，并有明显的标志。

试题精选：

火灾报警控制器在墙上安装时，其底边距地面（楼）高度不小于（B）m处落地安装。

A. 1.3　　B. 1.5　　C. 2　　D. 2.5

鉴定点7　火灾报警消防系统控制设备及接地装置的施工

问：如何进行火灾报警消防系统控制设备及接地装置的施工？

答：火灾报警消防系统控制设备及接地装置的安装如下：

（1）消防系统控制设备的安装

1）消防系统控制设备在安装前应进行功能检查，不合格者，不得安装。

2）消防系统控制设备的外接线，应采取金属软管用作套管时，其长度不得大于2m，且应采取管卡固定，其固定点间距不应大于0.5m，金属软管与消防设备的接线盒，应采取锁母固定，并应根据配管规定接地。

3）消防系统控制设备外接导线的端部，应有明显的标志。

4）消防系统控制设备内，不同电压等级、不同电流类别的端子应分开，并有明显的标志。

（2）系统接地装置的安装

1）工作接地应采用铜芯绝缘导线或电缆，不得利用镀锌扁铁或金属软管。

2）由消防控制室引至接地体的工作接地线，在穿过墙壁时，应穿入钢管或其他坚固的保护管。

3）工作接地线与保护线应分开，保护接地导体不得利用金属软管。

4）接地装置施工完成后，应及时做屏蔽工程并加以验收。

试题精选：

消防系统控制设备的外接线，应采取金属软管用作套管时，其长度不得大于（C）m。

A. 1.3　　B. 1.5　　C. 2　　D. 2.5

鉴定点8　传感器的组成和种类

问：何谓传感器？常用的传感器有哪几类？

答：依照国家标准GB/T 7665—2005《传感器通用术语》的规定，传感器的定义是：能感受规定的被测量并按照一定的规律转换成可用输出信号的器件或装置。

传感器的作用是将被测的非电物理量转换成与其有一定关系的电信号，它获得的信号正确与否，直接关系到整个测量系统的精度。传感器通常由直接响应于被测量的敏感元件和产生可用信号输出的转换元件以及相应的电子电路所组成。通俗地说，使物理量或化学量转变为电量（或电磁量）的器件或元件称为传感器。传感器也称为变换器、换能器或探测器。传感器一般由敏感元件、转换元件和基本转换电路等部分组成，如图 1-49 所示。

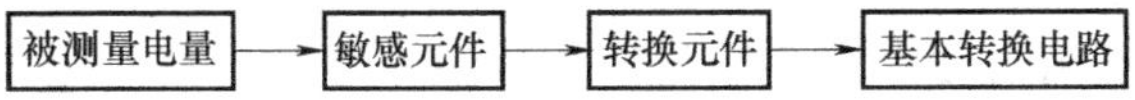

图 1-49　传感器组成框图

敏感元件就是能直接感受被测量，并以确定的关系输出某物理量的元件。转换元件可将敏感元件输出的非电物理量转换成电路参数量；而基本转换电路的功能就是将上述电路参数量转换成便于测量的电量。

常用的传感器分为三大类：

（1）按被测物理量分类　传感器按被测物理量不同可分为位移传感器、速度传感器、力（压力）传感器、温度传感器和湿度传感器等。

（2）按传感器的工作原理分类　传感器按工作原理不同可分为电阻式、电感式、磁电式、电压式、电容式、陀螺式、谐振式和光电式等。

（3）按传感器转换能量的方式分类

1）能量转换型：又称为有源传感器，即在不加外电源的情况下将非电功率转换为电功率输出，如电磁式、电动式、电压式等传感器。

2）能量控制型：又称为无源传感器，即不需要使用外接电源且可以通过外部获取到无限制能源的传感器。

试题精选：

传感器一般由敏感元件、转换元件和（D）三部分组成。

A. 继电器　　B. 热敏元件　　C. 探头　　D. 基本转换电路

鉴定点 9　消防用传感器的种类

问：常用消防传感器的种类有哪些？简述消防传感器的应用。

答：常用消防传感器的种类有：压力传感器，流量传感器，温度传感器，以及感温、感烟传感器，红外感温、光电感温传感器，气体检测传感器等。

以火灾报警传感器为例，感温和感烟探测器将相关信号转变为电信号，通过传感器将信息传送到控制室的消防监控系统，并发出报警，以及下一步的联锁动作。

传统意义上的传感器大都是有线传感器，经常造成误报警；现在使用最多的是无线传感器，有了无线传感器再配合先进控制系统，这样就构成了智慧消防系统。除了温度、压力等物理量之外，还在消防栓等固定设备上安装了传感器，可实现一些日常管理功能。

消防电系统包括：感烟传感器、感温传感器、手动报警按钮、消火栓按钮、各型号模块、隔离器、声光报警器、消防广播和消防电话等。

消防水系统包括：支管上面有水流指示器，信号蝶阀、湿式报警阀和压力开关等。

试题精选：

常用消防传感器不包括（D）。

A. 压力传感器　　B. 流量传感器　　C. 温度传感器　　D. 接近传感器

鉴定点 10　温度传感器的原理及应用

问：何谓热电阻传感器？其特点有哪些？

答：金属热电阻传感器也称为热电阻传感器，是利用金属导体的电阻值随温度变化而变化的原理进行测温的。一般的热电阻传感器由热电阻、连接导线及显示仪表组成。热电阻广泛用来测量-220~850℃范围内的温度，少数情况下，低温可测量至1K（-272℃），高温可测量至1000℃。金属热电阻大都由纯金属材料制成，目前主要采用的材料是铂和铜，也有用锰、铑、碳等材料制作热电阻的。

（1）铂热电阻　铂热电阻的特点是测温精度高，稳定性好，是制造热电阻最好的材料。铂热电阻的应用范围为-200~850℃。

因为铂材料价格昂贵，因此一般工程测量中多采用铜作为热电阻材料。铜的最大优点是价格低廉，易于提纯，在-50~150℃的范围内，温度特性的线性较好。其缺点是铜的电阻率仅为铂的几分之一。因此，铜热电阻所用材料细而且长，机械强度较差，热惯性较大，在温度高于100℃以上或在侵蚀性介质中使用时易氧化，稳定性较差。因此，铜热电阻只能用于测量精度要求不高且温度不高（100℃以下）及无侵蚀性的介质中。

（2）热敏电阻　半导体热敏电阻简称热敏电阻，是一种新型的半导体测温元件，热敏电阻是利用某些金属氧化物或单晶锗、硅等材料，按特定工艺制成的感温元件。热敏电阻可分为三种类型，即正温度系数（PTC）热敏电阻和负温度系数（NTC）热敏电阻，以及在某一特定温度下电阻值会发生突变的临界温度电阻器（CTR）。目前使用较多的热敏电阻是NTC型热敏电阻。热敏电阻与金属热电阻相比有以下几点不同：

1）热敏电阻的温度系数值远大于金属热电阻，所以半导体温度计的灵敏度很高。

2）同温度情况下，热敏电阻的电阻值远大于金属热电阻。所以连接导线的电阻对测量误差的影响极小，适用于远距离测量。

3）热敏电阻的温度曲线非线性相当严重，所以其测量温度范围远小于金属热电阻，目前一般在-50~300℃。

4）半导体热敏电阻的性能不够稳定，互换性差，精度较低，这是它的一个缺点。

（3）热电偶　热电偶的工作原理基于热电效应。如图1-50所示，当A、B两种不同材料的导体组成一个闭合电路时，若两接点T、T_0的温度不同，则在该电路中会产生电动势并形成电流，这种现象称为热电效应，该电动势称为热电动势。图中的两个接点，一个称为测量端T，或称为热端；另一个称为参考端T_0，也称为冷端。热电偶就是利用上述的热电效应来测量温度的。

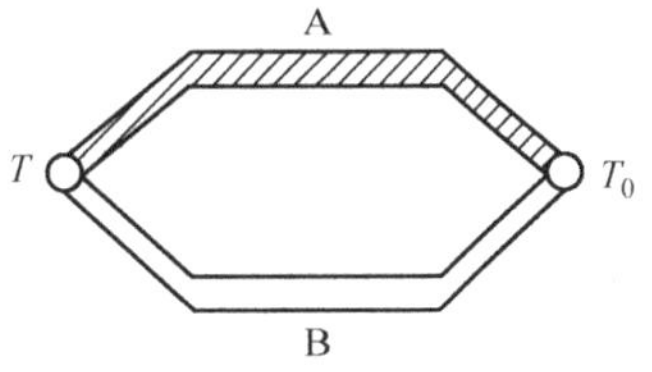

图1-50　热电偶原理

实验证明：热电动势与热电偶两端的温度差成正比。

按结构形式不同，热电偶通常分为普通热电偶、铠装式热电偶和薄膜热电偶三类。

1）普通热电偶。普通热电偶主要应用于工业上测量液体、气体等介质的温度。它一般由热电偶丝、绝缘套管、保护套管和接线盒组成，实验室使用时可以不用保护套管，以减小热惯性。

2）铠装式热电偶。铠装式热电偶是由热电偶丝、绝缘材料、金属套管三者组合成一体的具有特殊结构的热电偶。它可以做得很细很长，并可以弯曲。根据热端形状的不同，它又可分为多种结构形式，不同的结构形式响应时间和应用场合及特点不同。这类热电偶的突出优点是可小型化、使用方便、寿命长、热惯性小。此外，这类传感器还具有强度高、耐压、耐振动和耐冲击等优点，并可根据需要制成不同长度，最长可达 100m。

3）薄膜热电偶。薄膜热电偶是用真空蒸镀等方法使两种热电极材料蒸镀到绝缘板上，上面再蒸镀一层二氧化硅作为绝缘和保护层，形成薄膜状热电偶，其热接点极薄（0.01~0.1μm），因此特别适用于快速测量物体壁面的温度。测量时用黏结剂将它黏结在被测物体壁面上即可。

集成温度传感器是把感温元件（多为 PN 结）与有关的电子电路集成在一块很小的硅片上封装而成。由于 PN 结不能耐高温，所以集成温度传感器通常只能测量 150℃以下的温度，典型的工作温度范围是-50~150℃。集成温度传感器具有体积小、线性好、反应灵敏等优点，所以应用十分广泛。

集成温度传感器按输出电量不同可分为电压型、电流型和频率型三大类。电压型传感器的优点是直接输出电压，且输出阻抗低，易于同信号处理电路连接。电流型传感器的输出阻抗极高，因此可以简单地使用双股绞线传输数百米远，而不必考虑传输导线的电阻，特别适合于远距离精密温度遥感和遥测。频率型传感器除了具有与电流型传感器相似的优点外，还便于与微型计算机接口。

试题精选：

（×）热敏电阻测量温度的范围最宽。

鉴定点 11　感烟式火灾传感器的原理及选用

问：简述感烟式火灾传感器的原理及选用。

答：感烟式火灾传感器是利用火灾发生时所产生的烟雾，通过烟雾敏感检测元件检测并发出报警信号的装置。按敏感元件不同，火灾传感器可分为离子感烟式、光电感烟式和红外光束感烟式 3 种。

（1）离子感烟式火灾传感器　离子感烟式火灾传感器上有一个能发射 α 射线的放射源。放射源发出的 α 射线高速运行，使空气电离成正负离子，这时在两极板上加一个电压，极板间就会形成离子电流，这样的结构称为电离室。当烟雾进入电离室后，对 α 射线有阻挡作用，使离子电流减小。利用电子电路检测离子电流的变化，就可以判断出进入电离室烟雾的浓度。当电离室烟雾浓度达到一定数值时就可以发出报警信号。

（2）光电感烟式火灾传感器　光电感烟式火灾传感器又分为减光式和散射光式两种。

1）减光式火灾传感器。探测室的检测室内装有发光和受光元件。在正常情况下，受光元件接收到发光元件的一定光亮，产生光电流。而在火灾发生时，探测器的检测室内进入大量烟雾，发光元件发射的光受到烟雾的遮挡，使受光元件接收的光量减少，光电流减少，探测器便发出报警信号。

2）散射光式火灾传感器。散射光式火灾传感器的检测室内也装有发光和受光元件。在正常情况下，受光元件接收不到发光元件发出的光，因此不产生光电流。在火灾发生时，当烟雾进入检测室内，由于烟离子的作用，使发光元件发出的光产生散射，这种散射光被受光元件所接收，使受光元件阻抗发生变化，产生光电流，从而实现了将烟雾信号转变成电信号的功能，探测器便发出报警信号。

（3）红外光束感烟式火灾传感器　红外光束感烟式火灾传感器是利用烟离子吸收或散射红外光，使红外光束强度发生变化的原理而工作的。探测器的工作原理与感光型光电感烟探测器类似。对于红外光束感烟式火灾传感器，烟雾不必进入点型光电感烟式火灾传感器的采样室中，在被保护空间任何地点上的烟都可能使红外光束衰减。而线型光束传感器在一个最长 100m 的线路上可代替若干个点型光电感烟式火灾传感器，具有保护面积大、安装位置较高、在相对湿度较高和强电场环境中反应速度快等优点，适宜保护较大的室内外场所，尤其适宜难以使用甚至不能使用点型光电感烟式火灾传感器的场所。

试题精选：

（√）红外光束式线型光束传感器适宜保护较大的室内外场所，尤其适宜保护不可能使用点型光电感烟式火灾传感器的场所。

鉴定点 12　感温式火灾传感器的原理及选用

问：简述感温式火灾传感器的原理及选用。

答：感温式火灾传感器的原理是：物质在燃烧过程中会放出大量的热，使环境温度升高，传感器中的热敏元件发生物理变化，从而将温度信号转变成电信号，传输给火灾报警控制电器，发出火灾报警信号。感温式火灾传感器按探测面不同，分为点型和线型两种；按工作方式不同，分为定温式和差温式两种。

（1）定温式点型火灾传感器　当环境温度达到所规定的温度时，这种传感器即动作。定温式火灾传感器根据其传感器件的不同，有多种类型。其中，应用比较广泛的传感器件为不同膨胀系数的金属片和半导体热敏电阻。

（2）定温式线型火灾传感器　这种传感器实际上是一条热敏电缆，它由两根弹性钢丝、热敏绝缘材料、塑料包带及塑料外护套组成。在正常监视状态下，两根钢丝间呈绝缘状态且在每一热敏电缆中有一极微小的电流。当热敏电缆线路上任何一点（部位）的温度上升到额定动作温度时，绝缘材料融化，两根钢丝相互接触，此时报警回路电流骤然增大，报警控制器发出声、光报警。同时，数码管显示火灾报警的回路号和火警的距离（即热敏电缆动作部分的米数）。经过人工处理后，热敏电缆可以重复使用。

（3）差温式点型感温火灾传感器　它是根据局部热效应原理制作的，当环境温度达到规定的升温速率以上时动作。这种传感器主要由感热室、膜片、泄漏孔及接点等组成。当有火灾时，感热室内的空气随着周围温度的急剧上升而迅速膨胀，膜片受压使接点闭合，发出报警信号。如果环境温度缓慢变化时，由于泄漏孔的作用，感热室内的气体通过泄漏孔出去，膜片保持不变，接点不会闭合。

（4）差温式线型感温火灾传感器　它是根据广泛热效应原理制成的，当在较大的控制范围内温度达到或超过所规定的某一升温速率时即动作。根据传感器件的不同，差温式线型感温火灾传感器有空气管式、热电偶式、热敏半导体式等多种。

1）空气管式感温火灾传感器。当环境达到或超过所规定的某一升温速率时，空气管内迅速膨胀，传到传感器的膜片，从而使接点闭合，将升温速率信号转变为电信号输出，达到报警的目的。

2）热电偶式感温火灾传感器。热电偶遇热后，产生温差电动势，从而有温差电流，温差电流经放大传输后给报警器。

3）热敏半导体式感温火灾传感器。利用半导体本身对热的敏感性动作。当温度达到或超出某一规定升温速率时，半导体的电阻值发生变化，发出报警信号。

定温式传感器适用于温度缓慢上升，达到预定温度时报警的场所；差温式传感器适用于温度急剧上升的场所。

感温式火灾传感器适用于以下场所：相对湿度高于95%；可能发生无烟火灾；有大量粉尘；在正常情况下有烟和蒸气滞留；厨房、锅炉房、发电机房、茶炉房、烘干车间等；汽车库等；吸烟室、小会议室等；其他不宜安装感烟式火灾传感器的厅堂和公共场所。

感温式火灾传感器不适用于使用感烟式火灾传感器的场所，但有些场所不适宜使用感温式火灾传感器。如：温度在0℃以下的场所，正常温度变化较大的场所，房间高度大于8m的场所及有可能产生阴燃火的场所，火灾危险性大、必须早期报警的场所。

试题精选：

感温式火灾传感器不适用于（B）的场所。

A. 无烟火灾　　B. 产生阴燃火　　C. 有大量粉尘　　D. 有烟和蒸气滞留

鉴定点13　感光式火灾传感器的原理及选用

问：简述感光式火灾传感器的原理及选用。

答：感光式火灾传感器也叫作火焰探测器。这种传感器适用于生产、储存和运输高度易燃物品的场所。由于光线传播速度极快，这种传感器对起火速度快且无烟雾遮蔽的明火火灾反应迅速。

感光式火灾传感器分为红外线火焰传感器和紫外线火焰传感器。

1）红外线火焰传感器。使用红外线光电管作为敏感元件。红外线火焰传感器对波长大于700nm的红外线非常敏感。

2）紫外线火焰传感器。使用紫外线光电管作为敏感元件。紫外线火焰传感器对波长小于400nm的紫外线非常敏感。

感光式火灾传感器适用于：火灾时有强烈火焰辐射的场所，无阴燃阶段火灾的场所，需要对火焰做出迅速反应的场所。

不适宜选用的场所：可能发生无焰火灾；在火焰出现前有浓烟扩散；传感器的镜头易被污染；传感器的视线易被遮挡；传感器易受阳光或其他光源直接或间接照射；在正常情况下有明火作业以及X射线、弧光等影响的场所。

试题精选：

感光式火灾传感器一般不适用于（B）。

A. 火灾时有强烈火焰辐射的场所　　B. 传感器的镜头易被污染

C. 无阴燃阶段火灾的场所　　　　　　　　D. 需要对火焰做出迅速反应的场所

鉴定点 14　可燃气体探测式火灾传感器

问：简述可燃气体探测式火灾传感器的作用及选用。

答：可燃气体探测式火灾传感器用于检测建筑物内某些可燃气体（如煤气），防止可燃气体泄漏造成火灾。可燃气体探测式火灾传感器适用于：散发可燃气体和可燃蒸气的场所，如车库、煤气管道附近、发电机室等。

试题精选：

可燃气体探测式火灾传感器一般不用于（D）。

A. 车库　　　　B. 煤气管道附近　　C. 发电机室　　　　D. 变压器室

鉴定点 15　水流量传感器的结构和原理

问：简述水流量传感器的结构和原理。

答：（1）水流量传感器的结构　水流量传感器主要由铜阀体、水流转子组件、稳流组件和霍尔元件组成。水流量传感器主要和控制芯片、单片机，甚至 PLC 配合使用，具有流量控制准确，可以循环设定动作流量，水流显示和流量积累计算的作用，水流量传感器是流量传感器中使用量最大、使用面最广的一种传感器。

（2）水流量传感器的原理　水流量传感器是指通过水流量的感应而输出脉冲信号或电流、电压等信号的水流量感应仪器仪表，这种信号的输出和水流量成一定的线性比例。霍尔元件输出相应的脉冲信号反馈给控制器，由控制器判断水流量的大小。

（3）水流量传感器的分类

1）按其测量原理不同可以将其分为容积式和速度式两类传感器。

2）按其结构及信号获取方式不同，可分为有机械运动机构和无机械运动机构的传感器。有机械运动机构的传感器包括：活塞式、叶轮式水流量传感器；无机械运动机构的传感器包括：电磁式、超声式、射流式水流量传感器等。

（4）水流量传感器的优缺点

1）优点如下：

① 水流量传感器可以测量工业导电液体或浆液。

② 水流量传感器无压力损失。

③ 水流量传感器测量范围大，电磁流量变送器的口径为 2.5~2.6m。

④ 水流量传感器测量被测液体工作状态下的体积流量，测量原理中不涉及流体的温度、压力、密度和黏度的影响。

2）缺点如下：

① 水流量传感器的应用有一定的局限性，它只能测量导电介质的液体流量，不能测量非导电介质的液体流量，例如：气体、酒精等不导电液体等。

② 水流量传感器用来测量带有污垢的黏性液体时，黏性物或沉淀物附着在测量管内壁或电极上，使变送器输出电动势发生变化，带来测量误差，电极上污垢达到一定厚度时，可能导致仪表无法测量。

试题精选：

水流量传感器的优点不包括（D）。

A. 可以测量工业导电液体或浆液　　B. 无压力损失

C. 测量范围大　　D. 测量流量与流体的黏度成正比

鉴定点 16　水流量传感器的选用

问：简述水流量传感器的选用及使用注意事项。

答：(1) 水流量传感器的选型在要求更为精确的水控系统中，水流量传感器用起来更为有效和直观，以脉冲信号输出的水流量传感器为例，在IC水表和流量控制要求更高的水电加热环境中，水流量传感器更具有优势。

同时由于PLC控制的方便性，水流量传感器的线性输出信号可以直接接入PLC，可进行定量控制，具备水流开关感应功能的同时还满足了水流量计量的要求。

水流量传感器选型的注意事项如下：

1）精度等级的选用。水流量传感器的精度通常都比较高，精度等级越高，对现场的运用环境越灵敏，从经济效益上来说，不要过分选择精度等级高的水流量传感器。对于大口径流量的场合，应选用高精度的传感器；对于运送量很小又需要计量的场合，应挑选常用的涡轮流量传感器。

2）密度变化情况的考量。密度的稳定性对水流量传感器的计量准确度影响很大，对于常常发生密度改变的场合，还需要对流量系数进行修正。

3）流量规模的选择。水流量传感器流量规模的选择直接影响着它的准确度和运用年限，它还决定着水流量传感器口径的选择。选择流量规模应按照以下原则：最小流量应大于或等于外表能够测量的最小流量，最大流量应小于或等于外表能够测量的最大流量；对于不间断作业超过8h的场合，其最大流量应为实际最大流量的1.4倍以上，最小流量应为实际最小流量的0.8倍左右。

4）压力损失的选择。压力损失越小，气体在活动过程中的能量消耗就越小，这样可以节约能源，降低成本，提高利用率。在选择水流量传感器时，应选择压力损失小的涡轮流量传感器。

5）布局方法的选用。布局方法的选用有以下三种方法：内部布局最佳选用反推式涡轮流量传感器，由于该布局在一定流量规模内可使叶轮处于浮游状态，轴向不存在接触点，无端面冲突和磨损，可延长轴承的运用寿命；对于水平布局的水流量传感器，它与管道衔接时采用法兰衔接、螺纹衔接和夹装衔接；对于竖直布局的水流量传感器，只能选用螺纹衔接。

(2) 水流量传感器的使用注意事项

1）当磁性材料或对传感器产生磁力的材料靠近传感器时，其特征可能有所变化。

2）为了避免颗粒、杂物进入传感器，在水流量传感器的入水口必须安装过滤网。

3）安装水流量传感器时要避开有强烈振动和摇晃的环境，以免影响传感器的测量精度。

试题精选：

水流量传感器流量规模的选择直接影响着它的准确度和运用年限，它还决定着水流量传感器口径的选择。对于不间断作业超过 8h 的场合，其最大流量应为实际最大流量的（B）倍以上。

A. 1.2　　B. 1.4　　C. 1.6　　D. 1.8

鉴定点 17　螺杆式冷水机组操作规程

问：简述螺杆式冷水机组的操作规程。

答：螺杆式冷水机组的操作规程如下：

（1）开机程序

1）接上级开机指令，或根据实际工作情况需求开启冷水机组。

2）开机前先检查主机电源是否正常（主机断电一天以上的机组，开机前需要通电预热油温 24h 以上，或保证开机油温在 55℃以上）。

3）打开机组的两个冷却水阀门和两个冷冻水阀门（同时检查冷却泵、冷冻泵的阀门，此阀门是常开状态，只作为检查项目，当止回阀损坏时才手动操作此阀门）。

4）按照实际需求起动冷水机组相对应的冷却水泵和冷冻水泵。

5）按下冷水机组控制面板上的开机键启动主机，观察各运行参数至正常状态，开机程序结束。

（2）停机程序

1）接上级停机指令，或根据实际工作情况需求关闭冷水机组。

2）按下冷水机组控制面板上的停机键关闭主机，并观察至主机完全停止。

3）根据实际情况确定是否需要关闭冷却水泵、冷冻水泵和冷却塔风扇，若需关闭时，应在主机停机后延时 2~3min 关闭循环水泵。

4）关闭冷水机组的冷却水阀门和冷冻水阀门，停机程序结束。

5）严禁直接切断隔离开关使机组停机，会产生高强度电弧，造成事故或损失。

（3）运行维护

1）根据实际生产需求设定冷水机组的出水温度（设定后的更改必须经过部门主管同意）。

2）根据系统运行工况，开启适当的循环水泵和冷却塔风扇，使系统处于最佳匹配状态。

3）每天对运行机组的参数进行记录、对比，发现异常要分析原因并及时报告给部门主管。

4）发现机组异常噪声或振动时，要查找异常原因，采用相应的措施并报告给部门主管。

5）除湿冷水机每次转换、增减机组或水泵时，要观察冷却塔水位是否平衡，不平衡时要做相应的调整，避免一边补水，一边溢出。

（4）停机维护

1）暂停或备用冷水机组必须保持主机在通电停机状态。

2）每月对主机电控柜进行定期检查，包括接线端子、电箱卫生、接触器触头、绝缘等。

3）每月对主机机体卫生进行清洁保养，保持机体干净整洁。

试题精选：

冷水机组开机前要先检查主机电源是否正常。对于主机断电一天以上的机组，开机前需要通电预热油温在（B）℃以上。

A. 40　　B. 55　　C. 60　　D. 70

鉴定点 18　空调冷水机组操作规程

问：简述空调冷水机组的操作规程。

答：空调冷水机组的操作规程如下：

（1）开机前的准备工作

1）检查冷却塔水位、冷却塔风扇、冷却水系统压力和补水器是否正常。

2）检查冷冻水膨胀水箱水位、冷冻水系统压力是否正常。

3）检查管道过滤网（器）是否有杂物或破损现象。

4）检查欲起动冷水机组蒸发器和冷凝器进出水阀门是否全部开启。

5）检查冷却水泵和冷冻水泵系统管路阀门是否全部开启。

6）检查分水缸和集水缸上的阀门，根据空调系统的需要决定是否开启或关闭阀门。

7）检查分水缸供水总管阀门和集水缸回水总管阀门是否开启。

8）对于非运行冷水机组蒸发器和冷凝器的出水阀门，检查确认关闭并悬挂“阀门已关闭”标识牌。

（2）冷水机组开启程序

1）要保证冷水机组油加热器提前 12h 通上电源，使油温保持在比冷凝温度高 27.8℃的数值。

2）检查冷水机组微机控制面板上是否有系统准备起动显示。

3）各项检查确认正常后，首先起动冷冻水循环泵，按下冷冻水泵起动按钮，观察电流表，待冷冻水泵运转正常，电流表显示稳定后，再起动冷水机组。

4）起动冷却水泵，待冷却水泵运转正常，电流表显示稳定后再起动冷水机组。

5）起动冷水机组，按下压缩机起动开关，接通时控制面板上应显示运行模式，观察显示结果并判断是否正常或故障。

6）在起动程序的前 50s，微机控制中心上将显示出系统预先润滑，在完成 50s 后，压缩机将起动。

7）冷水机组起动后，要观察系统冷却水的温度，根据冷却水的温度，及时开启冷却塔风扇系统，以确保机组经济运行以及制冷效果良好。

（3）冷水机组运行注意事项

1）冷水机组运行时应检查冷水机组油槽油位，并确认油位在油槽上下视镜范围内，观察机组油的颜色是否正常。

2）注意冷水机组负荷运转情况，以及导流叶片开度是否正常。

3）倾听冷水机组运行的声音是否正常。

4）观察机组制冷剂回路是否有泄漏和其他安全隐患。

5）做好机组运行记录：电压、电流、排（吸）气压力、冷冻水的进出口压力和温度、冷却水的进出口压力和温度、启停时间、交接班事项和遗留问题等。

（4）关机程序

1）首先停冷水机组。

2）停冷却塔风扇系统。

3）停冷却水泵。

4）停冷冻水泵。为了达到经济运行并保障用户利益的情况下，要根据天气温度情况，掌握好停冷水机组及冷却水泵的时间差，即停冷水机组后，冷冻水泵可继续运行，为用户提供空调，当冷冻水温度回升到一定温度后，即可停泵操作。

5）停机停泵后，对现场设备和卫生进行全面检查，确认正常后，做好相应记录。

试题精选：

冷水机组关机程序正确的是（A）。

A. 停冷水机组→冷却塔风扇系统→冷却水泵→冷冻水泵

B. 停冷水机组→冷却塔风扇系统→冷冻水泵→冷却水泵

C. 冷却塔风扇系统→停冷水机组→冷冻水泵→冷却水泵

D. 冷却塔风扇系统→停冷水机组→冷却水泵→冷冻水泵

鉴定范围 10　电子电路的分析测绘

鉴定点 1　电子电路测绘方法

问：如何测绘电子电路?

答：测绘电子电路的方法如下：

（1）电子电路的测绘

1）确认产品的型号和类型。首先必须确认产品或电路的类型，这是绘制电路图的重要前提。电子电路种类繁多，外形各异，结构复杂，必须认真观察并确认是何种电子产品，并尽可能确认其型号。

2）绘制安装接线图。根据电子电路的结构，在测绘各元器件、零部件之间接线图的过程中应注意以下几点：

① 根据各元器件的实物外形，确认其类型。

② 认真、细致地摸清电路结构中复杂导线的走向。不管电路中的导线多么复杂，但均可分为三类：电源线、地线、信号线。因此，可以分类描绘各类导线的连接情况。

③ 根据安装接线图画出电路图。为了明确表示电路原理和元器件间的控制关系，必须在接线图的基础上画出其电路图。对于所画的电路图要尽可能规范，即电路中的元器件用标准的电路符号来替代；信号流程以水平方向从左至右；基本单元电路中的各元器件要相对集中。

（2）绘制电子电路图的方法

1）绘制安装接线图时，应做到“定点画线”。首先把印制电路板拆卸下来，把印制电路板上与外围元器件的连接线取下，并做好记录，画出简图，其目的是避免重装时出现错误。然后用一张比印制电路板稍大的半透明晒图纸蒙在印制电路板上，并用夹子固定，使之不能移动，用铅笔将焊点和印制铜箔走线誊印出来。画完后再把该图样取下来，用钢笔或圆珠笔将焊点和走线重新填画清楚。

2）绘制出简图后，要“添画元器件”。反复查看实物印制电路板，仔细查看各焊点上所焊接的元器件。一般情况下，均以大结构及易识别的元器件作为定点方位。先找到集成电路、大功率晶体管、变压器等的所在位置，通过翻看实物或检测等手段，标出这些元器件的有关焊点，画出其电路符号。元器件填入完毕后，可把接线图上的电源线、地线、信号线等用不同的彩笔描出。

3）根据安装接线图绘制出电路图，首先判断电路的大致类型，画出主要元器件的位置，按照从输入到输出的顺序，将集成电路、晶体管等主要元器件的大概位置排列出来。然后按照由后级向前级的顺序，将主要元器件的外围添画上。在添画外围元器件时，若遇到集成电路时，可按集成电路的引脚顺序逐一绘制；若遇到晶体管时，一般按先画发射极回路，再画集电极回路，最后画基极回路的原则进行绘制。主要元器件及外围元器件绘制完成后，再画退耦滤波等辅助性电路中的元器件。最后，将有关连接线、印制电路板之外的元器件画上，即可完成一张电子产品或电子电路原理图的草图。

4）反复核对电路图有无漏画、错画的元器件。同时将各元器件的序号，标注在各元器件的一边，并确认无误。

试题精选：

绘制电子电路图时，首先要把印制电路板拆卸下来，把印制电路板上与外围元器件的连接线取下，并做好记录，画出（A）。

A. 简图　　B. 布置图　　C. 电路图　　D. 线路图

鉴定点 2　集成运放电路的线性应用

问：集成运放电路的线性应用有哪几个方面？

答：集成运放的应用方式有线性应用与非线性应用两种。线性应用是指集成运放工作在其特性的线性区，集成运放内部的晶体管都工作在放大区，集成运放的输入、输出信号呈线性关系。这种应用方式的基本电路有反相比例、同相比例、加法、差动、积分、微分等各种运算电路。集成运放的非线性应用是指集成运放工作在其特性的非线性区，运放内部的晶体管都工作在饱和区或截止区，集成运放的输入、输出信号为非线性关系。这种应用方式的基本电路是比较器，用比较器可以组成电平比较、波形产生以及波形变换等各种应用电路。

由于集成运放具有极高的放大倍数，为了使它能工作在线性区，电路必须具有很深的负反馈才能正常工作，因此，电路是否具有负反馈可以作为判断集成运放是线性应用还是非线性应用的依据。

试题精选：

积分集成运放电路反馈元件采用的元件是（C）。

A. 电阻　　B. 电感　　C. 电容　　D. 二极管

鉴定点 3　集成运放电路的非线性应用

问：集成运放电路的非线性应用有哪几个方面？

答：集成运放的非线性应用是指集成运放工作在其特性的非线性区，运放内部的晶体管都工作在饱和区或截止区，集成运放的输入、输出信号为非线性关系。这种应用方式的基本电路是比较器，用比较器可以组成电平比较、波形产生以及波形变换等各种应用电路。

试题精选：

不属于集成运放电路非线性应用的是（A）。

A. 加法运算电路　B. 滞回比较器　C. 非过零比较器　D. 过零比较器

鉴定点 4　电压（电平）比较器的原理分析

问：电压（电平）比较器的基本功能有哪些？简述其基本原理。

答：电压比较器的基本功能是对送到集成运放两个输入端的两个电平进行比较，并在输出端给出比较的结果。其输入信号可以是一模拟电压与参考电压的比较，也可以是两个模拟电压的比较。作为比较结果的输出信号则是两种不同的电平，即高电平或低电平。因而可知，在电压比较器中的集成运放主要工作在非线性区，只有分析临界转换工作情况时才能应用“虚短”和“虚断”的概念。

在电压比较器中，参考电压 U_{REF}加于反相输入端，它可以是正值，也可以是负值，输入电压 U_i 则加于运放的同相输入端。这时，运放处于开环状态，具有极大的开环电压增益。当输入电压 U_i 略大于参考电压 U_{REF}时，运放处于正饱和状态，输出端似乎就应该得到一个极大的正电压，由于受到集成运放电源电压的限幅，因此，输出电压 U_o 就接近于正电源电压$+U_{CC}$；当输入电压 U_i 降低到略小于参考电压 U_{REF}时，运放立即转入负饱和状态，输出电压 U_o 就接近于负电源电压$-U_{CC}$。电压比较器的输入、输出关系称为电路的传输特性，如图 1-51b 所示。当运放工作在开环状态下时，运放的输出只能是正电源电压或负电源电压，不可能得到其他数值，所以根据电压比较器输出端的电压值，就可以很容易地判别输入端究竟是 $U_i>U_{REF}$，还是 $U_i<U_{REF}$，这就是电压比较器的工作原理。

如果将图 1-51a 中的输入电压 U_i 与参考电压 U_{REF}互相交换一下位置，如图 1-51c 所示，比较器同样可以工作，只是在 $U_i>U_{REF}$时输出为$-U_{EE}$，而在 $U_i<U_{REF}$时输出为$+U_{CC}$，也就是说它的传输特性颠倒了，如图 1-51d 所示。

如果电压比较器的参考电压 $U_{REF}=0$，则输入电压每次过零时，输出就要产生突然的变化。这种比较器称为“过零比较器”。

电压比较器常用作波形变换使用，它可以把连续变化的输入波形变换成矩形波；或者可以作为电压是否超过了规定数值的检测；也可以和传感器配合使用，作为某一物理量（如温度、压力、位移等）是否超过了整定值的检测。

试题精选：

过零比较器可将输入正弦波变换为（D）。

A. 三角波　B. 矩形波　C. 尖顶脉冲波　D. 方波

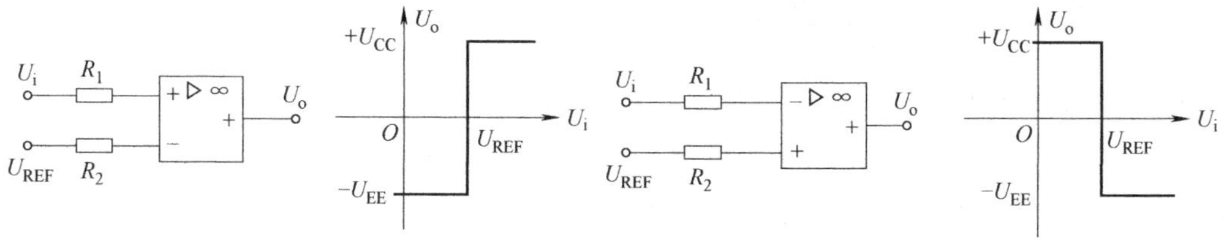

a) U_{REF}反相输入电路　b) U_{REF}反相输入的传输特性　c) U_{REF}正相输入电路　d) U_{REF}正相输入的传输特性

图 1-51　电压比较器的电路及传输特性

鉴定点 5　迟滞比较器的原理分析

问：迟滞比较器的基本功能有哪些？简述其基本原理。

答：在电压比较器中，电路的抗干扰性能较差，如果输入电压在参考电压附近有微小的波动，则输出电压就会不断翻转。为了提高电路的抗干扰性能，可以采用迟滞比较器。

在电压比较器的基础上，通过 R_1 和 R_2 把输出电压的一部分加到放大器的同相端，就组成了迟滞比较器。图 1-52a 所示为具有正反馈的迟滞比较器（又称为施密特触发器）。迟滞比较器的输入、输出传输特性如图 1-52b 所示。可见它与电压比较器的传输特性有明显的区别，由于它具有迟滞回线形状，该电路由此得名。

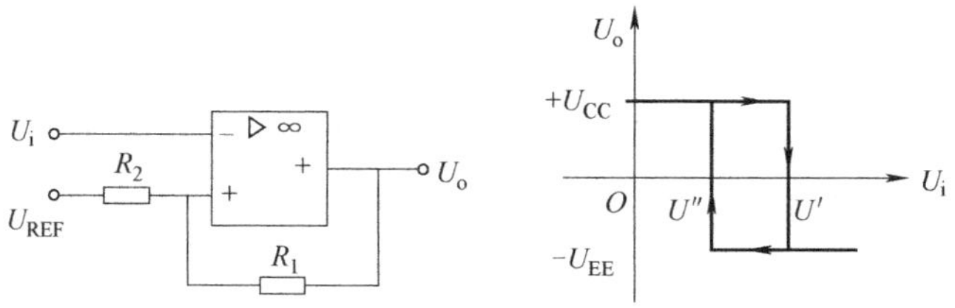

a) 电路图　b) 传输特性

图 1-52　迟滞比较器的电路及传输特性

当输入电压增大与减小时，翻转点的电平是不一样的。具体情况分析如下：输出电压 $U_{CC}=U_{EE}=15V$，设 $U_{REF}>0$，当输入电压为 0 时，集成运放正向饱和输出电压应为 $+U_{CC}$；对应此时运放同相端的电压（即翻转电压）应为

$$U'=\frac{R_2}{R_1+R_2}U_{CC}+\frac{R_1}{R_1+R_2}U_{REF}$$

当输入电压逐渐增大到略大于 U' 时，输出电压翻转为 $-U_{EE}$。由于正反馈的作用，这一翻转的过程是很快的，此时运放同相端的电压也相应改变为负值，即

$$U''=-\frac{R_2}{R_1+R_2}U_{EE}+\frac{R_1}{R_1+R_2}U_{REF}$$

当输出电压翻转以后，减小输入电压使其小于翻转电压 U'，由于同相端的翻转电压已经变为 U''，因此，电路不可能再次翻转。只有当输入电压减小到比 U'' 略小一些之后才会再

次翻转。那么，使用这样的电路来进行波形的变换，输入电压在大于 U' 使得输出电压翻转之后，即使输入电压有波动，只要输入电压不波动到小于 U''，电路也是不会再次发生翻转的，由此可见，该电路的抗干扰能力得到了大大的提高。

试题精选：

滞回比较器的比较电压是（B）。

A. 固定的　　B. 随输出电压而变化

C. 输出电压可正可负　　D. 与输出电压无关

鉴定点 6　非正弦波发生器的原理分析

问：非正弦波发生器的基本功能有哪些？简述其基本原理。

答：常见的非正弦波发生器有：方波发生器、锯齿波发生器和三角波发生器等。

（1）方波发生器　方波发生器是一种能够直接产生方波或矩形波的非正弦信号发生器。它是在迟滞比较器的基础上，增加了一个由 R_f、C 充放电路和双向稳压二极管组成的双向限幅方波发生器，如图 1-53a 所示。电路的正反馈系数 F 为

$$F \approx \frac{R_2}{R_1+R_2}$$

在接通电源的瞬间，输出电压究竟偏于正饱和还是负饱和，那纯属是偶然。假设输出电压为正饱和值，即 $u_o=U_Z$ 时，加到集成运放同相端的电压为 $U'=FU_Z$，而加于反相输入端的电压 u_C，由于电容 C 的电压不能突变，只能由输出电压 u_o 通过电阻 R_f 按指数规律向电容 C 充电来建立。待电容电压上升到略大于 FU_Z 时，输出电压翻转为负饱和值，电容放电，电容电压随指数规律下降，待电容电压下降到略小于 $U''=-FU_Z$ 时，输出状态再翻转回来，如此循环，形成一系列的方波输出。电容电压 u_C 与输出电压 u_o 的波形如图 1-53b 所示。

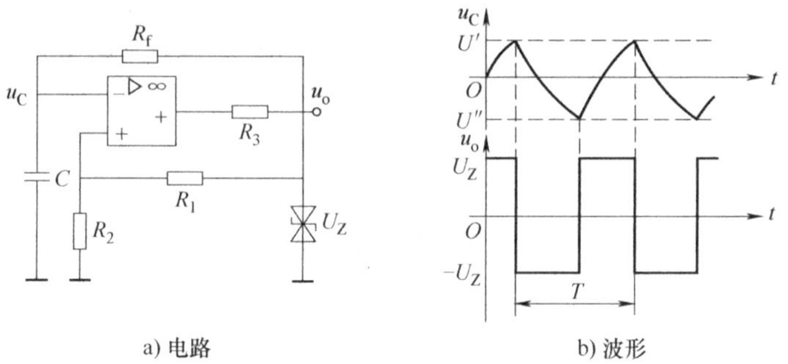

a) 电路　　b) 波形

图 1-53　方波发生器

该电路的振荡周期与电路的 RC 时间常数和翻转点的电压大小有关，也就是说与 R_1、R_2 的比值有关。其振荡周期为

$$T=2R_f C\ln\left(1+2\frac{R_2}{R_1}\right)$$

（2）锯齿波发生器　锯齿波发生器由集成运放 N1 组成的迟滞比较器和集成运放 N2 组成的积分器所构成，如图 1-54a 所示。集成运放 N1 组成的迟滞比较器输出电压 u_{o1} 为不是

$+U_Z$ 就是$-U_Z$ 的方波。迟滞比较器是在运算放大器同相输入端的电压过 0 时翻转的，当同相输入端的电压小于 0 时就输出$-U_Z$，否则就输出$+U_Z$。积分器的输出电压 u_o 作为迟滞比较器的输入电压，它的波形如图 1-54b 所示。当运算放大器同相输入端的电压过 0 时，翻转点的电压 u_o 为

$$U' = -U'' = \frac{R_2}{R_1}U_Z$$

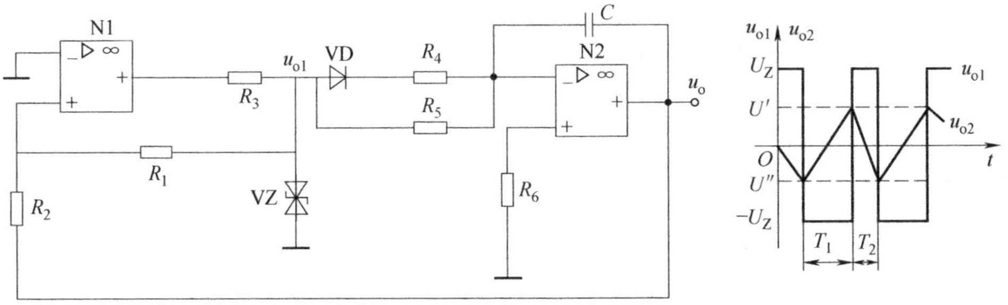

a) 电路　　b) 波形

图 1-54　锯齿波发生器

假设迟滞比较器初始时输出正电压$+U_Z$，二极管 VD 因承受正向电压而导通，迟滞比较器输出正电压$+U_Z$ 通过电阻 R_4 对积分器中的电容 C 充电，由集成运放 N2 组成的积分器输出线性下降的负电压，当其输出电压 u_o 降到翻转电压 U''时，迟滞比较器输出发生翻转，u_o 输出负电压$-U_Z$。此时积分器的输出电压 u_o 上升，二极管 VD 截止，电容 C 只有通过电阻 R_5 才能放电然后反向充电。因为电阻 R_5 比 R_4 要大得多，输出电压 u_o 的上升速度很慢。当积分器输出电压上升到了翻转电压 U'时，比较器输出再次翻转，u_{o1}输出正电压$+U_Z$，积分器输出电压 u_o 又会以较快的速度下降，当达到 U''时，电路再次翻转，重复上述过程振荡。

在电路发生翻转的过程中，输出电压从 U''上升到 U'，其上升的幅度为 $2U'$，电路输出的锯齿波上升时的斜率为 $U_Z/(R_5C)$，由此可得上升时间 T_1 为

$$T_1 = 2\frac{R_2}{R_1}R_5C$$

当忽略二极管正向压降时，下降时间 T_2 的估算值为

$$T_2 = 2\frac{R_2}{R_1}\times\frac{R_4R_5C}{R_4+R_5}R_5C$$

整个波形的周期 T 为 T_1 与 T_2 之和。一般 R_5 远大于 R_4，即 T_1 远大 T_2，故可取 $T\approx T_1$。

输出的方波幅值为双向稳压二极管的输出电压$\pm U_Z$，输出锯齿波的幅值为 U'和 U''，电压输出波形如图 1-54b 所示。锯齿波的幅值与频率不能分别调节是这一电路的最大缺点，在调节锯齿波的幅值时，需要改变电阻 R_2 与 R_1 的比值，但此时输出的频率也将随之改变。

（3）三角波发生器　当锯齿波发生器中积分器充放电的时间常数一致，也就是锯齿波的波形上升时间 T_1 与波形下降时间 T_2 相等时，锯齿波就可以成为三角波，因此，只需将锯齿波发生器电路中的二极管去掉，电路就变成一个三角波发生器了。但三角波的输出幅值与频率不能分别调节的缺点仍然存在。图 1-55 所示的三角波发生器，可以在调节三角波

的输出幅值时不影响输出频率，调节频率时也不影响输出幅值，即幅值与频率可以分别调节。

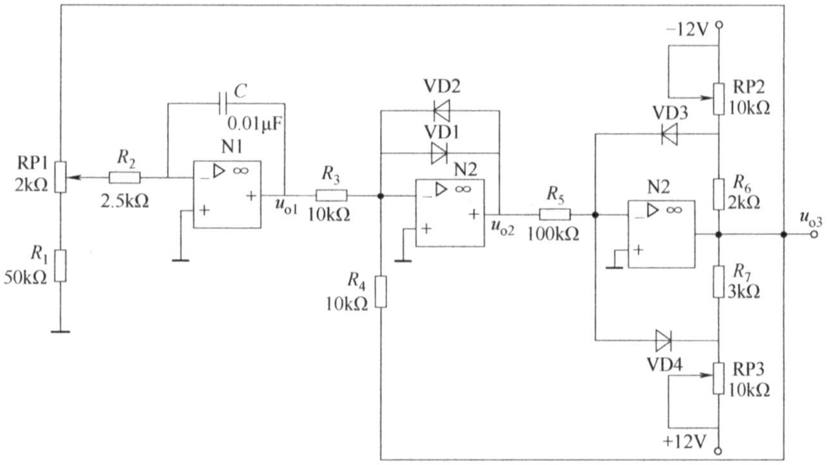

a) 电路

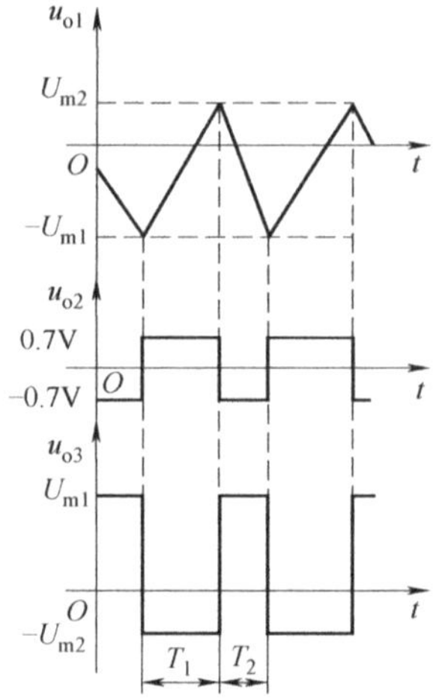

b) 波形

图 1-55　三角波发生器

从图 1-55 可见，三角波发生器由三个集成运放组成，集成运放 N1 是积分器，起到调节振荡频率的作用，输入电压的大小由电位器 RP1 进行调节，输出为三角波；集成运放 N2 是电压比较器，其反相输入端的两个输入信号分别由电压 u_{o1}、u_{o3}通过电阻 R_3、R_4 提供，当两个信号大小相等，极性相反时，N2 的输出就会翻转，由于二极管 VD1、VD2 的限幅作用，其输出电压 u_{o2}为±0. 7V 的方波；集成运放 N3 也是一个电压比较器，输出方波，通过电位器 RP2、RP3 可以调节其输出方波的正向、负向幅值，如果 RP2、RP3 采用同轴电位器，则输出方波的正、负幅值相等。

电路的工作过程是：假设电路初始输出电压 u_{o3}为正，正电压 u_{o3}通过 RP1 的调节作为积分器的输入电压，此时积分器输出线性下降的负电压 u_{o1}，当电压 u_{o1}下降到与 u_{o3}的幅值相同（极性相反）时，N2 的输出电压发生翻转，由-0. 7V 变成为 0. 7V，N3 在输入为

0.7V 的情况下输出的电压 u_{o3} 翻转为负电压，改变了积分器输入电压的极性，使积分器输出电压开始上升，当输出 u_{o1} 上升到与 u_{o3} 幅值相等（极性相反）时，N2、N3 再次翻转产生振荡。

试题精选：

三角波发生器由三个集成运放组成，集成运放 N3 输出的是（B）。

A. 三角波　　B. 方波　　C. 正弦波　　D. 锯齿波

鉴定范围 11　电子电路的调试与维修

鉴定点 1　编码器的概念

问：何谓编码器？常见的编码器有哪些？

答：把二进制数码 0 和 1 按一定的规律编排成一组组代码，并使每组代码具有一定的含义（如代表某个十进制数），这就叫作编码。能完成编码的数字电路称为编码器。按照输出二进制代码编码方法的不同，编码器分为二进制编码器和十进制编码器。

（1）二进制编码器　一个二进制数有两个数码：0 和 1，它可以表示两个信号；n 位二进制代码可以表示 2^n 个不同的信号。将 2^n 个信号进行编码的电路，叫作二进制编码器。例如，三位二进制代码有八种组合，因而可以表示八个信号。将这八个信号进行编码的电路就是三位二进制编码器。这八个信号分别用 0、1…、7 来表示。为此，先列出八个数字的二进制代码，这些代码就组成了表 1-9 所示的三位二进制编码表。

表 1-9　三位二进制编码表

十进制数	输入变量	输出			十进制数	输入变量	输出		
		Y_2	Y_1	Y_0			Y_2	Y_1	Y_0
0	I_0	0	0	0	4	I_4	1	0	0
1	I_1	0	0	1	5	I_5	1	0	1
2	I_2	0	1	0	6	I_6	1	1	0
3	I_3	0	1	1	7	I_7	1	1	1

由表 1-9 可以写出编码输出 Y_2、Y_1、Y_0 的逻辑表达式为

$$Y_0 = I_1 + I_3 + I_5 + I_7$$

$$Y_1 = I_2 + I_3 + I_6 + I_7$$

$$Y_2 = I_4 + I_5 + I_6 + I_7$$

由逻辑表达式可以画出如图 1-56 所示的三位二进制编码器逻辑图。

三位二进制编码器的输入端有八个，输出端是三个，故集成三位二进制编码器称为 8—3 线编码器。

（2）二—十进制编码器　将十进制数字 0~9 编成二进制代码的电路称为二—十进制编码器，也称为 BCD 码编码器。要对 0~9 十个数字编码，至少需要四位二进制代码。四位二

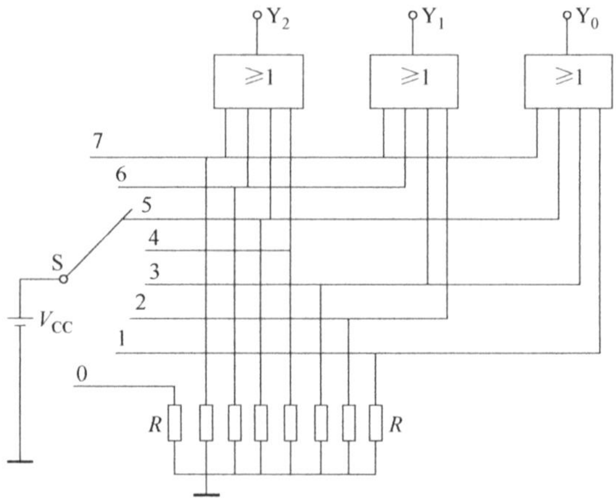

图 1-56　三位二进制编码器逻辑图

进制数码有 16 种排列，所以，只要从 16 种组合中取出十种来表示 0~9 十个数字。这种取法有多种编排方式。常用的是 8421BCD 码。表 1-10 列出了 8421BCD 码编码表。

表 1-10　8421BCD 码编码表

十进制数	输入变量	输出				十进制数	输入变量	输出			
		Y_3	Y_2	Y_1	Y_0			Y_3	Y_2	Y_1	Y_0
0	I_0	0	0	0	0	5	I_5	0	1	0	1
1	I_1	0	0	0	1	6	I_6	0	1	1	0
2	I_2	0	0	1	0	7	I_7	0	1	1	1
3	I_3	0	0	1	1	8	I_8	1	0	0	0
4	I_4	0	1	0	0	9	I_9	1	0	0	1

由编码表可以得到 Y_3、Y_2、Y_1、Y_0 的逻辑表达式，即

$$Y_3=I_8+I_9$$

$$Y_2=I_4+I_5+I_6+I_7$$

$$Y_1=I_2+I_3+I_6+I_7$$

$$Y_0=I_1+I_3+I_5+I_7+I_9$$

图 1-57 就是由上述逻辑表达式画出的 8421 编码器逻辑图。

集成 BCD 编码器有 LS/HC147、CC40147、C304 等。

（3）优先编码器　上述的编码器每次只能对一个输入信号进行编码。但是，在实际应用中往往同时有多个信号输入编码器，这时编码器不可能对这些信号同时进行编码，而只能按信号的轻重缓急，即按输入信号的优先级别进行编码。具有这种功能的编码器就称为优先编码器。

试题精选：

把文字、符号转换为二进制码的组合逻辑电路是（A）。

A. 编码器　　B. 译码器　　C. 数据选择器　　D. 数据分配器

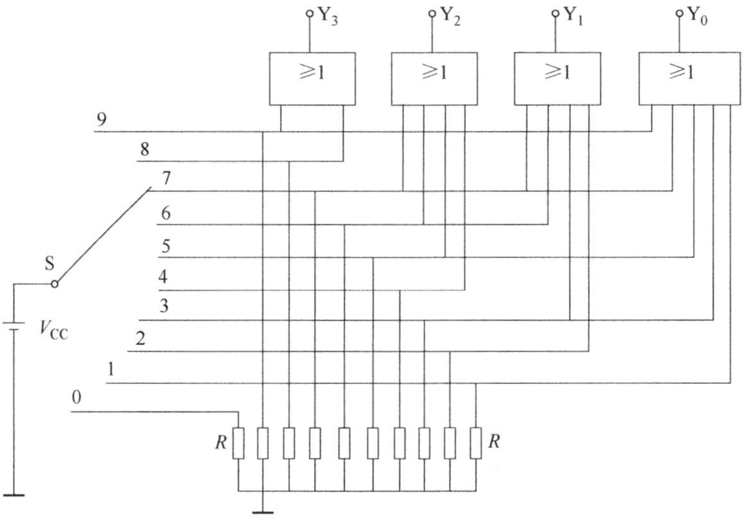

图 1-57　8421 编码器逻辑图

鉴定点 2　译码器的概念

问：何谓译码器？常见的译码器有哪些？

答：译码器的功能与编码器相反，它将具有特定含义的二进制代码按其原意“翻译”出来，并转换成相应的输出信号。这个输出信号可以是脉冲，也可以是电位。译码器也叫作解码器。译码器按功能划分，通常有二进制译码器、二—十进制译码器和显示译码器三类。

（1）二进制译码器　二进制译码器的逻辑功能是将二进制代码按其原意“翻译”成相应的输出信号的电路。一组 n 位二进制代码有 2^n 个取值组合，对应的输出信息就应该有 2^n 个。

（2）二—十进制译码器　将二—十进制代码译成十进制数码 0~9 的电路叫作二—十进制译码器。一个二—十进制代码有四位二进制代码，所以这种译码器有四个输入端、十个输出端，通常也叫作 4 线—10 线译码器。

（3）显示译码器　在数字系统中，运算、操作的对象主要是二进制数码。人们往往希望把运算或操作的结果用十进制数直观地显示出来，因此数字显示电路是数字系统的一个组成部分。

数字显示器件的种类较多，主要有半导体发光二极管显示器、液晶显示器等。显示的字形是由显示器的各段组合成数字 0~9 或者其他符号。我国字形管标准为七段字形。如图 1-58 所示，它有七个能发光的段，当给某些段加上一定的电压或驱动电流时，它就会发光，从而显示出相应的字形。由于各种数码显示管的驱动要求不同，驱动各种数码显示管的译码器也不同。

1）LED 数码管。其内部发光二极管的接法有两种，即共阳极或共阴极接法，如图 1-59a、b 所示。

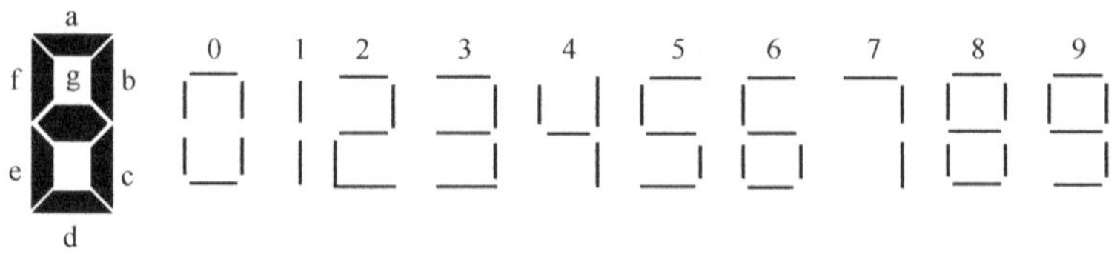

图 1-58　七段字形

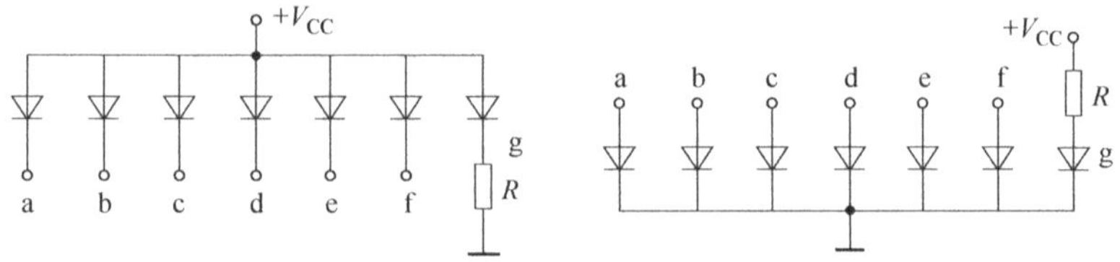

a) 共阳极　　　　b) 共阴极

图 1-59　LED 数码管内部的接法

① 共阳极接法是将 LED 显示器中七个发光二极管的阳极连接在一起并接到电源上。若要某段发光，该段相应的发光二极管阴极必须经限流电阻 R 接低电平。

② 共阴极接法是将 LED 显示器中七个发光二极管的阴极连接在一起并接地。若要某段发光，该段相应的发光二极管阳极应经限流电阻 R 接高电平。

2）BCD—七段显示译码器。BCD—七段显示译码器能把“8421”二—十进制代码译成对应于数码管的七个字段信号，以驱动数码管，显示出相应的十进制数码。

采用共阳极的 74LS247 型译码器的引脚排列如图 1-60 所示。

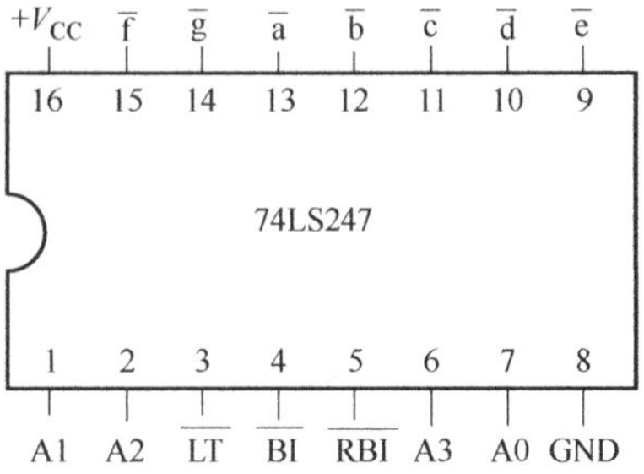

图 1-60　74LS247 型译码器的引脚排列

常用的显示译码器有三种：共阴极、共阳极、液晶显示译码器。

发光二极管显示译码器有共阴极、共阳极两种类型。

试题精选：

集成显示译码器是按（C）来显示的。

A. 高电平　　B. 低电平　　C. 字形　　D. 低阻

鉴定点 3　寄存器的概念

问：寄存器具有哪些特点？试举例说明移位寄存器的工作原理。

答：寄存器具有能够接收、暂存和传递数码的特点，分为数码寄存器和移位寄存器两种类型。移位功能就是在时钟脉冲 CP（称为移位脉冲）作用下，每一位触发器中所寄存的数码依次向左或向右移动一位。具有这种功能的寄存器就是移位寄存器。移位寄存器分为单向移位寄存器和双向移位寄存器。另外，按输入方式分为串行输入和并行输入移位寄存器；

按输出方式分为串行输出和并行输出移位寄存器。

（1）单向移位寄存器　只能沿一个方向（向左或向右）移位的寄存器称为单向移位寄存器。图 1-61a 是由 D 触发器组成的单向移位寄存器。当移位脉冲上升沿来到后，输入数据移入 F1，而每个 D 触发器的状态移入下一级触发器，F4 的状态移出寄存器。假设各触发器初态均为 0，输入数据为 1011，则经过四个 CP 移位脉冲之后，1011 全部存入寄存器，其移位波形如图 1-61b 所示。

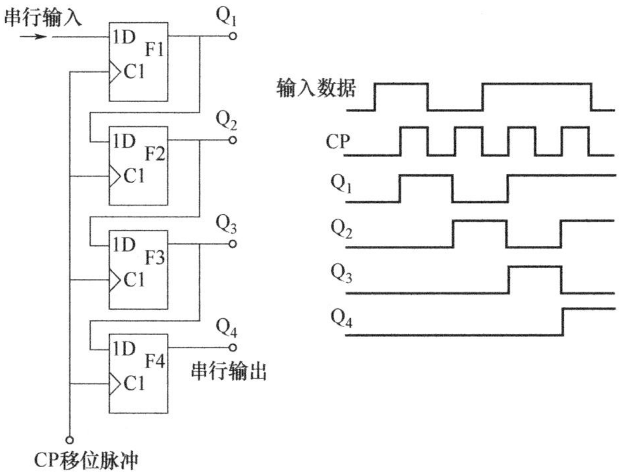

a) 单向移位寄存器　　b) 移位波形

图 1-61　串行输入、并行输出单向移位寄存器

这种移位寄存器的输入方式是串行输入方式。其特点是要输入的数码依次出现在同一条输入线上，且与时钟脉冲同步，即每输入一个时钟脉冲，输入一位数码。其输出有并行和串行两种方式。当加入 4 个时钟脉冲后，输入数据 1011 出现在 $Q_1 \sim Q_4$ 端，这时可在同一输出指令作用下实现并行输出。如果继续加入时钟脉冲，则寄存器中的二进制数码将依次在 Q_4 端输出，且与时钟脉冲同步。这种输出方式是串行输出方式。

（2）双向移位寄存器　在许多应用场合，要求寄存器中储存的数码能够根据需要，既需要左移又需要右移的功能，这种寄存器称为双向移位寄存器。

双向四位 TTL 型集成移位寄存器 74LS194，具有双向移位，串、并行输入、保持数据和清除数据等功能，如图 1-62 所示。

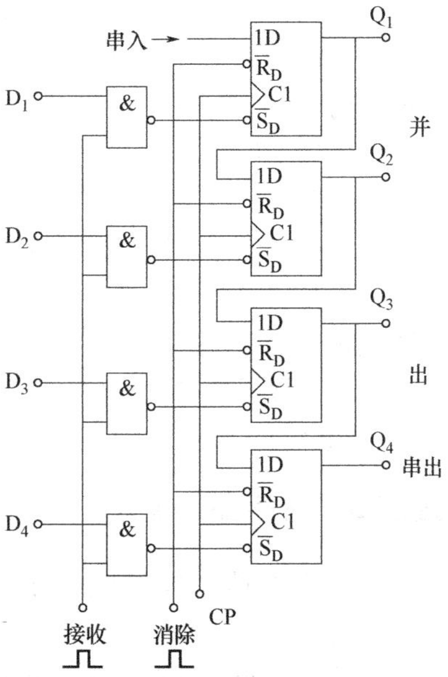

图 1-62　串并行输入、串并行输出移位寄存器

在数字系统中，数据传送的方式有串行和并行两种，由于移位寄存器的特点，可用移位寄存器作为数字接口，将并行数据串行发送出去，也可将串行数据逐位接收下来，形成并行数据。

（3）环形计数器　将单向移位寄存器的串行输入端和串行输出端相连，构成一个闭合的环，所以称为环形计数器，如图 1-63 所示。

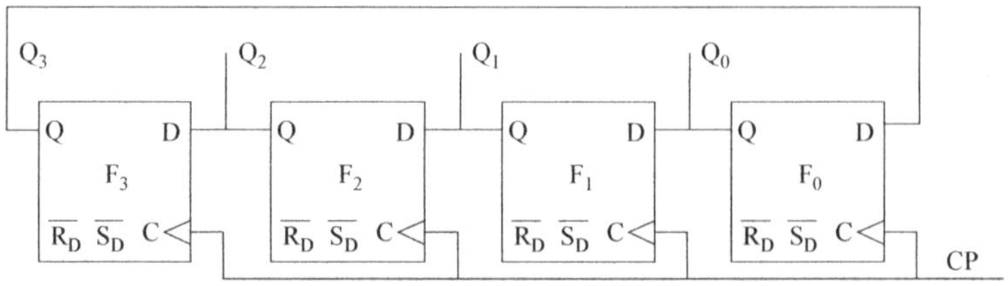

图 1-63　环形计数器的逻辑电路

设初态 $Q_3Q_2Q_1Q_0=1000$，则环形计数器的状态表见表 1-11，其状态转换图如图 1-64 所示。

表 1-11　环形计数器状态表

CP 个数	Q_3	Q_2	Q_1	Q_0
0	1	0	0	0
1	0	0	0	1
2	0	0	1	0
3	0	1	0	0
4	1	0	0	0

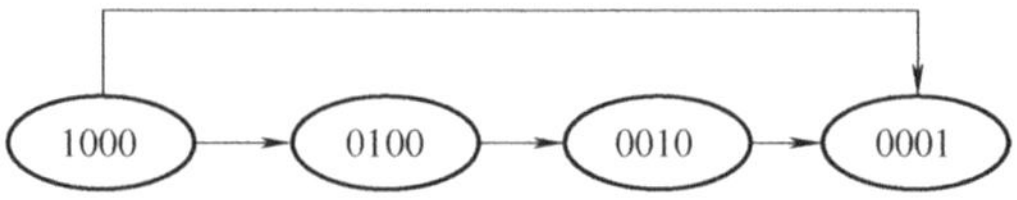

图 1-64　环形计数器的状态转换图

（4）扭环形计数器　扭环形计数器与环形计数器的区别是将单向移位寄存器的串行输入端和最后一个触发器的反相输出端相连，构成一个闭合的环，所以称为扭环形计数器。

各种集成移位寄存器的功能见表 1-12。

表 1-12　各种集成移位寄存器的功能

型号	功能	型号	功能
74LS94	4 位移位寄存器（异步）	74LS178	四位通用移位寄存器
74LS95	4 位移位寄存器（并行 I/O）	74LS179	四位通用移位寄存器
74LS96	5 位移位寄存器	74LS194	四位双向通用移位寄存器
74LS164	8 位并行输出串行移位寄存器	74LS195	四位通用移位寄存器
74LS165	并行输入 8 位移位寄存器（补码输出）	74LS198	八位双向移位寄存器
74LS166	8 位移位寄存器	74LS199	八位移位寄存器

试题精选：

移位寄存器除具有存放数码的功能外，还具有（A）的功能。

A. 移位　　B. 编码　　C. 译码　　D. 计数

鉴定点 4　计数器的概念

问：何谓计数器？举例说明集成二—十进制计数器的工作原理。

答：计数器是数字系统中能累计输入脉冲个数的数字电路，它是由一系列具有存储信息功能的各类触发器构成的计数单元和一些控制门组成的。计数器按计数进制不同，可分为二进制计数器、十进制计数器和 N 进制计数器，按计数单元中触发器翻转顺序来分，则有异步计数器和同步计数器两大类。在异步计数器中，当计数脉冲输入时，各级触发器翻转不是同时的，而是有先后的；在同步计数器中，所有触发器在同一脉冲作用下同时翻转。如果按计数过程中计数器数值的增减来分，又可分为递增计数器、递减计数器和可逆计数器。随着计数脉冲的输入而递增计数的叫作递增计数器，递减计数的叫作递减计数器，可增可减的叫作可逆计数器。

（1）二进制计数器

1）“异步”计数器。三位异步二进制递增计数器如图 1-65 所示。它由三级 JK 触发器组成，由于 J = K = 1，故来一个触发脉冲，触发器状态翻转一次，Q 端为各触发器的输出端，C 为进位输出端。

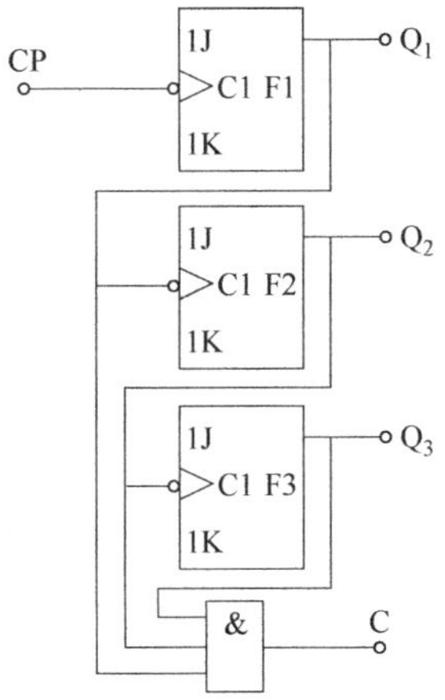

图 1-65　三位异步二进制递增计数器

计数器工作前，一般都需要把所有的触发器置“0”，即计数器状态为 000。这一过程称为清零或复位。清零之后，计数器就可以开始计数了。

状态方程为：$Q^{n+1} = \overline{Q^n}$

进位方程为：$Q_3^n Q_2^n Q_1^n$

这种计数器之所以称为“异步”加法计数器，是由于计数脉冲不是同时加到各位触发器的 C 端，而只加到最低位触发器，其他各位触发器则由相邻低位触发器的进位脉冲来触发，因此它们状态的变换有先有后，是异步的。所以其计数速度较慢，这是异步计数器的不足之处。

属于异步二、八、十进制加法计数器的芯片有 74197、74LS197、74293、74LS293 等，属于异步二进制加法计数器的芯片有 74393、74LS393 等。

2）同步二进制计数器。为了提高计数速度，可以用计数脉冲同时去触发所有的触发器，使应该发生状态更新的触发器同时翻转，且与计数脉冲同步。这种计数器称为同步计数器。

用 4 个主从型 JK 触发器组成的同步二进制加法计数器如图 1-66 所示。

同步二进制可逆计数器如图 1-67 所示。

（2）同步十进制计数器

1）功能。以同步十进制递减计数器为例来说明同步十进制计数器的功能。

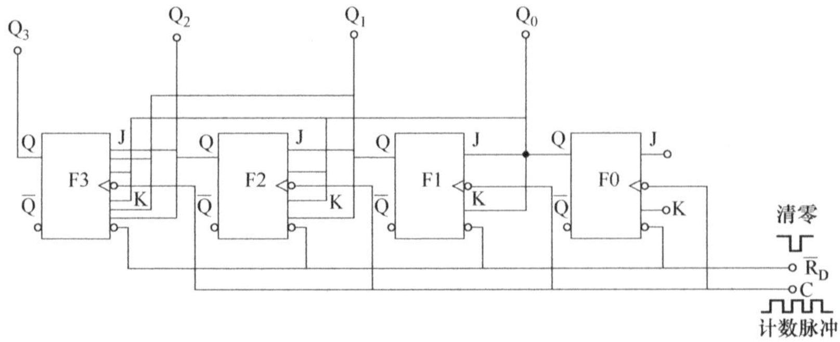

图 1-66 主从型 JK 触发器组成的同步二进制加法计数器

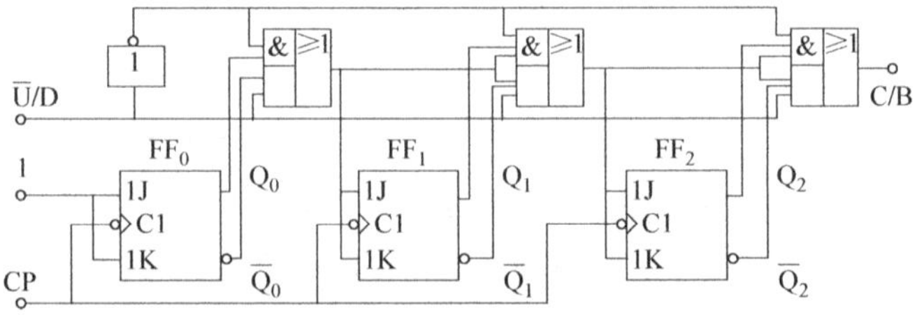

图 1-67 同步二进制可逆计数器

典型的同步十进制递减计数器如图 1-68 所示。由图 1-68 可以写出驱动方程为

$$J_1 = K_1 = 1$$

$$J_2 = \overline{\overline{Q_4^n}\,\overline{Q_3^n}\,\overline{Q_1^n}},\quad K_2 = \overline{Q_1^n}$$

$$J_3 = Q_4^n\overline{Q_1^n},\quad K_3 = \overline{Q_2^n}\,\overline{Q_1^n}$$

$$J_4 = \overline{Q_3^n}\,\overline{Q_2^n}\,\overline{Q_1^n},\quad K_4 = \overline{Q_1^n}$$

再将驱动方程代入 JK 触发器特性方程，可得状态方程、借位输出方程为

$$\begin{cases} Q_1^{n+1} = \overline{Q_1^n} \\ Q_2^{n+1} = Q_4^n\overline{Q_2^n}\,\overline{Q_1^n} + Q_3^n\overline{Q_2^n}\,\overline{Q_1^n} + Q_2^nQ_1^n \\ Q_3^{n+1} = Q_4^n\overline{Q_3^n}\,\overline{Q_1^n} + Q_3^nQ_2^n + Q_3^nQ_1^n \\ Q_4^{n+1} = \overline{Q_4^n}\,\overline{Q_3^n}\,\overline{Q_2^n}\,\overline{Q_1^n} + Q_4^nQ_1^n \end{cases}$$

$$B = \overline{Q_4^n}\,\overline{Q_3^n}\,\overline{Q_2^n}\,\overline{Q_1^n}$$

计数前先清零，假设初始状态 $Q_4Q_3Q_2Q_1 = 0000$。由状态方程和借位输出方程可得电路的状态表，见表 1-13。

表 1-13 同步十进制递减计数器状态表

输入 CP 脉冲个数	计数器状态				对应的十进制数	借位 B
	Q_4^n	Q_3^n	Q_2^n	Q_1^n		
0	0	0	0	0	0	1
1	1	0	0	1	9	0

（续）

输入 CP 脉冲个数	计数器状态				对应的十进制数	借位 B
	Q_4^n	Q_3^n	Q_2^n	Q_1^n		
2	1	0	0	0	8	0
3	0	1	1	1	7	0
4	0	1	1	0	6	0
5	0	1	0	1	5	0
6	0	1	0	0	4	0
7	0	0	1	1	3	0
8	0	0	1	0	2	0
9	0	0	0	1	1	0
10	0	0	0	0	0	0

2）集成十进制同步加法计数器。74LS160、74LS162 的引脚排列、逻辑功能示意图与 74LS161、74LS163 相同，不同的是，74LS160 和 74LS162 是十进制同步加法计数器，而 74LS161 和 74LS163 是 4 位二进制（十六进制）同步加法计数器。此外，74LS160 和 74LS162 的区别是，74LS160 采用的是异步清零方式，而 74LS162 采用的是同步清零方式。

74LS190 是单时钟集成十进制同步可逆计数器，其引脚排列和逻辑功能示意图与 74LS191 相同。74LS192 是双时钟集成十进制同步可逆计数器，其引脚排列和逻辑功能示意图与 74193 相同。

74LS192（或 CC40192）是 16 脚的同步集成计数器电路芯片，具有双时钟输入、清除和置数等功能，其引脚排列及逻辑符号如图 1-69 所示。

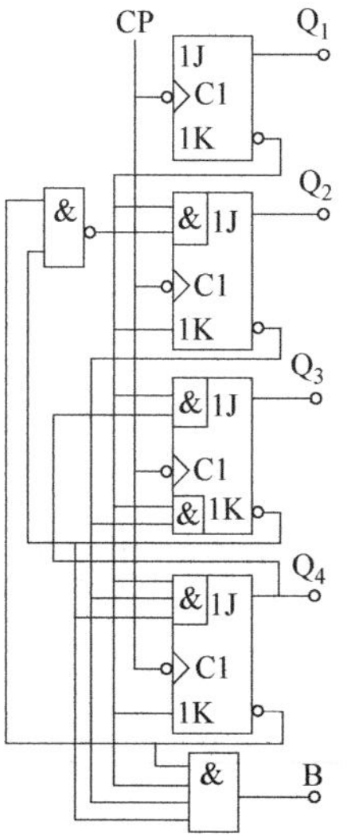

图 1-68 同步十进制递减计数器

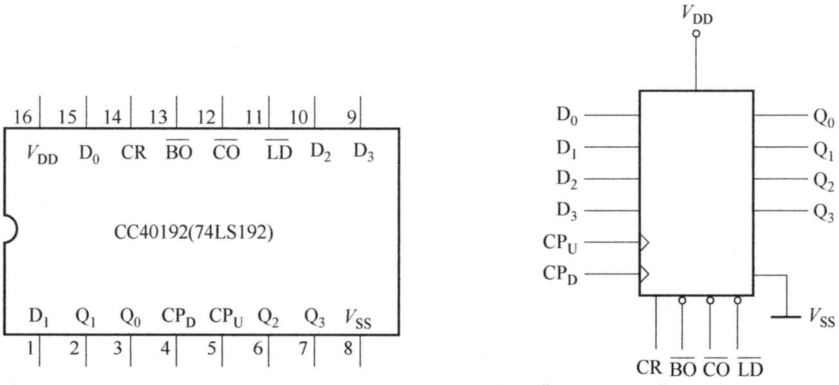

a) 引脚排列　b) 逻辑符号

图 1-69 74LS192 引脚排列及逻辑符号

引脚 11 是置数端$\overline{LD}$，引脚 5 是加计数时钟脉冲输入端 CP_U，引脚 4 是减计数端时钟脉冲输入端 CP_D，引脚 12 是非同步进位输出端$\overline{CO}$，引脚 13 是非同步借位输出端$\overline{BO}$，引脚 15、1、10、9 分别为计数器输入端 D_0、D_1、D_2、D_3，引脚 3、2、6、7 分别是数据输出端 Q_0、Q_1、Q_2、Q_3，引脚 14 是清零端 CR，引脚 8 为“地”端（或负电源端），引脚 16 为正电源端，与+5V 电源相连。

（3）异步十进制计数器　异步十进制加法计数器如图 1-70 所示，异步十进制减法计数器如图 1-71 所示。

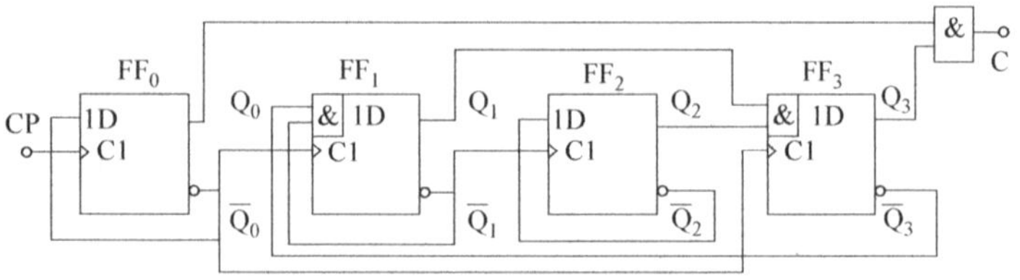

图 1-70　异步十进制加法计数器

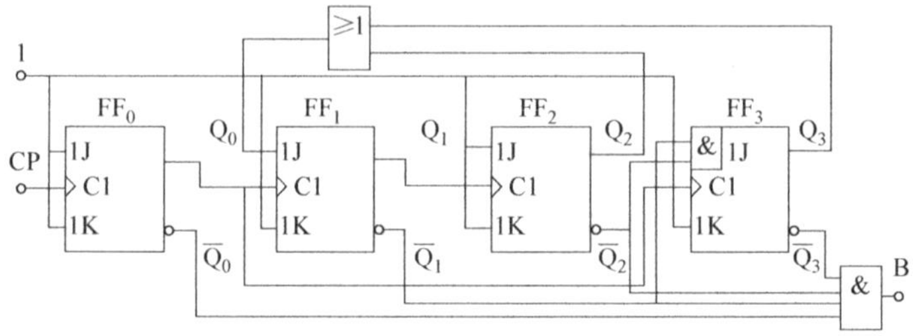

图 1-71　异步十进制减法计数器

常用的集成异步十进制计数器 74LS90 的引脚排列及逻辑符号如图 1-72 所示。

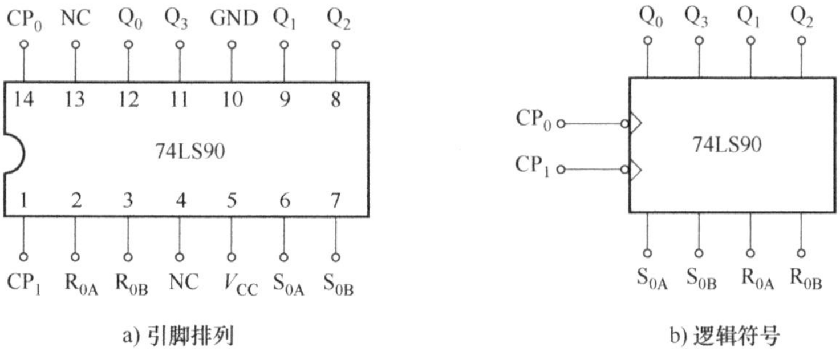

图 1-72　74LS90 的引脚排列及逻辑符号

74LS90 的状态表见表 1-14。

一片集成二—十进制计数器 74LS90 可构成 2~10 间的任意进制计数器。

表 1-14　74LS90 的状态表

输入						输出			
R_{0A}	R_{0B}	S_{0A}	S_{0B}	CP_0	CP_1	Q_0^{n+1}	Q_1^{n+1}	Q_2^{n+1}	Q_3^{n+1}
1	1	0	×	×	×	0	0	0	0（清零）
1	1	×	0	×	×	0	0	0	0（清零）
×	×	1	1	×	×	1	0	0	1（置 9）
×	0	×	0	↓	0	二进制计数			
×	0	0	×	0	↓	五进制计数			
0	×	×	0	↓	Q_0	8421 码十进制计数			
0	×	0	×	Q_1	↓	5421 码十进制计数			

试题精选：

集成计数器 74LS161 是（A）计数器。

A. 二进制同步可预置　　B. 二进制异步可预置

C. 二进制同步可清零　　D. 二进制异步可清零

鉴定点 5　555 集成电路的基础知识

问：何谓 555 集成定时器？简述集成电路的应用。

答：555 集成定时器是一种多用途单片集成电路，利用它可以极方便地构成施密特触发器、单稳态触发器和多谐振荡器。555 集成定时器使用灵活、方便，因而得到了广泛的应用。

常用的 555 集成定时器有 TTL 定时器和 CMOS 定时器两种类型，两者的工作原理基本相同。图 1-73 所示为 CMOS 定时器 CC7555，它由电阻分压器，两个电压比较器 A、B 和基本 RS 触发器，放电管 V 以及输出缓冲门 G5、G6 组成。

（1）电阻分压器　电阻分压器由三个阻值相同的电阻 R 串联而成。由于集成运放具有高输入阻抗的特点，当 CO 端不施加电压时，$u_{CO}=2V_{DD}/3$，运放 B 的"+"端电压为 $V_{DD}/3$。

（2）电压比较器　定时器的主要功能取决于集成运放 A、B 组成的比较器。比较器的输出直接控制基本 RS 触发器和放电管 V 的状态。比较器输出与输入之间的关系为

$$u_{TH}>\frac{2}{3}V_{DD},\quad u_{o1}=1$$

$$u_{TH}<\frac{2}{3}V_{DD},\quad u_{o1}=0$$

$$u_{\overline{TR}}>\frac{1}{3}V_{DD},\quad u_{o2}=0$$

$$u_{\overline{TR}}<\frac{1}{3}V_{DD},\quad u_{o2}=1$$

式中 TH 为阈值输入端，$\overline{TR}$为触发输入端。

a) 555外形

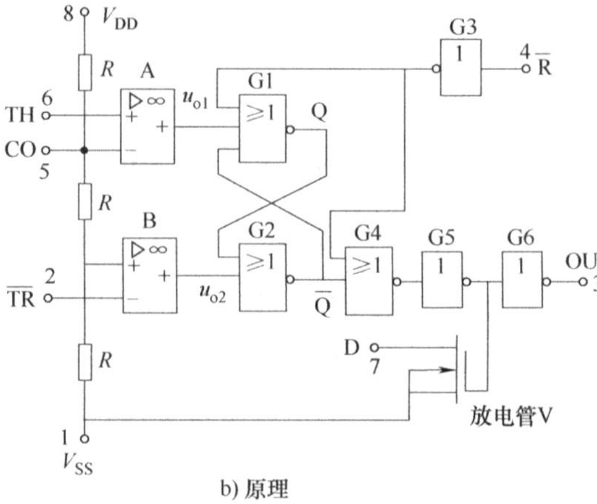

b) 原理

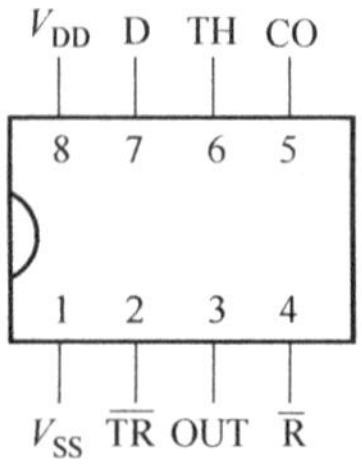

c) 引脚排列

图 1-73 集成定时器 CC7555

（3）基本 RS 触发器　基本 RS 触发器由或非门 G1、G2 组成。$\overline{R}$是外部复位端，低电平有效。当$\overline{R}=0$时，Q=0，基本 RS 触发器不管比较器的输出如何而强制复位；当$\overline{R}=1$时，定时器工作，基本 RS 触发器状态取决于比较器的输出。

（4）放电管 V 和输出缓冲级　放电管为 N 沟道增强型 MOS 管。当 G5 导通时，V 截止，D 端与地断开；当 G5 关闭时，V 导通，D 端与地接通。

G5、G6 组成输出缓冲级，其作用是提高定时器的带负载能力，同时隔离负载对定时器的影响。

综上所述，不难看出定时器的基本功能见表 1-15。

上述讨论是在 CO 端悬空的条件下进行的。如果 CO 端施加一外加电压（其值为 0 ~ V_{DD}），比较器的参考电压将发生变化，电路的阈值、触发电平也将随之改变。

表 1-15　定时器的基本功能表

输入			输出			
u_{TH}	$u_{\overline{TR}}$	R	Q	$\overline{Q}$	OUT	放电管 V
×	×	0	0	×	0	导通
$<\frac{2}{3}V_{DD}$	$<\frac{1}{3}V_{DD}$	1	1	0	1	截止

（续）

输入			输出			
u_{TH}	$u_{\overline{TR}}$	R	Q	$\overline{Q}$	OUT	放电管 V
$>\frac{2}{3}V_{DD}$	$>\frac{1}{3}V_{DD}$	1	0	1	0	导通
$>\frac{2}{3}V_{DD}$	$<\frac{1}{3}V_{DD}$	1	1	0	1	截止
$<\frac{2}{3}V_{DD}$	$>\frac{1}{3}V_{DD}$	1	原态	原态	原态	原态

试题精选：

555 定时器构成的典型应用为（A）电路。

A. 多谐振荡　　B. 施密特振荡　　C. 单稳态振荡　　D. 存储器

鉴定点 6　555 集成电路组成的定时器结构和功能

问：简述 555 集成电路组成的定时器结构和功能。

答：555 集成电路组成的定时器的组成和功能如下：

（1）单稳态触发器　555 定时器构成的单稳态触发器如图 1-74a 所示。电路中电阻 R、电容 C 为外接定时元件。

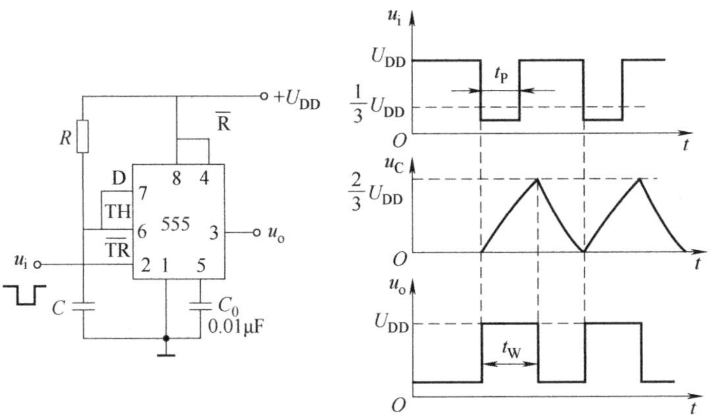

a) 电路　　b) 输入、输出波形

图 1-74　单稳态触发器

当单稳态触发器无触发脉冲信号时，输入端 u_i = “1”，直流电源 $+U_{DD}$ 接通以后，通过电阻向电容器 C 充电，当 $u_C(u_{TH})$ 上升到 $2U_{DD}/3$ 时，Q=0，$\overline{Q}$=1，OUT=0，放电管 V 导通，电容器 C 放电，$U_{TH}<2U_{DD}/3$，而 $u_i=u_{\overline{TR}}$= “1” $>U_{DD}/3$，根据 555 定时器的功能可知，此时电路保持原态“0”不变，这种状态即是单稳态触发器的稳定状态。

当单稳态触发器有触发脉冲信号，即 $u_i=u_{\overline{TR}}$= “0” $<U_{DD}/3$ 时，由于 $u_{TH}<2U_{DD}/3$，则触发器输出由“0”变为“1”，放电管 V 由导通变为截止，直流电源 $+U_{DD}$ 通过电阻 R 向电容 C 充电，电容两端电压 $u_C(u_{TH})$ 按指数规律上升，当 $u_{TH}=u_C<2U_{DD}/3$ 时，输出保持原状态

“1”不变，这种状态即是单稳态触发器的暂稳状态。

当 $u_C(u_{TH})\geqslant 2U_{DD}/3$ 时，又有 $u_{\overline{TR}}>U_{DD}/3$，电路又发生翻转，$Q=0$，$\overline{Q}=1$，OUT=0，放电管 V 导通，电容器 C 放电，电路自动返回到稳定状态。

可见，输出脉冲宽度 t_w 就是暂稳状态持续的时间，即电容两端的电压从 0 充电至 $2U_{DD}/3$ 所需要的时间。由计算可得：

$$t_w\approx 1.1RC$$

（2）多谐振荡器　图 1-75a 为由 555 电路构成的多谐振荡器，电路中电阻 R、电容 C 为外接定时元件。

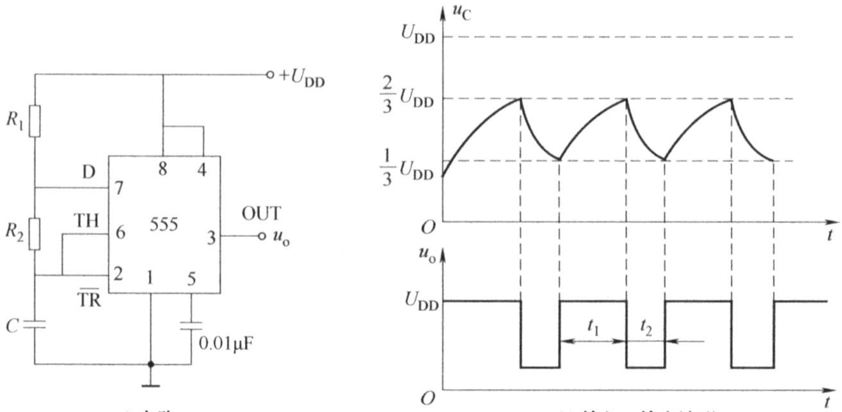

图 1-75　多谐振荡器

接通电源瞬间，电容两端电压 $u_C=0$，即 $u_{TH}=u_{\overline{TR}}=u_i=0<U_{DD}/3$，OUT=“1”，放电管 V 截止，直流电源通过电阻 R_1、R_2 向电容充电，电容电压开始上升；当电容两端电压 $u_C\geqslant 2U_{DD}/3$，即 $u_{TH}=u_{\overline{TR}}=u_C\geqslant 2U_{DD}/3$ 时，电路翻转，输出就由 OUT=“1”变为 OUT=“0”，放电管 V 导通，电容经 R_2、V 放电，电容电压逐渐下降，当电容两端电压下降到 $u_C\leqslant U_{DD}/3$，即 $u_{TH}=u_{\overline{TR}}=u_C\leqslant U_{DD}/3$ 时，电路再次翻转，输出又由 OUT=“0”变为 OUT=“1”，如此周而复始，在一种暂稳状态和另一种暂稳状态之间自动转换，便形成了振荡，电路输出波形如图 1-75b 所示。

由计算可得输出矩形波的振荡周期：

$$T=t_1+t_2\approx 0.7(R_1+R_2)C+0.7R_2C\approx 0.7(R_1+2R_2)C$$

式中　t_1——充电时间，即电容两端电压从 $U_{DD}/3$ 上升到 $2U_{DD}/3$ 所需时间；

t_2——放电时间，即电容两端电压从 $2U_{DD}/3$ 下降到 $U_{DD}/3$ 所需时间。

电路输出矩形波的占空比：

$$q=\frac{t_1}{T}=\frac{t_1}{t_1+t_2}=\frac{R_1+R_2}{R_1+2R_2}$$

（3）施密特触发器　施密特触发器是一种具有回差特性的双稳态电路，其特点是：电路具有两个稳态，且两个稳态依靠输入触发信号的电平大小来维持，由第一稳态翻转到第二稳态，再由第二稳态翻回第一稳态所需的触发电平存在差值。

由 555 电路构成的施密特触发器如图 1-76a 所示。

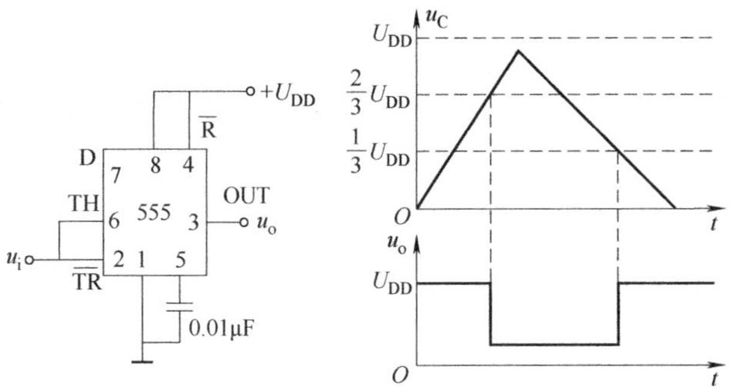

a) 电路　　b) 输入、输出波形

图 1-76　施密特触发器

当输入信号 $u_i=u_{\overline{TR}}=u_{TH}<U_{DD}/3$ 时，输出为高电平；当输入信号 $2U_{DD}/3>u_i>U_{DD}/3$ 时，电路输出维持原态不变，输出继续为高电平；当输入信号上升到 $u_i\geqslant 2U_{DD}/3$ 时，电路翻转，输出变为低电平；当 u_i 上升到峰值后，开始下降，若 $u_i>U_{DD}/3$，电路输出维持原态不变，输出仍然为低电平；当输入信号下降到 $u_i<U_{DD}/3$ 时，电路再次翻转，输出又返回高电平。电路输出波形如图 1-76b 所示。

由上述分析可知，在输入信号上升过程中，当 $u_i\geqslant 2U_{DD}/3$ 时，电路输出由高电平变为低电平；而在输入信号下降过程中，当 $u_i\leqslant U_{DD}/3$ 时，电路输出由低电平变为高电平，可见电路具有回差特性。回差电压 ΔV_T 为

$$\Delta V_T=\frac{2}{3}U_{DD}-\frac{1}{3}U_{DD}=\frac{1}{3}U_{DD}$$

如果在 5 端（V_{CO}）端施加直流电压，则可改变电路回差电压 ΔV_T 的大小。施加的直流电压越高，ΔV_T 就越大。

试题精选：

由 555 定时器构成的单稳态触发器，单稳态脉宽由（C）决定。

A. 输入信号　　B. 输出信号

C. 电路电阻及电容　　D. 555 定时器的结构

鉴定范围 12　电力电子电路的分析与测绘

鉴定点 1　三相半波可控整流电路的组成

问：简述三相半波可控整流电路的组成。

答：三相半波可控整流电路如图 1-77 所示。三相半波可控整流电路由三相变压器和三只在电路上并联的晶闸管负载组成。

试题精选：

三相半波可控整流电路中的三只晶闸管在电路上（C）。

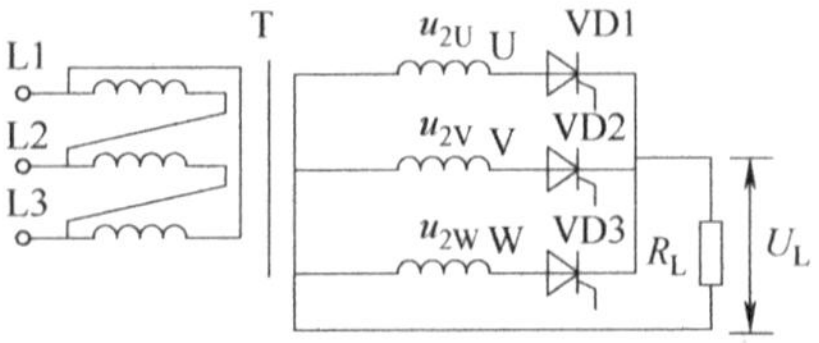

图 1-77 三相半波可控整流电路

A. 绝缘　　B. 混联　　C. 并联　　D. 串联

鉴定点 2 三相半波可控电路电阻性负载的工作原理

问：三相半波可控电路接电阻性负载时的性能有哪些？

答：三相半波可控电路接电阻性负载时的性能如下：

1）三相电压的顺序决定三个晶闸管的导通顺序。

2）当 0°≤触发延迟角 α≤30°时，输出的电压波形是连续的。

3）当触发延迟角 α>30°时，输出电压波形是不连续的。

4）触发延迟角 α 的移相范围是 150°。

5）在自然换相点之前加入触发脉冲，将造成断相运行。

试题精选：

三相半波可控整流电路电阻性负载时，保证电流连续的最大触发延迟角 α 是（B）。

A. 20°　　B. 30°　　C. 60°　　D. 90°

鉴定点 3 三相半波可控电路电感性负载的工作原理

问：三相半波可控电路接电感性负载时的性能特点有哪些？

答：电感性负载主要有电机电枢、励磁绕组、平波电抗器等。三相半波可控电路接电感性负载时的性能特点如下：

1）当 0°≤触发延迟角 α≤30°时，输出的电压波形与电阻性负载相同。

2）当触发延迟角 α>30°时，由于电感的作用，保证了晶闸管仍能导电 120°，输出电压波形是不连续的。

3）输出电流波形是连续的，波动量很小，波形基本上是平直的。

4）三相半波可控整流电路大电感负载无续流管的触发延迟角 α 移相范围是 0°~90°。

试题精选：

三相半波可控整流电路大电感负载无续流管的触发延迟角 α 移相范围是（C）。

A. 0°~120°　　B. 0°~150°　　C. 0°~90°　　D. 0°~60°

鉴定点 4 三相半控桥式整流电路的组成

问：简述三相半控整流电路的组成。

答：常见的三相半控桥式整流电路如图 1-78 所示。它是由共阴极组三相半波可控整流电路与共阳极组三相半波不可控整流电路串联组成的。

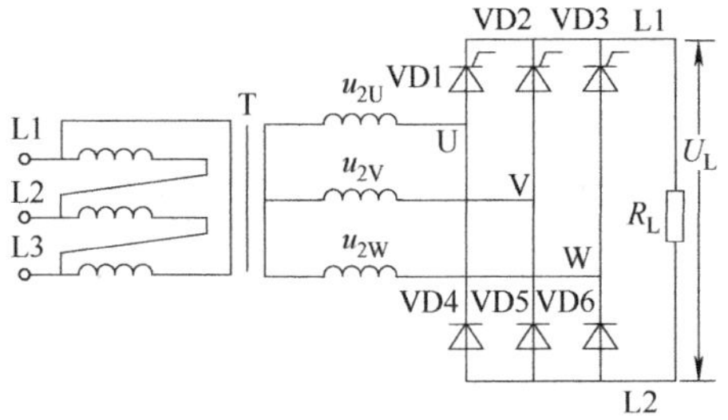

图 1-78　三相半控桥式整流电路

试题精选：

三相半控桥式整流电路由三只晶闸管和（C）功率二极管组成。

A. 一只　　B. 二只　　C. 三只　　D. 四只

鉴定点 5　三相半控桥式整流电路电阻性负载的工作原理

问：三相半控桥式整流电路接电阻性负载时的性能特点有哪些？

答：三相半控桥式整流电路接电阻性负载时的性能特点如下：

1）当 0°≤触发延迟角 α≤60°时，输出的电压波形是连续的。

2）当触发延迟角 α>60°时，输出的电压波形是不连续的。

3）触发延迟角 α 的移相范围是 180°。

4）在自然换相点之前加入触发脉冲，将造成断相运行。

试题精选：

三相半控桥式整流电路接电阻性负载时，每个晶闸管的最大导通角 θ 是（B）。

A. 150°　　B. 120°　　C. 90°　　D. 60°

鉴定点 6　三相半控桥式整流电路电感性负载的工作原理

问：三相半控桥式整流电路接电感性负载时的性能特点有哪些？

答：三相半控桥式电路接电感性负载时，一般都要在负载两端并联续流二极管。如果不加续流二极管，与单相半控桥式电路一样，电路虽然能够工作，但当突然撤去触发脉冲，或把触发延迟角 α 突然跳到接近 180°时，也会出现失控现象，即会发生导通着的某个晶闸管不截止，而共阳极组的三个整流二极管轮流导通现象。若不及时切断交流电源，则导通着的那个晶闸管很容易因过载而损坏。

并联续流二极管后，三相半控桥式电路电感性负载的输出波形及计算公式与电阻性负载相同，当电感量足够大时，负载电流波形近似一条直线。

1）0°≤触发延迟角 α≤60°时，因输出电压不过零，所以续流二极管截止，不起作用，晶闸管每个周期导电 120°。

2）触发延迟角 α>60°时，续流二极管才流过电流。当输出电压下降到零以后，负载电流流经续流二极管构成回路，同时晶闸管关断。晶闸管每个周期导电（180°−α）。续流二极管每个周期导电 3（α−60°）。

试题精选：

三相半控桥式整流电路接电感性负载时晶闸管承受的最高电压是相电压 U_2 的（C）倍。

A. $\sqrt{2}$　　B. $\sqrt{3}$　　C. $\sqrt{6}$　　D. $\sqrt{12}$

鉴定点 7 三相全控桥式整流电路的组成

问：简述三相全控桥式整流电路的组成。

答：三相桥式全控整流主电路，实际上是由共阴极组（VT1，VT3，VT5）、共阳极组（VT2，VT4，VT6）两组电路串联而成的。图 1-79 所示为三相桥式全控整流电路及同步变压器接线图。

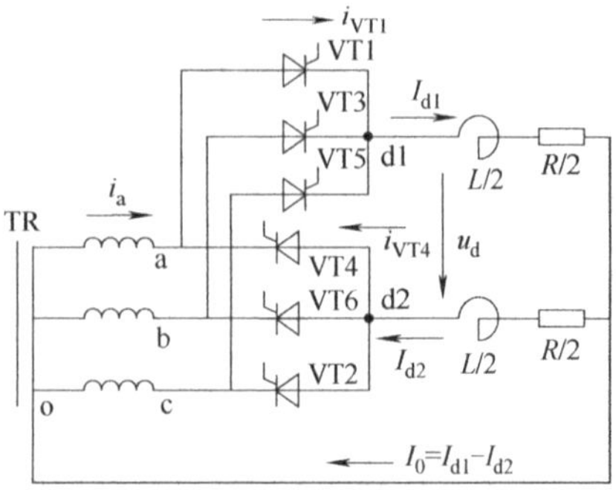

图 1-79 三相桥式全控整流主电路

三相桥式全控整流电路在任何时刻都必须有两个晶闸管同时导通，才能形成导电回路，这两个晶闸管一个为共阴极连接，另一个为共阳极连接。

试题精选：

三相全控桥式整流电路由三只共阴极（C）与三只共阳极晶闸管组成。

A. 场效应晶体管　　B. 二极管　　C. 晶闸管　　D. 晶体管

鉴定点 8 三相全控桥式整流电路电阻性负载的工作原理

问：三相全控桥式整流电路接电阻性负载时的性能特点有哪些？

答：三相全控桥式整流电路接电阻性负载时的性能特点如下：

1）当 0°≤触发延迟角 α≤60°时，输出的电压波形是连续的。

2）当 60°<触发延迟角 α≤120°时，输出的电压波形是不连续的。

3）触发延迟角 α 的移相范围是 120°。

4）当触发延迟角 α≤60°时，晶闸管的导通角为 120°；α>60°，晶闸管的导通角为（120°−α）。

试题精选：

三相全控桥式整流电路接电阻性负载时，每个晶闸管的最大导通角 θ 是（B）。

A. 150°　　B. 120°　　C. 90°　　D. 60°

鉴定点 9 三相全控桥式整流电路电感性负载的工作原理

问：三相全控桥式整流电路接电感性负载时的性能特点有哪些？

答：三相全控桥式整流电路接电感性负载时的性能特点如下：

1）当 0°≤触发延迟角 α≤60°时，输出的电压波形是连续的。

2）当 60°≤触发延迟角 α≤90°时，由于自感电动势的作用，输出电压波形将出现负值，但平均电压仍大于零。

3）当触发延迟角 α=90°时，平均电压等于零。

4）触发延迟角 α 的移相范围是 90°。

5）对于大电感性负载，电流波形近似为一条直线。当 α>60°时，电流波形不再断续，而是连续平直的，晶闸管的导通角为120°。

试题精选：

三相全控桥式电路接电感性负载时，触发延迟角 α 的移相范围是（C）。

A. 150°　　B. 120°　　C. 90°　　D. 60°

鉴定点 10　三相半波可控整流电路的计算

问：三相半波可控整流电路的输出电压如何计算？

答：在三相半波可控整流电路中晶闸管的最大反向电压是线电压的最大值，即

$$U_{RM}=\sqrt{2}\sqrt{3}U_2\approx 2.45U_2$$

其输出电压的平均值如下：

（1）电阻性负载

1）当触发延迟角 $\alpha=0°$ 时，输出电压的平均值为

$$U_L=1.17U_2$$

2）当 $0°<$ 触发延迟角 $\alpha\leqslant 30°$ 时，输出电压的平均值为

$$U_L=1.17U_2\cos\alpha$$

3）当 $30°<$ 触发延迟角 $\alpha\leqslant 150°$ 时，输出电压的平均值为

$$U_L=0.68U_2[1+\cos(\alpha+30°)]$$

4）每只晶闸管的通态平均电流是负载平均电流的1/3。

（2）电感性负载

1）当 $0°\leqslant$ 触发延迟角 $\alpha\leqslant 90°$ 时输出电压的平均值为

$$U_L=1.17U_2$$

2）每只晶闸管的通态平均电流是负载平均电流的1/3，即

$$I_V=\frac{1}{3}I_L$$

试题精选：

三相半波可控整流电路接电感性负载时，每个晶闸管电流平均值是输出电流平均值的（A）。

A. 1/3　　B. 1/2　　C. 1/6　　D. 1/4

鉴定点 11　三相半控桥式整流电路的计算

问：如何计算半控三相桥式整流电路的输出电压？

答：三相半控桥式整流电路的输出电压的计算方法如下：

1）当触发延迟角 $\alpha=0°$ 时，输出电压的平均值为

$$U_L=2.34U_2$$

2）当 $0°<$ 触发延迟角 $\alpha\leqslant 180°$ 时，输出电压的平均值为

$$U_L=2.34U_2\frac{1+\cos\alpha}{2}$$

3）每只晶闸管通态平均电流为负载平均电流的1/3。

4）每只晶闸管上反向电压的最大值为

$$U_{RM}=\sqrt{2}\sqrt{3}U_2\approx 2.45U_2$$

试题精选：

三相半控桥式整流电路接电感性负载时每个二极管电流平均值是输出电流平均值的（B）。

A. 1/4　　B. 1/3　　C. 1/2　　D. 1/6

鉴定点 12　三相全控桥式整流电路的计算

问：如何计算全控三相桥式整流电路的输出电压？

答：三相全控桥式整流电路输出电压的计算方法如下：

（1）电阻性负载

当 0°≤触发延迟角 α≤60°时连续：

$$U_d=2.34U_2\cos\alpha$$

当 60°<触发延迟角 α<60°时电流断续：

$$U_d=2.34U_2\cos\alpha[1+\cos(\pi/3+\alpha)]$$

（2）电感性负载　由于电流总是连续的，晶闸管的导通角总是 120°，因此整流输出的直流电压平均值为

$$U_d=2.34U_2\cos\alpha$$

1）当触发延迟角 $\alpha=0°$时，$U_d=2.34U_2$。

2）当触发延迟角 $\alpha=90°$时，$U_d=0$。

（3）变压器二绕组　每相电流的有效阻值 I_2（设变压器二次侧为星形联结）为

$$I_2=\sqrt{\frac{2}{3}}I_d=0.816I_d$$

式中　I_d——负载上的电流平均值。

试题精选：

三相全控桥式整流电路接电感性负载时，当触发延迟角 $\alpha=60°$时，整流输出的直流电压平均值 U_d 为（A）U_2。

A. 1.17　　B. 2.34　　C. 1/2　　D. 1

鉴定范围 13　电力电子电路的调试与维修

鉴定点 1　对晶闸管触发电路的要求

问：对晶闸管触发电路有哪些要求？

答：为晶闸管门极提供触发电压的电路，称为触发电路。对触发电路的要求如下：

1）触发电压必须与晶闸管阳极电压同步。

2）触发电压应满足主电路移相范围的要求。

3）触发脉冲的前沿要陡，宽度要满足一定的要求。

4）具有一定的抗干扰能力。

5）触发信号应有足够的电压和功率。

试题精选：

晶闸管触发电路所产生的触发脉冲信号必须要（B）。

A. 有一定的电抗　　　　B. 有一定的移相范围

C. 有一定的电位　　　　D. 有一定的频率

鉴定点 2　晶体管触发电路的组成

问：晶体管触发电路主要由哪几部分组成？

答：对要求触发功率大、输出电压与控制电压线性好的晶闸管整流电路，常采用由晶体管组成的触发电路。常见的同步电压为锯齿波的晶体管触发电路如图 1-80 所示。

锯齿波触发电路由脉冲同步和移相环节、脉冲成形与放大环节、强触发与输出环节、双窄脉冲产生环节组成。

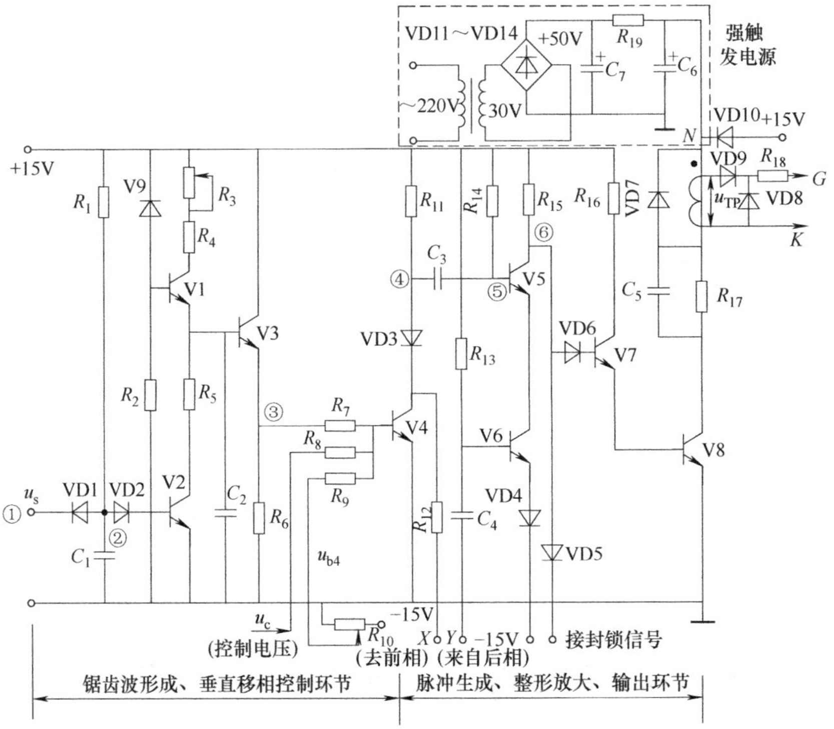

图 1-80　锯齿波晶体管触发电路

试题精选：

锯齿波触发电路由脉冲同步和移相、脉冲形成与放大、（C）、双窄脉冲产生等四个环节组成。

A. 矩形波产生与移相　　　　B. 尖脉冲产生与移相

C. 强触发与输出　　　　D. 三角波产生与移相

鉴定点 3　晶体管触发电路的工作原理

问：简述晶体管触发电路的工作原理。

答：以图 1-80 所示锯齿波触发电路来说明晶体管触发电路的工作原理：

1）同步电压（锯齿波）的产生与移相环节。V1、V9、R_3 和 R_4 组成恒流源电路，R_1、C_1 和 V2 组成锯齿波形成电路，由该电路产生锯齿波，调节 R_3 可改变锯齿斜率。适当选择 R_1 和 C_1 的数值，可取得底宽为 240°的锯齿波。V3 为发射极限随器，具有较强的负载能力。①~③点的波形如图 1-81 所示。

当 u_{b4}<0.7V 时，V4 截止，V6、V5 饱和导通，V7、V8 也处于截止状态，电路无脉冲输出，此时电容 C_3 呈右负左正状态，电路处于“稳态”。

当 $u_{b4} \geqslant 0.7$V 时，V4 导通，④点电位下降，⑤电位也突然下降，V6 被反偏而截止，⑥点电位突跳上升，V7 和 V8 饱和导通，电路通过变压器二次绕组输出的触发脉冲，这种状态是暂时的，称“暂态”。此时电容 C_3 被反向充电，力图反充到右正左负，电压达 14V，如图 1-81⑤点波形中虚线所示。⑤点电位随着 C_3 反向充电逐渐上升，V5 和 V6 又导通。⑥点电位又突降，致使 V7 和 V8 又截止，输出脉冲终止，电路恢复到“稳态”。由此可见，电路的暂态时间，也就是输出触发脉冲的时间，即脉宽。暂态时间的长短，由 C_3 的反充电回路时间，由 C_3 的反充电回路时间常数决定。

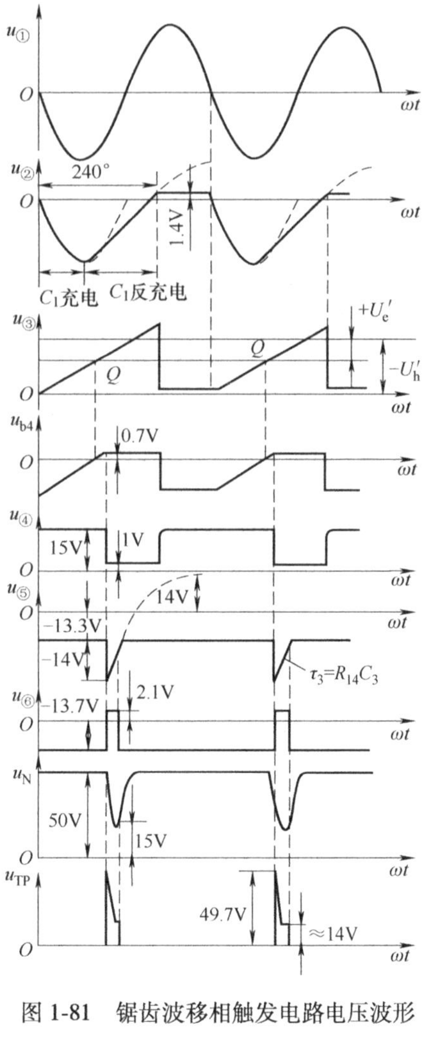

图 1-81　锯齿波移相触发电路电压波形

2）强触发环节。图 1-80 中右上方虚线框是强触发环节。单相桥式整流供电，C_7 两端获得 50V 的强触发电源。V8 导通前，N 点电位为 50V，当 V8 导通时，N 点电位迅速下降，一旦下降至 14.3V，二极管 VD10 导通，N 点电位被钳制在 14.3V，如图 1-81 中 N 点的电压波形 u_N，当 V8 由导通变为截止时，N 点电位再上升到 50V，准备下一次强触发。

电容 C_5 是为了提高强触发脉冲前沿陡度而附加的。

3）双窄脉冲产生环节。“内双窄脉冲电路”可在一周期内发出间隔 60°的两个窄脉冲，这种电路目前应用较多。

V5 和 V6 两个晶闸管构成一个或门。当 V5 和 V6 导通时，⑥点电位为-13.7V，使 V7 和 V8 截止，没有脉冲输出。但不论 V5 和 V6 哪一个截止，都会使⑥点电位变正，使 V7 和 V8 导通，有脉冲输出。第一个脉冲由本相触发单元的 U_C 所对应的移相角 α 使 V4 导通，V5

截止，于是 V8 输出脉冲；隔 60°的第二个脉冲有滞后 60°相位的后一相触发单元，在产生脉冲时刻其信号引致本相触发单元 V6 的基极，使 V6 截止，于是 V8 又导通，第二次导通，第二次输出脉冲，因而得到间隔 60°的双脉冲。

VD3 与 R_{12}是为了防止双窄信号的互相脉冲信号干扰而设置的。

锯齿波触发电路中调节恒流源对电容器的充电电流，可以调节锯齿波的斜率。

试题精选：

锯齿波触发电路中调节恒流源对电容器的充电电流，可以调节（B）。

A. 锯齿波的周期　　B. 锯齿波的斜率

C. 锯齿波的幅值　　D. 锯齿波的相位

鉴定点 4　相控整流电路的调试方法

问：如何调试可控整流触发电路？

答：三相可控整流触发电路调试时，要使三相锯齿波的波形高度一致，斜率相同，相位互差 120°。具体调试方法如下：

1）调整各触发器锯齿波斜率电位器 RP3，用双踪示波器依次测量相邻两块触发板的锯齿波电压波形，间隔应为 60°，斜率要基本一致，波形如图 1-82 所示。

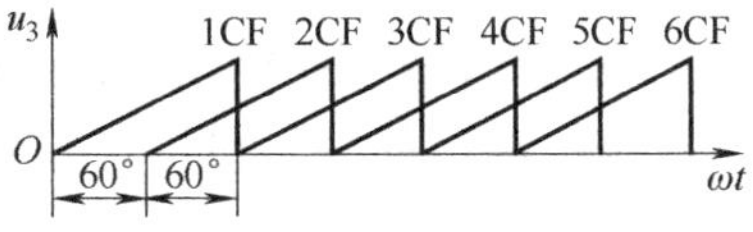

图 1-82　锯齿波电压波形

2）观察各触发器的输出触发脉冲，如果 X、Y 端不连接，输出触发脉冲为单窄脉冲，如图 1-83a 所示（以 1CF 为例）。X、Y 端连接后，输出触发脉冲为双窄脉冲，如图 1-83b 所示。

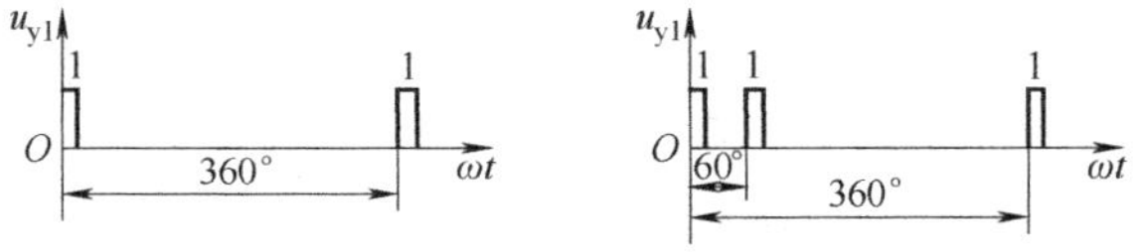

a) 单窄脉冲　　b) 双窄脉冲

图 1-83　1CF 输出触发脉冲的形式

3）偏移直流电压 U_b 的调节。触发电路正常后，调节电位器 RP2，使 $U_c=0$ 时，初始脉冲应对 $a=120°$处。

试题精选：

三相可控整流触发电路调试时，要使三相锯齿波的波形高度一致，斜率相同，相位互差（B）。

A. 60°　　B. 120°　　C. 90°　　D. 180°

鉴定点 5　三相半波可控整流电压和电流的波形特点

问：简述三相半波可控整流电压和电流的波形特点。

答：三相半波可控整流电压和电流波形特点如下：

（1）电阻性负载

1）当 0°≤触发延迟角 $\alpha \leq 30°$时，输出的电压、电流波形是连续的。

2）当触发延迟角 $\alpha>30°$时，输出的电压、电流波形是不连续的。

（2）电感性负载

1）当 0°≤触发延迟角 $\alpha \leq 30°$时，输出的电压波形与电阻性负载时相同。

2）当触发延迟角 $\alpha>30°$时，由于大电感的作用，保证了晶闸管仍能导电 120°，输出的电压波形是不连续的，输出电压将出现负值，但负载的平均电压仍然为正值。

3）输出电流的波形是连续的，波动量很小，波形基本上是平直的。

试题精选 1：

三相半波可控整流电路电感性负载无续流二极管的输出电压波形在触发延迟角（C）时出现负电压部分。

A. $\alpha>60°$　　B. $\alpha>45°$　　C. $\alpha>30°$　　D. $\alpha>90°$

试题精选 2：

三相半波可控整流电路电阻性负载的输出电流波形在触发延迟角 $\alpha<$（B）时连续。

A. 60°　　B. 30°　　C. 45°　　D. 90°

鉴定点 6　三相桥式可控整流电压和电流的波形特点

问：简述三相桥式可控整流电压和电流的波形特点。

答：三相桥式可控整流电压和电流的波形特点如下：

（1）三相半控桥式可控整流电压、电流的波形特点

1）电阻性负载：

① 当 0°≤触发延迟角 $\alpha \leq 60°$时，输出的电压、电流波形是连续的。

② 当触发延迟角 $\alpha>60°$时，输出的电压、电流波形是不连续的。

2）电感性负载：三相半控桥式电路接电感性负载时，一般都要在负载两端并联续流二极管。并联续流二极管后，三相半控桥式电路电感性负载的输出波形及计算公式与电阻性负载相同，当电感量足够大时，负载电流波形近似一条直线。

① 当 0°≤触发延迟角 $\alpha \leq 60°$时，输出的电压、电流波形是连续的。

② 当触发延迟角 $\alpha>60°$时，输出的电压是不连续的；输出电流是连续的。

（2）三相全控桥式整流电压、电流的波形特点

1）电阻性负载：

① 当 0°≤触发延迟角 $\alpha \leq 60°$时，输出的电压、电流波形是连续的。

② 当 60°<触发延迟角 $\alpha \leq 120°$时，输出的电压、电流波形是不连续的。

2）电感性负载：

① 当 0°≤触发延迟角 $\alpha \leq 60°$时，输出的电压、电流波形与电阻性负载相同。

② 当触发延迟角 $\alpha>60°$时，输出的电压波形将出现负值，但平均电压仍大于零。电流波形是连续的，近似一条直线。

试题精选 1：

三相桥式可控整流电路电阻性负载的输出电压波形，在触发延迟角 $\alpha=$（C）时，有电

压输出部分等于无电压输出部分。

A. 30°　　B. 60°　　C. 90°　　D. 120°

试题精选 2：

三相桥式可控整流电路电感性负载，触发延迟角 α 减小时，输出电流波形（B）。

A. 降低　　B. 升高　　C. 变宽　　D. 变窄

鉴定点 7　晶闸管触发电路同步的概念

问：简述晶闸管触发电路同步的概念。

晶闸管触发电路同步的概念是指触发电路与主电路的频率同步，要求触发电路输出的锯齿波波形的频率与主电路电源的频率相同，要使触发脉冲与主电路电源同步，就要使触发电路中开关管的开关频率与主电路电源的频率相同。

试题精选：

晶闸管触发电路同步的概念是指触发电路与主电路的（C）同步。

A. 电压　　B. 电流　　C. 频率　　D. 功率

鉴定范围 14　交直流传动系统的安装

鉴定点 1　自动控制系统的概念

问：何谓自动控制？

答：自动控制是指在人不直接参与的情况下，利用控制装置使被控对象自动地按照预定的规律运行或变化。自动控制系统是指能够对被控对象的工作状态进行自动控制的系统，一般是由控制装置和被控对象组成的。

对自动控制系统的基本要求归纳为稳定性、快速性和准确性三个方面。

1）稳定性。稳定性是评价自动控制系统能否正常工作的首要指标，它是衡量自动控制系统在过渡过程中振荡倾向和重新达到平衡状态的能力。

2）快速性。控制系统要求被控量能迅速按照输入信号所规定的规律变化，即要求系统具有一定的响应速度。

3）准确性。准确性是指系统建立平衡状态之后，被控量偏离期望值的误差大小。准确性描述了系统的稳定精度。

试题精选：

开环自动控制系统出现偏差时，系统将（A）。

A. 不能消除偏差　　B. 完全能消除偏差

C. 能消除偏差的 1/3　　D. 能消除偏差的 1/2

鉴定点 2　自动控制系统的组成

问：自动控制系统主要由哪几部分组成？

答：自动控制系统的基本组成部分如图 1-84 所示。

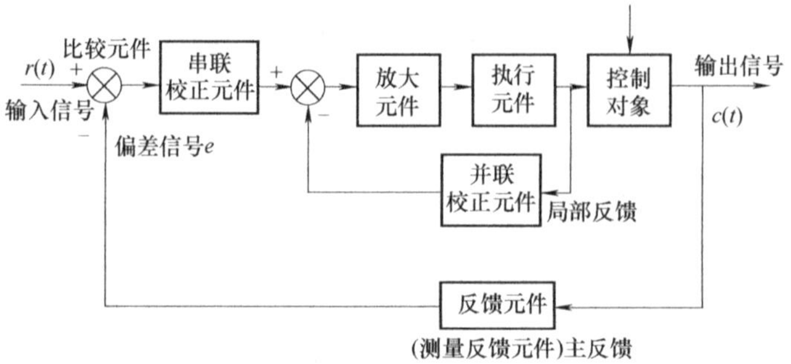

图 1-84 典型自动控制系统框图

试题精选：

（C）的作用，就是通过比较系统行为（输出）与期望行为之间的偏差，并消除偏差以获得预期的系统性能。

A. 反馈元件　　B. 放大元件　　C. 比较元件　　D. 校正元件

鉴定点 3 比例调节器的组成和作用

问：简述常用比例调节器的组成和作用。

答：在自动调速系统中，为提高调速精度，减少静态转速降落，必须在系统中采用放大器。目前应用最普遍的是直流运算放大器，在其输出端和输入端之间接入反馈电阻，用来实现信号的组合运算，在有静差自动调速系统中得到广泛使用。

1）反相比例调节器。如图 1-85 所示。

反相比例调节器闭环放大倍数为

$$A_{uf}=\frac{u_o}{u_i}=-\frac{R_f}{R_1}$$

2）反相比例加法调节器。如图 1-86 所示。

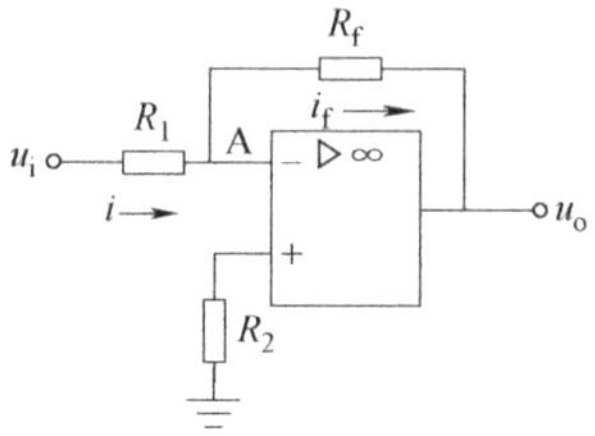

图 1-85 反相比例调节器

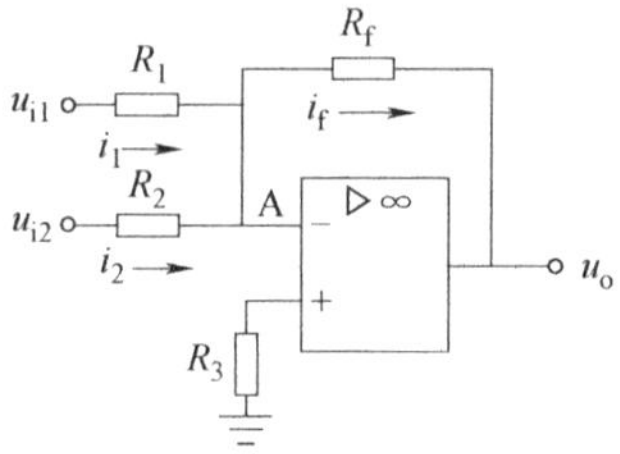

图 1-86 反相比例加法调节器

由于 $u_o=-R_f\left(\frac{u_{i1}}{R_1}+\frac{u_{i2}}{R_2}+\frac{u_{i3}}{R_3}\right)$，如果使 $R_1=R_2=R_3$，则：

$$u_o=-\frac{R_f}{R_1}(u_{i1}+u_{i2}+u_{i3})$$

如果取 $R_f=R_1$，则：

$$u_o=-(u_{i1}+u_{i2}+u_{i3})$$

3）同相比例调节器。如图 1-87 所示。其闭环电压放大倍数为

$$A_{uf}=\frac{u_o}{u_i}=1+\frac{R_f}{R_1}$$

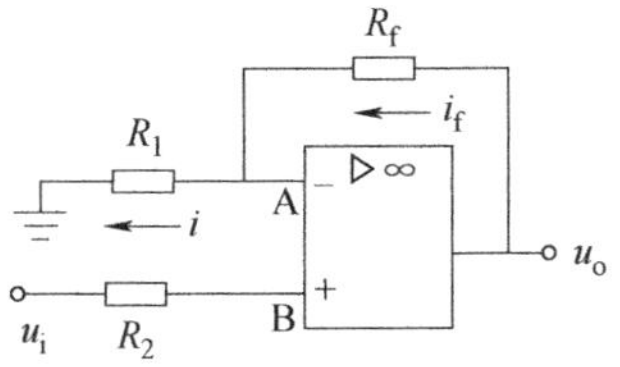

图 1-87　同相比例调节器

上述电路是理想的比例调节器电路，实用的调节器电路一般应有抑制零漂、限幅、输入滤波、功率放大、比例系数可调、寄生振荡消除等附属电路。

试题精选 1：

在有静差自动调速系统中一般不使用（D）调节器。

A. 反相比例　　B. 同相比例

C. 反相比例加法　　D. 积分

试题精选 2：

采用比例调节器组成的自动调速系统属于（A）调速系统。

A. 有静差　　B. 无静差

C. 随动　　D. 程序

鉴定点 4　积分调节器的组成和作用

问：简述积分调节器的组成和作用。

答：积分调节器如图 1-88 所示。反馈元件主要为电容 C_f。

积分调节器的输出电压为

$$u_o=-\frac{1}{T}\int_{t_0}^{t_1}u_i\mathrm{d}t$$

积分调节器的时间常数为

$$T_1=C_fR_1$$

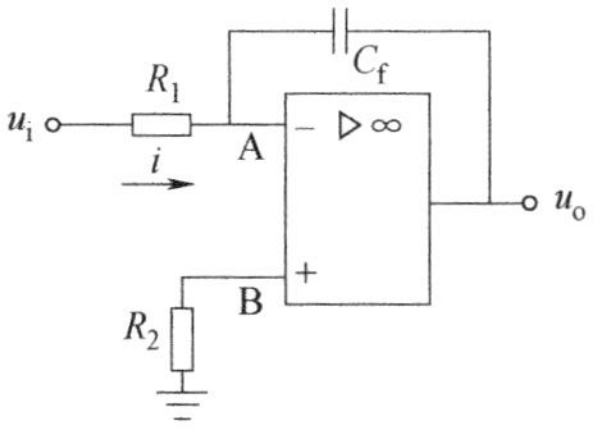

图 1-88　积分调节器

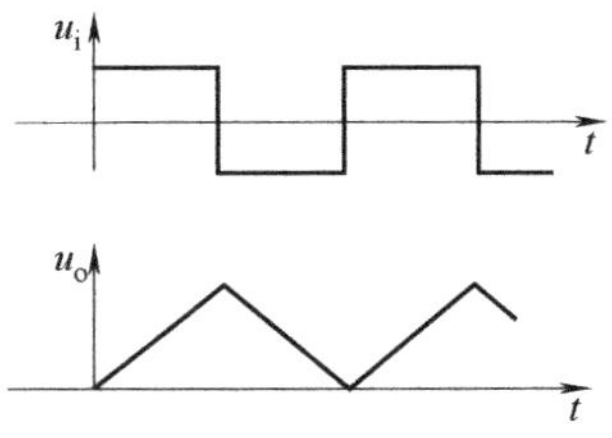

图 1-89　积分调节器的充放电波形

积分调节器的充放电波形如图 1-89 所示。积分调节器的作用是把方波变为锯齿波。

由积分调节器组成的闭环控制系统为无静差调速系统，它是无静差调速系统的必不可少的元件。

试题精选 1：

由积分调节器组成的闭环控制系统是（B）。

A. 有静差调速系统　　B. 无静差调速系统

C. 顺序控制系统　　　　　　　　　　D. 离散控制系统

试题精选 2：

积分调节器的作用是把方波变为（D）。

A. 三角波　　　B. 矩形波　　　C. 阶梯波　　　D. 锯齿波

鉴定点 5　微分调节器的组成和作用

问：简述微分调节器的组成和作用。

答：将积分运算电路中的 R 和 C 位置互换，即可得到微分运算电路，如图 1-90 所示。输出电压的表达式为

$$u_o=-RC\frac{du_i}{dt}$$

上式表明输出电压与输入电压的微分成比例，RC 为微分时间常数，负号表示输出与输入反相。

微分调节器的作用是：若输入方波信号，且 $RC<<t_p$（t_p 为脉冲宽度），则输出信号为双向的尖脉冲波形，如图 1-91 所示。在自动控制系统中，常用来产生控制脉冲。

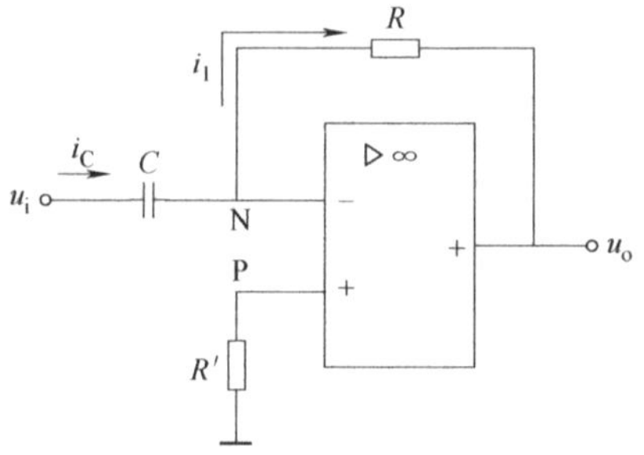

图 1-90　微分运算电路

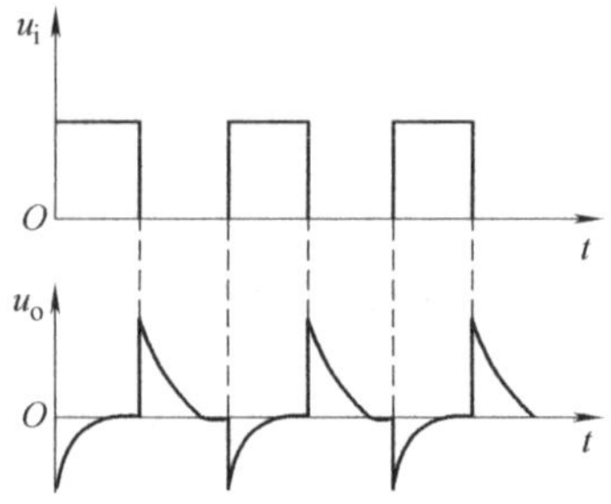

图 1-91　微分调节器的输出信号波形

在闭环调速系统中，造成系统不稳定的主要原因是系统动态放大倍数太大。最好的解决方法是降低动态放大倍数，而静态放大倍数保持不变。因此，可以在自动调速系统中加入电压微分负反馈和电流微分负反馈。

电压微分负反馈只有在电压变化时才起作用，而电压的变化意味着电动机转速的变化。稳定电压也就稳定了电动机的转速。由于电压微分负反馈并不影响静态放大倍数，所以保持了系统应有的静态指标。电流微分负反馈的原理与电压微分负反馈一样，只是所取的信号是电流，只有当电流有变化时，该信号才起作用。

试题精选 1：

若理想微分环节的输入为单位阶跃，则其输出的单位阶跃响应是一个（A）。

A. 脉冲函数　　　　　　　　　　B. 一次函数

C. 正弦函数　　　　　　　　　　D. 常数

试题精选 2：

（√）微分环节的作用是阻止被控总量的变化，偏差刚产生的时候就对发生信号进行调节，故有超前作用，能克服调节对象和传感器惯性的影响，抑制超调。

鉴定点 6　比例积分调节器的组成和作用

问：简述比例积分调节器的组成和作用。

答：比例积分调节器如图 1-92 所示。比例积分调节器是比例调节器与积分调节器的叠加。输出电压为

$$u_o = u_{o'} + u_{o''} = -\frac{R_f}{R_1} - \frac{1}{T}\int_{t_0}^{t_1} u_i \mathrm{d}t$$

比例积分调节器的作用是：比例调节部分可迅速反应调节作用，积分调节部分最终消除静差。采用比例积分调节器的自动调速系统，既能获得较高的静态精度，又能具有较快的动态性能，因而得到了广泛的应用。

自动调速系统中的实际比例积分调节器（PI）电路中常有锁零电路，其作用是停车时防止电动机爬动。

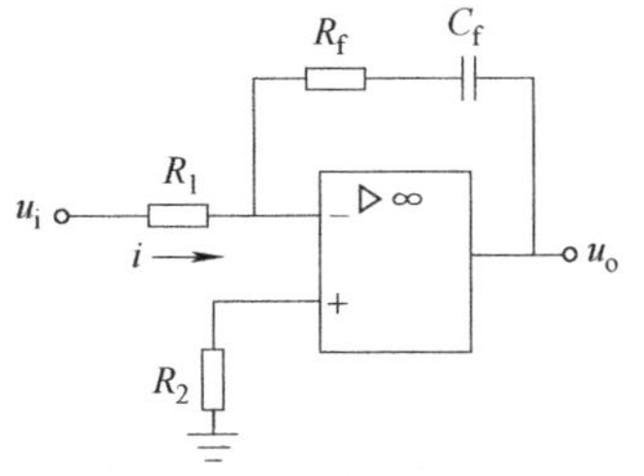

图 1-92　比例积分调节器

试题精选 1：

在如图 1-92 所示电路中，（D）起到调节积分调节器的时间常数的作用。

A. R_1　　B. R_f　　C. C　　D. R_f 和 C

试题精选 2：

（√）在自动控制系统中 PI 调节器作为校正电路使用，以保证系统的稳定性和控制精度。

鉴定点 7　直流调速系统的分类

问：直流调速系统是如何分类的？

答：直流调速系统的分类方法如下：

（1）按系统的结构特点分类

1）开环控制系统。这类系统的特点是系统的输出量对系统的控制作用没有直接影响。在开环系统中，由于不存在输出对输入的反馈，因此不存在输出量对输入量的反馈，因此对系统的输出量没有任何闭合回路。

2）闭环控制系统。这类系统的特点是输出量对系统的控制量，经测量后反馈到输入端，故对系统的输出量形成了闭合回路。

3）复合控制系统。复合控制是开环控制与闭环控制相结合的一种控制方式。复合控制系统是兼有开环结构和闭环结构的控制系统。

（2）按反馈的性质分类　有转速负反馈、电压负反馈、电压负反馈加电流正反馈、电流截止负反馈、微分负反馈等调速系统。

（3）按反馈环的多少分类　可分为单闭环、双闭环和多闭环等调速系统。

（4）按有无静差分类　可分为有静差和无静差调速系统。

（5）按输入量的特点分类

1）恒值控制系统。这类系统的输入量是恒定值，要求系统的输出量也保持相应的恒值。

2）随动系统。这种系统的输入量是随意变化的，要求系统的输入量能以一定的精确度跟随输入量的变化而变化。

3）程序控制系统。这类系统的特点是系统的控制作用按预先制定的规律变化。

（6）按系统输出量与输入量的关系分类

1）线性控制系统。这类系统的输出量和输入量之间为线性关系。系统和各环节均可用线性微分方程来描述。线性系统的特点是可以运用叠加原理。

2）非线性控制系统。这类系统中具有非线性性质的环节，因此系统只能用非线性微分方程来描述。

试题精选：

控制作用按预先指定的规律发生变化的自动控制系统属于（ B ）

A. 恒值控制系统　B. 程序控制系统　C. 随动系统　D. 过程控制系统

鉴定点 8　调速系统的技术指标

问：调速系统的技术指标有哪些？

答：自动调速系统的性能指标一般包括静态指标、动态指标和经济指标。

（1）静态指标

1）调速范围。调速范围是指电动机工作在额定负载时，电动机所能达到的最高转速 n_{max} 与最低转速 n_{min} 之比，即

$$D=\frac{n_{max}}{n_{min}}$$

2）静差率。它反映了电动机在负载转矩变化时转速变化的程度，即电动机由理想空载变为满载时所产生的转速降落 Δn_N 加与理想空载转速 n_0 之比的百分数，即

$$s=\frac{\Delta n_N}{n_0}\times 100\%$$

调速范围与静差率之间有着密切的联系，当系统的机械特性硬度一定时，对静差率的要求越高，s 越小，允许的调整范围 D 就越小。如果静差率 s 一定，则扩大调速范围 D 的唯一途径是减少转速降落 Δn。因此，调速系统应解决的问题是减少转速降落，使转速保持不变，从而在要求的静差率条件下扩大电动机的调速范围。

（2）动态指标　稳定性是指调速系统中，在外界干扰消失后系统能由初始偏差状态返回原来平衡状态的性能。动态指标主要包括最大超调量、调整时间和振荡次数。其中最大超调量反映了系统的相对稳定性，最大超调量越小，说明系统的相对稳定性越好。调整时间反映系统进入稳定状态的快慢程度。振荡次数反映系统达到最佳稳定状态的性能。

（3）经济指标　经济指标反映系统的经济性，主要包括调速设备投资费用、电能消耗费用和维护费用。

试题精选：

（√）调速系统的静态技术指标主要是静差率、调速范围和调速平滑性。

鉴定点 9　直流测速发电机的作用

问：何谓直流测速发电机？它有哪些作用？

答：直流测速发电机是一种检测元件。它能将转速变换成直流电信号。输出的直流电信号与转速成正比。测速发电机具有测速、阻尼和计算等功能。在调速系统中，作为测速元件构成主反馈通道，在解算装置中，作为解算元件，进行积分、微分运算。

按测速发电机用途不同，对其性能有不同要求，基本要求如下：

① 输出的直流电压与转速成严格的正比例关系。

② 作为测速元件时，要求有较高的灵敏度、线性度，而且反应速度要快。

③ 作为解算元件时，要求有较高的线性度，较小的温度误差和剩余电压，但是对灵敏度的要求并不高。

④ 作为阻尼元件时，要求有较高的灵敏度，对线性度要求不高。

试题精选：

控制系统对直流测速发电机的要求有（A）。

A. 输出电压与转速呈线性关系、正反转特性一样

B. 输出灵敏度低、输出电压纹波小

C. 发电机的惯性大、输出灵敏度高

D. 输出的电压与转速呈线性关系、发电机的惯性大

鉴定点 10　直流测速发电机的工作原理

问：简述直流测速发电机工作原理。

答：直流测速发电机实际上就是一台普通的直流发电机，在恒定磁场下，旋转的电枢绕组切割磁通，在电刷之间产生直流电动势，其大小与转速成正比。改变转子的旋转方向，输出电压的极性也会随之发生改变。从电压的变化就可反映出速度的变化，达到测速的目的。

试题精选：

直流测速发电机电枢绕组电动势的大小与转速（A）。

A. 成正比关系　　B. 成反比关系　　C. 无关　　D. 关系不大

鉴定点 11　直流测速发电机的误差

问：产生直流测速发电机的误差的原因有哪些？如何减少误差？

答：直流测速发电机的误差主要是线性误差，测速发电机产生线性误差的原因很多，主要有电枢反应、电枢电阻、电刷与转向器的接触电阻和接触电压、换向纹波、火花和电磁干扰等。为减少直流测速发电机的误差应注意以下几点：

① 为了减小直流测速发电机的线性误差，其工作转速不得超过最大线性工作转速，负载电阻也不应小于规定的最小负载电阻。

② 为了减少温度变化引起的输出电压误差，可以在电磁式直流测速发电机的励磁电路中，串联一个比励磁绕组电阻大几倍而温度系数小的电阻，该电阻可用锰镍铜合金或镍铜合金制成。

③ 当电刷与换向器间产生的火花对系统带来干扰时，可以在直流测速发电机的输出端并联一个电容器或连接一个滤波电路。

试题精选：

测速发电机产生线性误差的原因很多，主要有（A）、电刷与转向器的接触电阻和接触电压、换向纹波、火花和电磁干扰等。

A. 电枢反应、电枢电阻　　B. 电枢电阻

C. 电枢反应、延迟换向　　D. 换向纹波、机械联轴器松动

鉴定点 12　转速负反馈调速系统的组成和原理

问：简述转速负反馈调速系统的组成和原理。

答：转速负反馈调速系统的组成如图 1-93 所示。

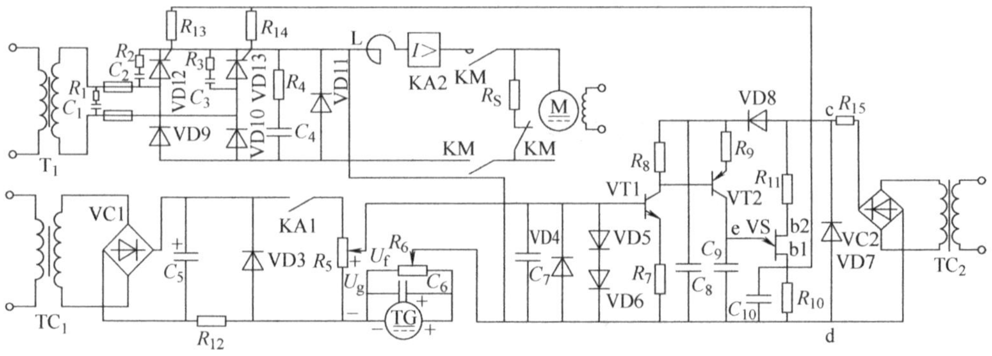

图 1-93　转速负反馈调速系统

转速负反馈调速系统的原理是：当系统受到外界干扰时，负载转矩 T 增加，电动机的转速 n 下降，反馈电压 U_f 减少，ΔU 增加，VT1 的集电极电流增加，电容 C_9 的充电速度加快，产生触发脉冲的时刻提前，触发延迟角 α 减少，晶闸管输出的电压增大，电动机转速回升，使电动机的转速基本保持不变。

反之，若负载转矩减少，电动机转速升高，通过系统内部的调整，可以使电动机转速下降。

带有 PI 调节器的无静差调速系统如图 1-94 所示。

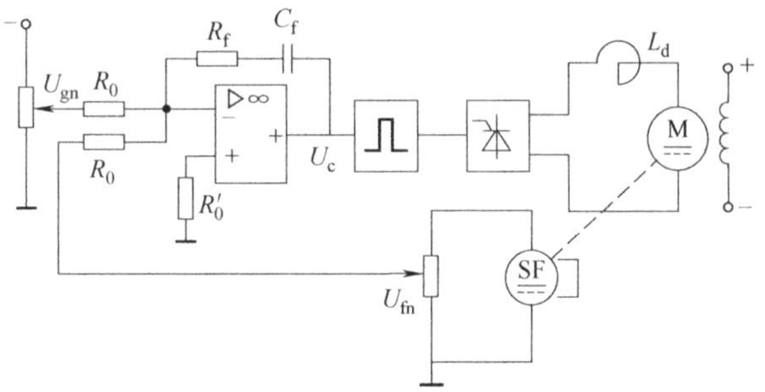

图 1-94　带有 PI 调节器的无静差调速系统

该系统的特点是：采用了比例积分调节器，简称 PI 调节器，使系统在扰动的作用下，

通过 PI 调节器的调节作用使电动机的转速达到静态无偏差。无静差调速系统中，积分调节器的比例部分使动态响应比较快，积分部分使系统消除静差。

转速负反馈的特点如下：

① 放大倍数降低（1+K）倍。

② 减少了系统的转速降落。闭环的转速降落是开环转速降落的 1/(1+K)。

③ 扩大了调速范围。闭环的调速范围是开环调速范围的（1+K）倍。

④ 增加了系统的稳定性。

试题精选 1：

（√）转速负反馈调速系统中必有放大器。

试题精选 2：

在转速负反馈中，闭环系统的静态转速降减为开环系统静态转速的（B）倍。

A. 1+k　　B. 1/(1+k)　　C. 1+2k　　D. 1/k

鉴定点 13　直流传动系统设备的安装

问：如何安装直流调速装置？

答：直流调速装置的安装方法如下：

1）首先阅读设备说明书，明确系统的安装要求。

2）准备好所需的材料、工具及仪器仪表。

3）分析电路的原理图、布置图和接线图，以及电路的工作原理和接线方式。

4）接线。

① 系统的接线。将三相四线制 380V 交流的 U、V、W 三相接至主接触器上，零线接至中性线接线柱上。

② 将励磁输出线与直流电动机的励磁绕组相接，并注意极性不要接反。

③ 将整流输出线与直流电动机的电枢绕组相接，并注意极性不要接反。

④ 根据系统的要求，做好安全保护接地或保护接零的接线。

5）对照说明书、电路图以及接线图进行检查后，通电试运行。

试题精选：

（√）直流调速装置安装前应仔细检查；主电源电压、电枢电压和电流额定值、磁场电压和电流额定值与控制器所提供是否一致；检查电动机铭牌数据是否与控制器相配。

鉴定点 14　直流调速装置的调试

问：如何调试直流调速装置？

答：直流调速装置的调试和使用方法如下：

1）调试原则：先部件，后系统；先开环，后闭环；先电阻性负载，后电动机负载；先内环，后外环；先不可逆，后可逆。

2）首先收集有关资料，并阅读有关资料和说明书，准备调试用仪表。

3）调试前的常规检查：

① 按照系统工作原理，检查系统中各设备、元件及部件的型号、规格。

② 根据电路图及施工图（或电气接线图），检查主电路各部件及控制电路各部件间（包括控制柜间）的连线是否正确，线头标号是否符合图样要求，连接点是否牢固、焊接点是否有虚焊，连接导线规格是否符合要求，接插件的接触是否良好等。

注意：接线端子每个接线螺钉下连接的导线头，一般情况下不应该超过两个。

③ 对于电气设备的绝缘以及装置接地进行检查。

4）继电控制电路的通电调试：首先应对继电器、接触器控制电路进行通电检查。在通电之前，应将其他暂不调试部分的电源断开，然后通电，检查继电器的工作状态和控制顺序等。这一部分主要是依据电路的通断情况，以及电网接入的交流电源是否通过变压器和控制触头送到了整流电路的输入端，可用万用表一一查验。

5）控制单元电路的调试：

① 电源电路的调试。将单元调试通过的电路板，放入控制箱的安装位置进行到位调试。检查电源接通后，是否所有控制部件的工作电源都能按要求达到指定的位置。

② 速度（ST）和电流（LT）调节器的调试。

③ ST 和 LT 特性测试。

6）开环调试：

① 安全保护措施。将系统装置所有控制单元从插件箱中拔出，所有开关均处于断路状态，熔断器全部分离。根据调试需要，逐步合上需用的开关，接通熔断器。

② 进行相序及相位的检查。

③ 控制电源测试。插入控制电源板，用万用表校验送至其所供电处电源电压是否到位、电压值是否符合要求。

④ 做好 ST 和 LT 插接件系统试验。

⑤ 检测触发脉冲。

⑥ 定相就是使晶闸管触发脉冲的起始相位与阳极电压相位保持在一定的相位差上。

7）闭环调试：

① 电流环的调试。电动机不加励磁，处于堵转状态，并短接欠励磁继电器触头。具体内容有：电流负反馈极性的测定；过电流继电器的整定；系统限流效能和反馈强度 β 值的整定；电流环校正网络参数的调试；电流环静态稳流特性的试验。

② 速度环的调试。具体内容有：励磁环节的测定；检查联锁保护环节；转速负反馈极性的测定；转速负反馈系数的调整；整定 ST 和 PI 的参数；转速闭环精调。

试题精选：

直流调速装置调试前的准备工作主要有（A）。

A. 收集有关资料，并阅读有关资料和说明书，准备调试用仪表

B. 收集有关资料，接通电源

C. 阅读有关资料和说明书，加装漏电保护器

D. 调试用仪表的准备、主电路和控制电路的接线、编制和输入控制程序

鉴定点 15 交流测速发电机的作用

问：交流测速发电机有哪些作用？

答：交流测速发电机的作用与直流测速发电机的作用相似，是把转速信号变为交流电

压信号输出。交流测速发电机分为同步测速发电机和异步测速发电机。同步测速发电机有永磁式、感应式和脉冲式。永磁式用于测速指示；感应式用于自动控制系统中；脉冲式用于速度较低的调速系统。异步测速发电机分为笼型转子测速发电机和杯形转子测速发电机。笼型转子测速发电机线性度差、相位差较大、剩余电压较高，多用于精度不高的调速系统中；杯形转子测速发电机输出特性有较高的精度，线性度好、剩余电压较低，可满足快速性要求，应用较为广泛。

试题精选：

在解算系统中，要求测速发电机误差小、剩余电量低。（B）的线性误差、剩余电压等方面能满足上述的精密要求。

A. 永磁式直流测速发电机　　　　B. 交流异步测速发电机

C. 交流同步测速发电机　　　　D. 电磁式直流测速发电机

鉴定点 16　交流测速发电机的工作原理

问：简述交流测速发电机的工作原理。

答：交流测速发电机的工作原理如下：

1）转子静止时，异步测速发电机类似于一台变压器。励磁绕组相当于变压器的一次绕组，转子导体相当于变压器的二次绕组。励磁电流磁通 $\dot{\Phi}_d$ 在转子中产生感应电动势 $\dot{E}_t$ 和感应电流 $\dot{I}_t$，感应电流产生的磁通 $\dot{\Phi}_t$ 与励磁磁通 $\dot{\Phi}_d$ 方向相同，不会在输出绕组中感应电动势，输出绕组的输出电压为零，如图 1-95a 所示。

2）转子转动时，转子切割励磁磁力线运动，产生另外一个感应电动势 $\dot{E}_r$ 和感应电流 $\dot{I}_r$，这个感应电流产生的磁通 $\dot{\Phi}_r$ 与励磁磁通 $\dot{\Phi}_d$ 方向垂直，在输出绕组中感应出电动势 $\dot{E}_0$，这个电动势就是交流测速发电机的输出电动势，且输出电动势与转速成正比，如图 1-95b 所示。

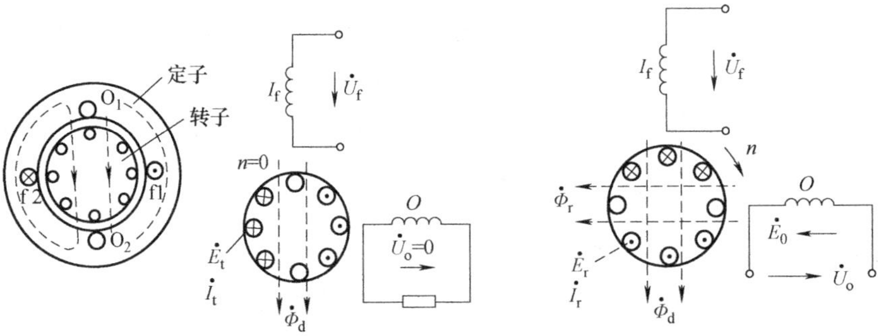

a) 转子静止时电路状态　　b) 转子转动时电路状态

图 1-95　交流测速发电机的工作原理

试题精选：

（×）异步测速发电机的杯形转子是由铁磁材料构成的，当转子不转时，励磁后由杯形转子电流产生的磁场与输出绕组轴线垂直，因此输出绕组中的感应电动势一定为零。

鉴定点 17　交流测速发电机的误差

问：交流测速发电机的误差有哪几种？如何减少交流测速发电机的误差？

答：交流测速发电机的误差主要有：线性误差、相位误差和剩余误差。

为了减小线性误差，一是交流异步测速发电机多采用电阻率大的非磁性空心杯转子；二是提高电源频率以增加同步转速，减少相对转速，降低交流测速发电机的最大误差。采用中频电源是降低误差、提高精度的有效措施，多采用 400Hz 中频电源。

试题精选：

交流测速发电机的误差主要有：线性误差、剩余误差、相位误差。为了减小线性误差，交流异步测速发电机都采用（D），从而可忽略转子漏抗。

A. 电阻率小的铁磁性空心杯转子　　B. 电阻率大的铁磁性空心杯转子

C. 电阻率小的非磁性空心杯转子　　D. 电阻率大的非磁性空心杯转子

鉴定点 18　交流调压调速系统的组成

问：简述交流调压调速系统的组成。

答：交流调压器是接在交流电源与负载之间的调压装置。晶闸管交流调压器可以通过控制晶闸管的通断，方便地调节输出电压的有效值。在交流调压器中，晶闸管一般为反并联的两只晶闸管或双向晶闸管，用触发电路控制两只晶闸管或双向晶闸管的通断快慢进行交流调压。

试题精选：

在交流调压器中，晶闸管一般为反并联的（A）晶闸管或双向晶闸管。

A. 2 只　　B. 3 只　　C. 4 只　　D. 6 只

鉴定点 19　交流调压调速系统的原理

问：简述交流调压调速系统的原理。

答：交流调压调速系统常采用以下两种控制方式：

（1）通断控制　所谓通断控制，就是把晶闸管作为开关，在设定的周期内，将负载与交流电源接通 n 个周波，然后再断开 n 个周波，通过改变晶闸管在设定周期内通断时间的比值来实现交流调压或调功率。在设定周期内晶闸管导通的周波数越多，输出电压有效值越大，反之则越小。

这种控制方式一般采用过零触发，即在交流电源电压过零时触发晶闸管通过，因此输出电压为间断的数个完整的正弦波，这种调压器也称为调功器或周波控制器。它突出的优点是克服了通常移相触发产生的谐波干扰，缺点是输出电压或功率调节不平滑。故适用于有较大时间常数的负载，如电热负载等。但不适用于调光电路，调光中会出现光照闪烁现象；这种控制方式不适用于电动机调速电路，调速时会使电动机上的电压变化非常剧烈，致使转速脉动较大。

（2）相位控制　在电源电压变化的每一个周期中，控制晶闸管的触发相位实现交流调压或调功率。这种控制方式的优点是电路简单，使用方便，而且输出电压调节较为精确，用于电动机降压调速时调速精度较高，快速性好，低速时转速脉动小；其缺点是输出电压波形为缺角正弦波形，存在高次谐波；造成电压污染，易对其电气设备产生干扰。

实用交流调压器较多采用相位控制方式，交流调压电路通常都采用宽频冲触发。图 1-96 所示为相位控制的双向晶闸管单相交流调压电路。单相交流调压电路通常都采用宽脉冲触发。

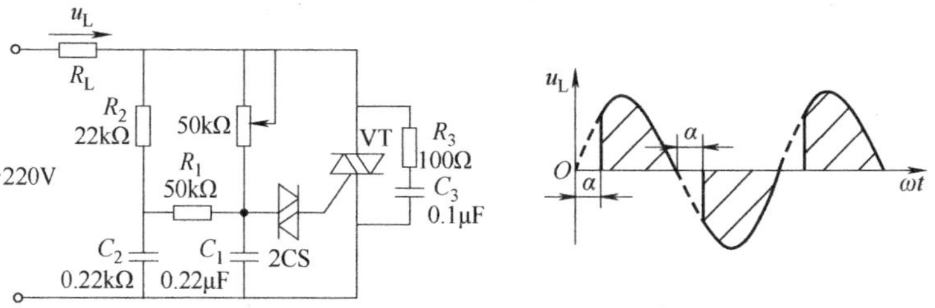

a) 电路　　b) 波形

图 1-96　单相交流调压电路

在功率较大的场合，一般采用三相交流调压。三相交流调压电路常用的接线方式如图 1-97 所示。

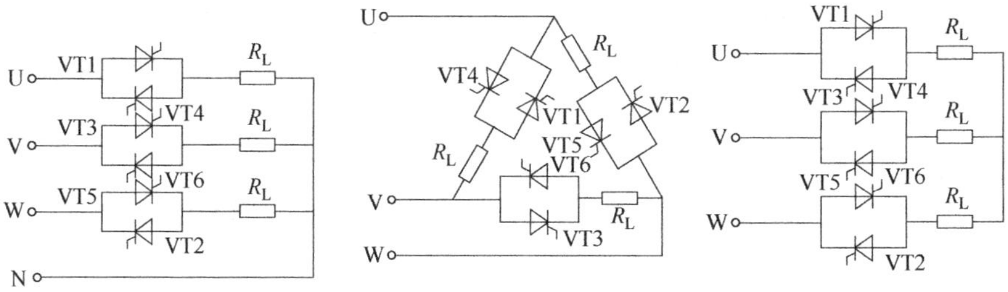

a) 星形带中性线　　b) 晶闸管与负载接成内三角形　　c) 三相三线交流调压电路

图 1-97　三相交流调压电路

试题精选：

单相交流调压电路通常都采用（B）触发。

A. 窄脉冲　　B. 宽脉冲　　C. 双窄脉冲　　D. 双宽脉冲

鉴定点 20　交流变频调速系统的组成

问：简述交流变频调速系统的组成。

答：变频器是把电压频率固定的交流电变换成电压、频率分别可调的交流电的变换器。变频器由主电路（包括整流器、中间直流环节、逆变器）和控制电路组成。其结构原理框图如图 1-98 所示。

整流器可以把三相交流电整流成直流电；逆变器是利用功率器件，有规律地控制逆变器中主开关的通断，从而得到任意频率的三相交流输出；中间直流环节的储能元件用于直流环节和电动机间的无功功率交换；控制电路可完成对逆变器的开关控制，对整流器的电压控制，通过外部接口电路发送控制信息，以及各种保护功能。

变频器分类如下：

① 按结构分类，变频器可分为交—交变频器和交—直—交变频器两类。

② 按变频电源的性质来分，可分为电压型变频器和电流型变频器两类。

③ 按用途分类，可分为通用变频器和专用变频器两类。通用变频器的特点是其具有通用性；专用变频器又分为高性能专用变频器、高频变频器和高压变频器三大类。

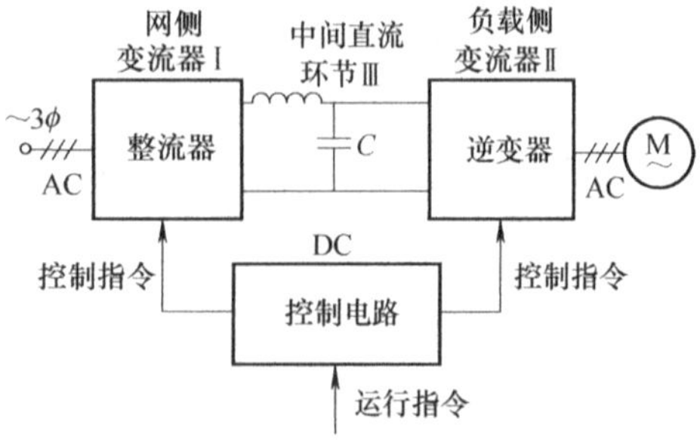

图 1-98　变频器的结构原理框图

试题精选：

变频器中，（A）是利用功率器件，有规律地控制逆变器中主开关的通断，从而得到任意频率的三相交流输出。

A. 逆变器　　B. 整流器　　C. 中间环节　　D. 控制电路

鉴定点 21　交流变频调速系统的原理

问：简述交流变频调速系统的原理。

答：异步电动机的同步转速，即旋转磁场的转速为

$$n_1=\frac{60f_1}{p}$$

式中　n_1——同步转速，单位为 r/min；

f_1——定子电流频率，单位为 Hz；

p——磁极对数。

异步电动机的轴转速为

$$n=n_1(1-s)=\frac{60f_1}{p}(1-s)$$

式中　s——异步电动机的转差率，$s=(n_1-n)/n_1$。

改变异步电动机的供电频率，就可以改变其同步转速，进行实现调速运行。

对异步电动机进行调速控制时，希望电动机的主磁通保持额定值不变。Φ_m 的值是由 E_1 和 f_1 共同决定的，对 E_1 和 f_1 进行适当的控制，就可以使气隙磁通 Φ_m 保持额定值不变。具体分析如下：

（1）基频以下的恒磁通变频调速　这是考虑从基频（电动机额定频率 f_{1n}）向下调速的情况。为了保持电动机的负载能力，应保持气隙主磁通 Φ_m 不变，这就要求在降低供电频率的同时降低感应电动势，保持 $E_1/f_1=$ 常数，即保持电动势与频率之比为常数进行控制。这种控制又称为恒磁通变频调速，属于恒转矩调速方式。但是，E_1 难于直接检测和直接控制。当 E_1 和 f_1 的值较高时，定子的漏阻抗压降相对比较小，如忽略不计，则可以近似地保持定子相电压 U_1 和频率 f_1 的比值为常数，即认为 $U_1=E_1$，保持 $U_1/f_1=$ 常数即可，这就是恒压频比控制方式，是近似的恒磁通控制。

当频率较低时，U_1 和 E_1 都比较小，定子漏阻抗压降（主要是定子电阻压降）不能再忽略。

这种情况下，可以人为地适当提高定子电压以补偿定子电压降的影响，使气隙磁通基本保持不变。通用变频器中 U_1 与 f_1 之间的函数关系有很多种，可以根据负载性质和运行状况加以选择。

（2）基频以上的弱磁变频调速　这是考虑由基频开始向上调速的情况。频率由额定值 f_{in} 向上逐渐增大，但是由于电压 U_1 受额定电压 U_{in} 的限制不能再升高，只能保持 $U_1 = U_{in}$ 不变，这样必然会使主磁通随着 f_1 的上升而减小，相当于直流电动机弱磁调速的情况，属于近似的恒功率调速方式。

异步电动机的变频调速必须按照一定的规律同时改变其定子电压和频率，即必须通过变频装置获得电压频率均可调节的供电电源，实现所谓的 VVVF 调速控制。通用变频器可适应这种异步电动机变频调速的基本要求。

试题精选：

变频器在基频以下的恒磁通变频调速适用于（A）调速方式。

A. 恒转矩　　B. 恒功率　　C. 恒电流　　D. 恒转矩和恒功率

鉴定范围 15　交直流调速系统的调试

鉴定点 1　电磁调速异步电动机的结构

问：何谓电磁调速异步电动机？简述电磁调速异步电动机的结构。

答：电磁调速异步电动机是一种交流无级变速电动机，它由普通的三相笼型异步电动机、电磁转差离合器和测速发电机组成。另外，还需要有一套晶闸管控制装置，对电磁转差离合器提供直流励磁，并实现速度负反馈的自动调节。电磁调速异步电动机结构较简单、运行可靠、维修方便，适用作为恒转矩和风机类等设备的动力。

电磁调速异步电动机的基本结构分为组合式和整体式两大类，分别如图 1-99 和图 1-100 所示。

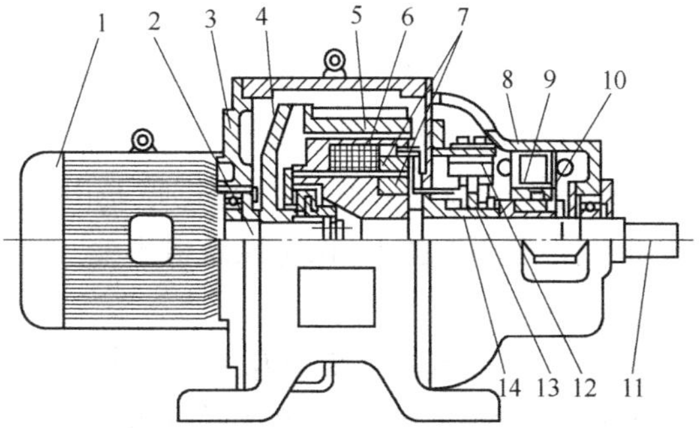

图 1-99　组合式电磁调速异步电动机的结构

1—电动机　2—主动轴　3—法兰端盖　4—电枢　5—工作气隙　6—励磁绕组　7—磁极　8—测速发电机　9—测速发电机磁极　10—永久磁铁　11—输出轴　12—刷架　13—炭刷　14—集电环

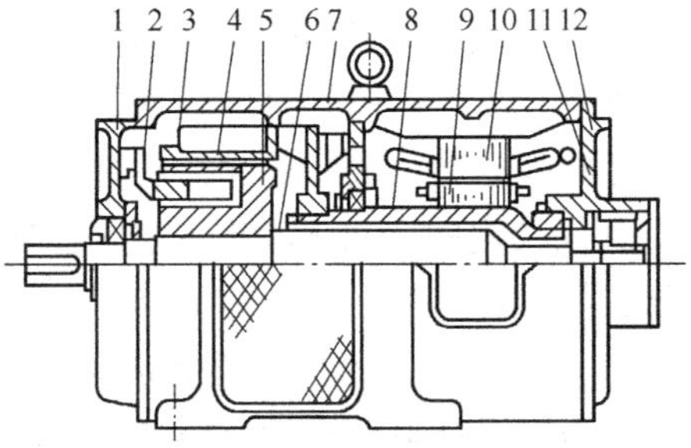

图 1-100　整体式电磁调速异步电动机的结构

1—前端盖　2—托架　3—电枢　4—励磁绕组　5—磁极　6—主轴　7—机座　8—空心轴　9—拖动电动机转子　10—拖动电动机定子　11—测速发电机　12—后端盖

组合式是把封闭式异步电动机的凸缘端盖与离合器机座合装成为一个整体，国产型号为JZTZ系列。整体式是把多速异步电动机的定子压装在离合器的同一机座内构成一个整体，国产型号为JZTT系列。

试题精选：

电磁调速异步电动机利用转差离合器调速时，要提高调速范围，提高平滑性，提高机械特性的硬度，必须采取的措施是（A）。

A. 引入速度负反馈　　B. 引入速度正反馈

C. 引入电压负反馈　　D. 引入电流负反馈

鉴定点2　电磁转差离合器的工作原理

问：何谓电磁转差离合器？简述电磁转差离合器的工作原理。

答：电磁转差离合器是由两个同心而又互相独立旋转的部件组成的：一个称为磁极（内转子），有凸极式、爪式和感应子式三种结构，另一个称为电枢（外转子），有绕线式、笼型、实心钢体和铝合金杯形等结构。

结构较简单的由爪式磁极、圆筒形实心钢体电枢组成的离合器如图1-101b所示。磁极用铁磁材料做成爪形，磁极的励磁绕组由外部电源经集电环通入直流励磁电流进行励磁。爪极与电枢用气隙隔开。若干个爪极与输出轴之间为硬联结，作为离合器的从动部分。电枢为用铁磁材料做成的圆筒形实心钢体结构，电枢直接固定在三相异步电动机轴伸上，由电动机拖动，是离合器的主动部分。当作为原动机的三相异步电动机拖动电枢转动时，如果没有向励磁绕组通电，磁极与输出轴是不会转动的。当经过集电环向磁极励磁绕组通入直流励磁电流后，磁极即有磁性，磁通经爪极→气隙→电枢→气隙→爪极而闭合，短路的电枢切割磁通而产生感应电动势，并形成涡流，涡流方向用右手定则判定，如图1-101a中所示。涡流又与磁通作用产生转矩，其方向可用左手定则判定，在该转矩的作用下，磁极便跟随电枢转动。由图中可知两者的旋转方向是一致的，磁极通过输出轴拖动负载转动。参照异步电动机的工作原理可知，磁极的转速 n 必定小于电枢的转速 n_1，否则当电枢和磁极之间没有相对转速差时，电枢中就不会有涡流产生，也就没有转矩去带动磁极旋转，因此取名为“转差离合器”。

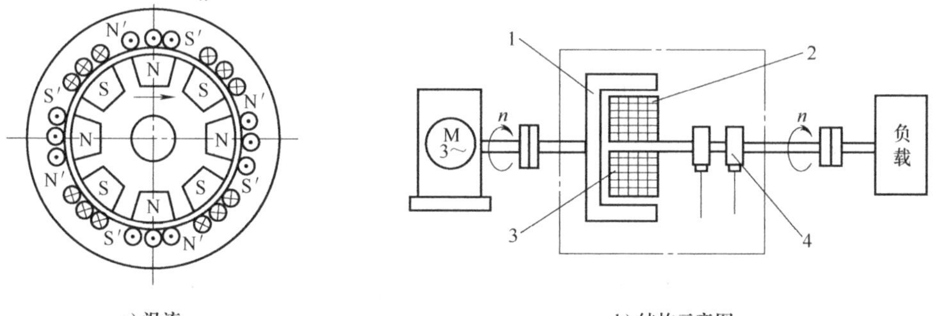

a) 涡流　　b) 结构示意图

图1-101　电磁转差离合器

1—电枢　2—磁极　3—励磁绕组　4—电刷和集电环

试题精选：

（√）电磁转差离合器的主要部件是电枢和磁极，由气隙分开，各自能独立旋转。

鉴定点 3　电磁转差离合器的主要特点

问：简述电磁转差离合器的主要特点。

答：转差离合器调速的主要特点是它的机械特性曲线较软，故输出的转速随负载的变化而变化较大，特别是在低转速输出时，其特性更软，这种特性往往满足不了不少生产机械要求有较为恒定的转速的目的，利用电磁转差离合器调速低速运行时，电枢内表层将产生很大的涡流损耗，效率较低。在恒转矩负载下，电磁转差离合器的效率正比于输出转速。

为此电磁调速异步电动机中一般都配有能根据负载变化而自动调节励磁电流的控制装置，它主要由测速发电机和速度负反馈系统构成，当负载向上波动使转速降低时，自动增加励磁电流，从而保持转速的相对稳定。

试题精选：

利用电磁转差离合器调速（A）运行时，电枢内表层将产生很大的涡流损耗。

A. 低速　　B. 高速　　C. 稳速　　D. 中速

鉴定点 4　电磁转差离合器调速的工作原理

问：简述电磁转差离合器调速的工作原理。

答：转差离合器与三相异步电动机旋转原理的不同之处在于三相异步电动机是靠定子通入三相交流电产生旋转磁场的，而转差离合器的磁场则由直流电产生，由于电枢的旋转使磁极的磁场起到了像旋转磁场一样的作用。改变转差离合器励磁绕组中的励磁电流，就可以调节离合器的输出转矩和转速。当励磁电流增大时，输出转矩也增大，在一定的负载转矩下，输出的转速也升高。

当电动机带动杯形电枢旋转时，电枢就会因切割磁力线而感应出涡流，涡流与磁极的磁场作用产生电磁力，此电磁力所形成的转矩将使磁极跟着电枢同方向旋转，从而带动了工作机械旋转。

试题精选：

（×）电磁转差离合器调速的工作原理与异步电动机相同。

鉴定点 5　电磁调速异步电动机调速系统的工作原理

问：简述电磁调速异步电动机调速系统的组成和工作原理。

答：电磁调速异步电动机调速系统主要由控制器、电磁转差离合器和异步电动机三大部分组成。

（1）控制器的组成　控制器的组成框图如图 1-102 所示。控制器由晶闸管主回路、给定电路、触发电路、测速反馈电路等环节组成，如图 1-103 所示。

1）主回路。采用晶闸管半波整流电路。由于励磁绕组是一个电感性负载，为了让电流连续，因此在励磁绕组前并联一个续流二极管（V1）。

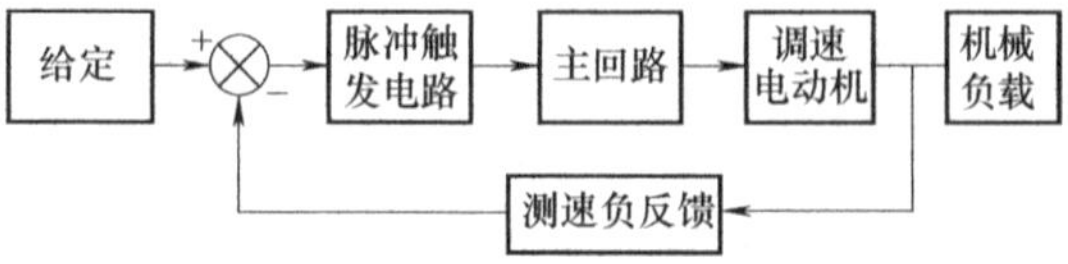

图 1-102 控制器的组成框图

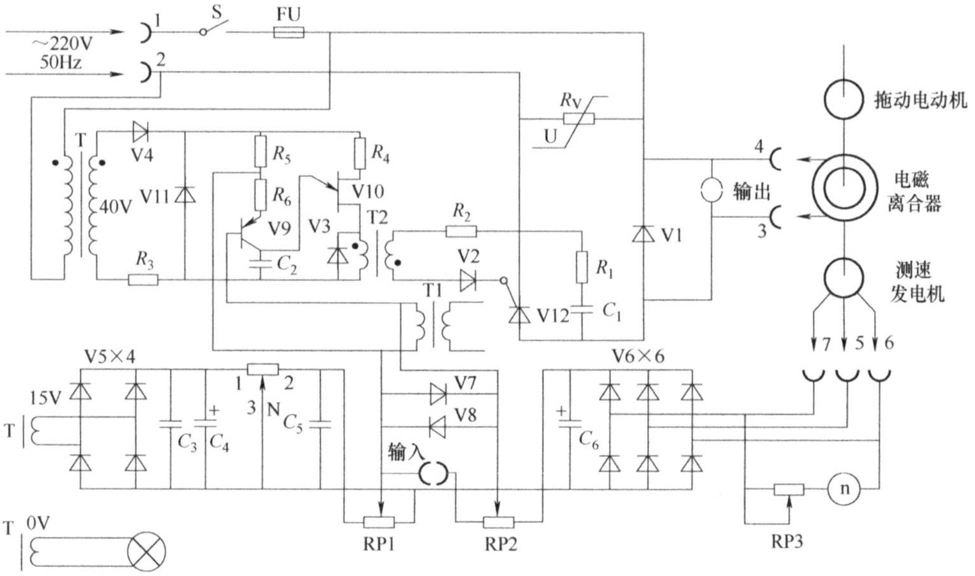

图 1-103 控制器电路

2）主回路的保护装置。用熔断器（FU）作为短路保护，用压敏电阻（R_V）作为交流侧浪涌电压保护，用阻容吸收回路（R_1 和 C_1）作为元件侧电压保护。

3）给定电路。15V 交流电压由变压器二次侧经 V5×4 桥式整流及 C_3 和 C_4 滤波后，再经稳压电路 N 加到给定电位器 RP1 两端。

4）测速负反馈电路。测速发电机三相（或单相）电压经 V6×6 桥式整流后由 C_6 滤波，加到反馈电位器 RP2 两端，此直流电压随调速电动机转速的变化而呈线性变化。

5）触发电路。采用单结晶体管触发电路，此电路比较简单，可靠性高，调整容易，温度补偿较好，受温度影响小，移相范围达到 160°左右。

（2）转差离合器　由电枢和磁极两部分组成，这两部分没有机械联系，但均能自由旋转。电枢与异步电动机同轴连接或用联轴器连接，由电动机带着转动，称为主动部分；磁极则是用联轴器与工作机械（负载）相连，称为从动部分。电枢通常用整块的铸钢加工而成，形状如同一个杯子，上面没有绕组。磁极则由铁心和绕组两部分组成。绕组由晶闸管整流电源励磁。

当电动机带动杯形电枢旋转时，电枢就会因切割磁力线而感应出涡流，涡流与磁极的磁场作用产生电磁力，此电磁力所形成的转矩将使磁极跟着电枢同方向旋转，从而带动工作机械旋转。

由于异步电动机的固有机械特性较硬，因而可以认为电枢的转速近似不变，而磁极的转速则由磁极磁场的强弱而定，即由励磁电流的大小而定，因此，只要改变励磁电流的大小，就可以改变磁极的转速，也就可改变工作机械的转速。

由此可见，当励磁电流等于零时，磁极不会转动，相当于工作机械被“离开”；一旦加上励磁电流，磁极立刻转动，相当于工作机械被“合上”，因此取名为“离合器”。而且又因为它基于电磁感应原理，磁极与电枢之间一定要有转差才能产生涡流和电磁转矩，因此全名就称为“电磁离合器”。由于它的作用原理和异步电动机相似，所以又常将它连同驱动它的异步电动机一起称作“转差率电动机”。

试题精选：

电磁转差离合器调速时，要提高调速范围，提高平滑性，提高机械特性的硬度，必须采取的措施是（A）。

A. 引入速度负反馈　　B. 引入速度正反馈

C. 引入电压负反馈　　D. 引入电流负反馈

鉴定点 6　串级调速系统的工作原理

问：何谓异步电动机的串级调速系统？简述串级调速系统的工作原理。

答：绕线转子异步电动机，由于其转子能通过集电环与外部电气设备相连接，而对转子侧引入控制变量以实现调速，主要是调节转子电动势调速。

串级调速的工作原理如图 1-104 所示。异步电动机运行时，其转子相电动势为

$$E_2=E_{20}$$

转子正常线电流为

$$I_2=\frac{sE_{20}}{\sqrt{R_2^2+(sX_{20})^2}}$$

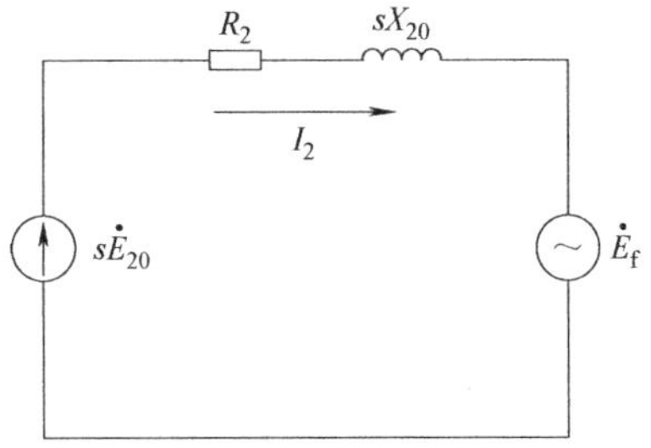

图 1-104　串级调速的工作原理

在转子回路中引入一个可控的交流附加电动势 E_{add} 并与转子电动势 E_2 串联，E_{add} 应与 E_2 有相同的频率，但可与 E_2 同向或反向，此时转子线电流为

$$I_2=\frac{sE_{20}\pm E_{add}}{\sqrt{R_2^2+(sX_{20})^2}}$$

当电力拖动的负载转矩 T_L 为恒定时，可认为转子电流 I_2 是恒定的。假设在未串入附加电动势前，电动机在 $s=s_1$ 的转差率下稳定运行；当加入反向的附加电动势后，由于负载转矩恒定，因此电动机的转差率必须加大。这一过程也可以描述为在反向附加反电动势 $-E_{add}$ 的引入瞬间，转子回路总的电动势减小了，转子电流也随之减小，使电动机的电磁转矩也减小，由于负载转矩未变，所以电动机就减速，直至 $s_1=s_2(s_2>s_1)$ 时，转子电流又恢复到原值，电动机进入新的稳定状态工作。

同理，加入同向附加电动势 E_{add} 可使电动机转速增加。所以当绕线转子异步电动机转子侧加入一可控的附加电动势时，即可对电动机实现转速调节。

在转子回路中串入附加直流电动势的调速系统中，由于转子整流器是单向不可控的，电

动机的转差功率只能通过产生可控的附加直流电动势装置回馈给电网，故只能实现低于同步转速以下的调速，这种系统称为低同步串级调速系统。常见的同步晶闸管串级调速系统如图 1-105 所示。

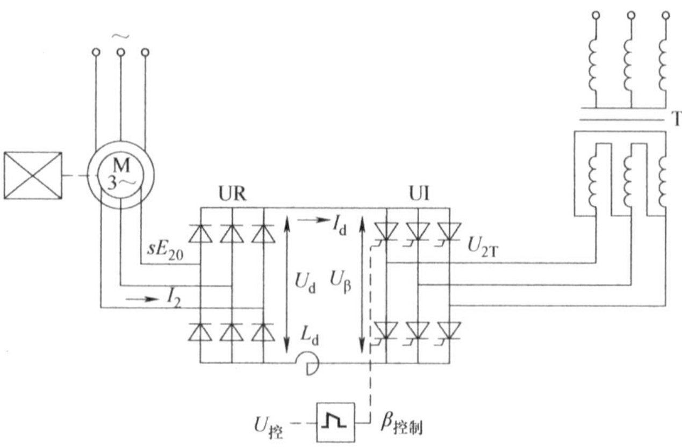

图 1-105　同步晶闸管串级调速系统

调节触发超前角 β 可改变逆变电压 U_β 的大小，就可以改变直流附加电动势的大小，从而实现了串级调速。通常，系统整流触发超前角 β 的变化范围为 30°~90°。当 $\beta=\beta_{max}=90°$ 时，逆变电压 $U_\beta=0$，即直流附加电动势为零时，电动机便以接近额定转速的最高转速运行，当 $\beta=\beta_{max}=30°$时，逆变电压 U_β 最大，即直流附加电动势最大，转子电流最小，电动机以最低转速运行。

对于调速技术性能指标有较高要求的生产机械，可采用转速、电流双闭环串级调速系统，以保证系统既具有较硬的机械特性，又具有响应速度快、抗干扰能力强、易于过电流保护等优点。

试题精选：

晶闸管低同步串级调速系统工作时，晶闸管有源逆变器的触发超前角 β 一般为（B）。

A. 30°~60°　　B. 30°~90°　　C. 60°~90°　　D. 90°~120°

鉴定点 7　电压负反馈调速系统的组成和原理

问：简述电压负反馈调速系统的组成和原理。

答：电压负反馈调速系统如图 1-106 所示。

其工作原理如下：

当负载发生变化时，转矩 T 增大，则电动机转速下降，而电枢回路的电流 I_a 将增加，它导致电源内阻 R_0 上的电压降 I_oR_0 将增加，即Δn_1 增加，使电枢电压 U_a 下降，与 U_a 成比例的反馈电压随之下降，ΔU 增加，U_k 下降，使触发延迟角 α 前移，晶闸管输出电压 U_{ao}上升，电动机的转速得到一定的补偿。上述过程可以表示为

$$T\uparrow\rightarrow n\downarrow\rightarrow I_a\uparrow\rightarrow I_aR_0\uparrow\rightarrow U_a\downarrow\rightarrow U_f\downarrow\rightarrow\Delta U(U_g-U_f)\uparrow\rightarrow\alpha\downarrow\rightarrow U_{ao}\uparrow\rightarrow n\uparrow$$

电压负反馈系统的被控制量是电动机的端电压 U_a，因而它只能维持电枢电压 U_a 基本不变。所以当负载增加时，由于负载电流 I_a 在电动机电枢电阻上产生的压降 I_aR_a 所引起的转速

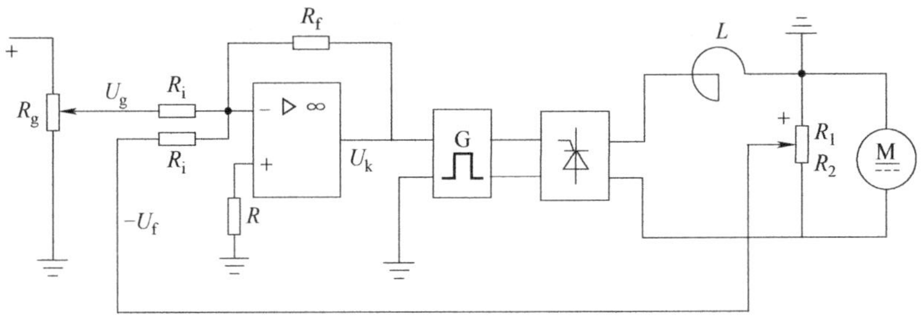

图 1-106　电压负反馈调速系统

降落Δn_2没有得到补偿，故电压负反馈的效果不如转速负反馈好。一般在调速范围 $D<10$，静差率 $s>15\%$时，可使用这种系统。

电压负反馈调速系统是通过稳定直流电动机电枢电压来达到稳定转速的目的，其原理是电枢电压的变化与（C）。

A. 转速的变化成正比　　　　B. 转速的变化成反比

C. 转速的二次方成正比　　　D. 转速变化的二次方成反比

鉴定点 8　电压负反馈电流正反馈调速系统的组成和原理

问：简述电压负反馈电流正反馈调速系统的组成和原理。

答：利用电压负反馈来补偿电源内阻上的电压降变化，用电流正反馈补偿电动机绕组上的电压降变化，也可基本维持电动机的转速恒定。即电压负反馈主要克服电源内阻引起的转速降落Δn_1，而电枢回路电阻 R_a 引起的转速降Δn_2将通过电流正反馈来补偿。电压负反馈及电流正反馈自动调速电路如图 1-107 所示。

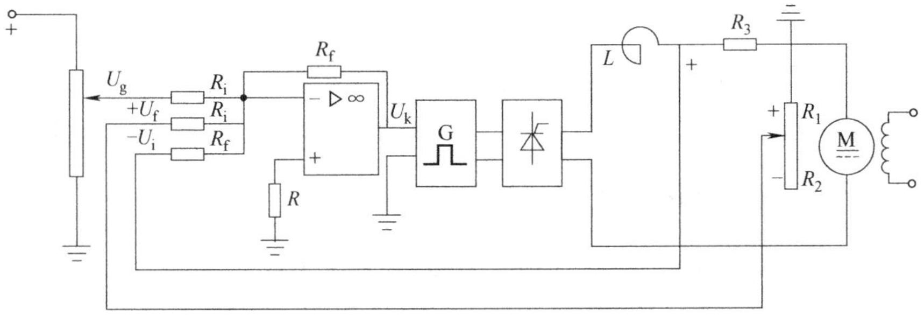

图 1-107　电压负反馈及电流正反馈自动调速电路

电压负反馈及电流正反馈自动调速系统电压负反馈的工作原理同电压负反馈调速系统。而电流正反馈的工作原理如下：

当负载发生变化时，转矩 T 增大，则电动机转速下降，而电枢回路的电流 I_a 将增加，它导致电阻 R_3 上的电压降 I_aR_3 将增加，即电流正反馈电压 U_i 增加，使$\Delta U=U_g+U_i-U_f$增加，U_k 下降，使触发延迟角 α 前移，晶闸管输出电压 U_{ao}上升，电动机的转速得到一定的补偿。上述过程可以表示为

$$T\uparrow\rightarrow I_a\uparrow\rightarrow I_aR_3\uparrow\rightarrow U_i\uparrow\rightarrow\Delta U(U_g+U_i-U_f)\uparrow\rightarrow\alpha\downarrow\rightarrow U_{ao}\uparrow\rightarrow n\uparrow$$

转速负反馈系统中的被控量是转速，因而系统维持转速基本不变；但电压负反馈系统的被控量是电动机的端电压 U_a，因而它只能维持电枢电压 U_a 基本不变。所以当负载增加时，由于负载电流 I_a 在电动机电枢电阻上产生的压降 I_aR_a 所引起的转速降 Δn_2 没有得到补偿，故电压负反馈的效果不如转速负反馈好。

电流正反馈引起的转速补偿其实是转速升而非转速降。电流正反馈反映的物理量是电动机负载的大小，而不是被调整量电压或转速的大小。因此，电流正反馈的实质是根据负载的大小适当调整控制电压，以抵消负载变化引起的转速降落。故电流正反馈环节实际上是补偿环节。

试题精选 1：

电压负反馈能克服（B）压降所引起的转速降。

A. 电枢电阻　　B. 整流器内阻

C. 电枢回路内阻　　D. 电刷接触电阻

试题精选 2：

（√）电压负反馈调速系统中必有放大器。

鉴定点 9　电流截止负反馈的组成和原理

问：简述电流截止负反馈的组成和原理。

答：为了解决转速负反馈单闭环直流调速系统存在的起动和堵转时电流过大的问题，系统中就必须有限制电枢电流过大的保护环节。根据反馈控制原理要维持某一物理量（如转速）不变时，就引入那个物理量的负反馈（如转速负反馈）。现在要防止电流过大，使电流在一定的情况下，保持某一数值不变，为此可以在系统中引入电流负反馈。但是在转速负反馈单闭环直流调速系统中，如果始终存在电流负反馈，则将会使静特性变软，影响调速精度，为了使电流负反馈在系统正常运行时不起作用，而在电流过大（超过某一允许值）时起强烈作用，这样的电流负反馈称之为电流截止负反馈。

带电流截止负反馈的转速负反馈直流调速系统如图 1-108 所示。

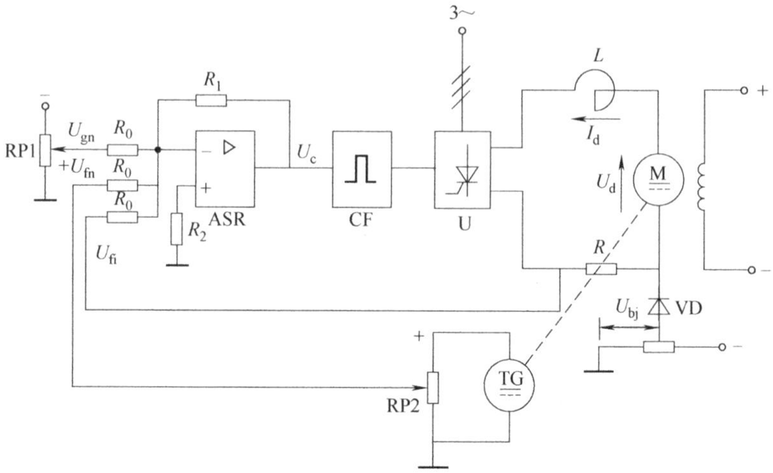

图 1-108　带电流截止负反馈的转速负反馈直流调速系统

由 1-108 可见，电流信号从串入电动机电枢回路的电阻 R 上取出，电阻 R 上的电压大小就反映电枢电流 I_d 的大小。这个电流反馈电压与比较电压 U_{bj} 反向串联，比较电压 U_{bj} 大小可调。当 U_{bj} 大时，相应的截止电流 I_{dj} 也大；当 U_{bj} 小时，相应的截止电流 I_{dj} 也小。在 R 与比较电压 U_{bj} 之间串有一个二极管 VD。$I_dR>U_{bj}$ 时，二极管 VD 导通，电流负反馈信号电压 U_{fi} 加到转速调节器 ASR 输入端。其极性与给定电压极性相反，因而随着负载电流的增加，电流反馈电压 U_{fi} 增加，转速调节器输出电压 U_c 迅速下降，晶闸管整流装置输出电压 U_d 也随之迅速下降，这样就限制了电枢电流的进一步增加。若负载继续增加，电动机转速迅速下降，直到电动机堵转。当电动机堵转时，输出电压 $U_d=I_{du}R_x$，其中 I_{du} 为电动机的堵转电流，这个堵转电流是电动机和晶闸管整流装置短路时所允许的电流，因此对晶闸管整流装置和电动机起到保护作用。

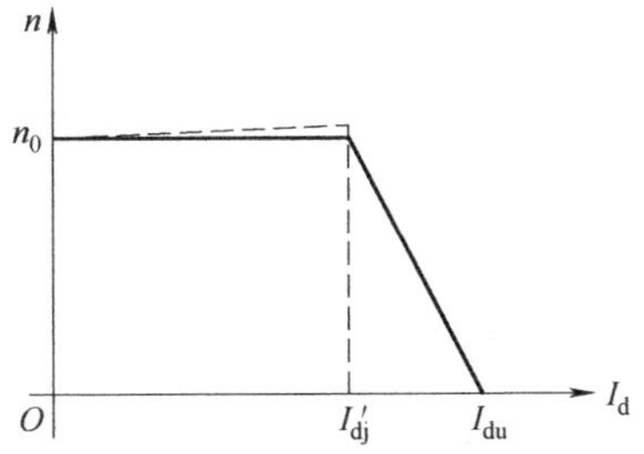

图 1-109　带电流截止负反馈的转速负反馈直流调速系统的静特性

当 $I_dR_d<U_{bj}$ 时，二极管 VD 因承受反向电压而截止，相当于电流截止负反馈环节断开，整个系统与没有电流截止负反馈环节一样，此时系统相当于转速负反馈的单闭环调速系统，静特性硬，转速降很小。带电流截止负反馈的转速负反馈直流调速系统的静特性如图 1-109 所示，图中 I_{dj} 为截止电流，I_{du} 为堵转电流，该系统具有“挖土机特性”。

试题精选：

带有电流截止负反馈环节的调速系统，为了使电流截止负反馈参与调节后机械特性曲线下垂段更陡一些，应把反馈取样电阻阻值选得（A）。

A. 大一些　　B. 小一些　　C. 接近无穷大　　D. 零

鉴定点 10　电压微分负反馈和电流微分负反馈的组成和原理

问：简述电压微分负反馈和电流微分负反馈的组成和原理。

答：在闭环调速系统中，造成系统不稳定的主要原因是系统动态放大倍数太大。最好的解决方法是降低动态放大倍数，而静态放大倍数不变。因此，在自动调速系统中加入电压微分负反馈和电流微分负反馈。电压微分负反馈电路如图 1-110 所示。

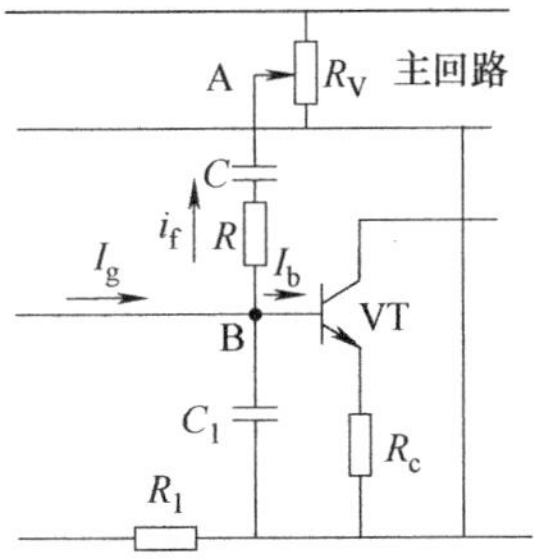

图 1-110　电压微分负反馈电路

电压微分负反馈与电压负反馈有本质的区别：无论主回路电压变动与否，电压负反馈信号始终存在。而电压微分负反馈只是在主回路电压变动时才有反馈信号。若电压不变，则电压微分负反馈信号不存在。

由于电压微分负反馈只有在电压变化时才起作用，而电压的变化，意味着电动机转速的变化。稳定电压，也就稳定了电动机的转速。由于电压微分负反馈并不影响静态放大倍数，所以保持了系统应有的静态指标。电流微分负反馈的原理与电压微分负反馈一样，只是所取的信号是电流，只有当电流有变化时，该信号才起作用。

试题精选：

（×）调速系统中采用微分负反馈的目的是使电路中的放大倍数不变。

鉴定范围16 交直流调速系统的维修

鉴定点1 直流调速系统的励磁故障分析

问：直流调速系统的励磁故障有哪些？

答：直流调速系统的励磁故障有：

1）电动机不能起动：原因是励磁绕组回路开路。具体原因可能是磁场线圈断开、励磁欠电压继电器动作等。

2）电动机转速不正常：原因是励磁电压过低等。具体原因可能是整流部分出现开路、励磁绕组匝间短路等。

试题精选：

有电枢电压，电动机“嗡嗡”响却不转，一会出现过电流跳闸。故障原因可能是（C）。

A. 电动机气隙磁通不饱和　　B. 电动机磁通饱和

C. 励磁电路损坏或没有加励磁　　D. 电枢电压过低

鉴定点2 直流调速系统励磁故障处理方法

问：如何处理直流调速系统励磁故障？

答：直流调速系统励磁故障处理方法为：检查磁场线圈联接是否良好，接错磁场线圈或调速器内部是否断路，励磁欠电压继电器是否动作，励磁电压是否正常。针对上述查处的故障点进行修复。

试题精选：

（×）转速电流双闭环直流调速系统中电动机的励磁若接反，则会使反馈极性错误。

鉴定点3 直流调速系统的主电路故障分析与处理

问：直流调速系统的主电路有哪些常见的故障？

答：直流调速系统的主电路常见故障有：

1）电源故障。故障可能原因是：电源不通；电源断相；处理方法是：检查主接触器是否闭合；检查继电器 KA 是否有故障。针对故障进行处理。

2）电源电压正常，整流桥输出波形不齐。故障可能原因是：触发器锯齿波斜率不一致而引起的。处理方法是：适当调节触发器锯齿波斜率电位器，使输出波形整齐。

3）直流电动机机械特性变软。故障可能原因是：晶闸管断相；处理方法是：检查各触发器是否有脉冲输出、快速熔断器是否熔断、晶闸管是否击穿或断路、同步变压器是否损坏、电源是否断相。针对故障进行处理。

试题精选1：

在转速电流单闭环调速系统中，调节给定电压，电动机转速有变化，但电枢电压很低。

此故障的可能原因是（A）。

A. 主电路晶闸管损坏　　B. 晶闸管触发角太小

C. 速度调节器电路故障　　D. 电流调节器电路故障

试题精选 2：

直流调速系统中，直流电动机机械特性变软故障的可能原因是：晶闸管断相。处理方法为（A）。

A. 检查各触发器是否有脉冲输出　　B. 增大晶闸管触发角

C. 调节速度调节器　　D. 调节电流调节器

鉴定点 4　直流调速系统反馈电路故障分析与处理

问：直流调速系统反馈电路常见的故障有哪些？如何进行处理？

答：直流调速系统反馈电路常见的故障与处理方法如下：

（1）速度不稳　故障可能原因是：

1）测速发电机固定不牢固或与主轴不同步；

2）速度调节器的参数不合适，应对动态参数进行调整，例如，改变比例、积分参数。

3）调速系统的某个环节有虚焊（或接触不良）。

4）也可能是由于干扰引起的，采取必要的抗干扰措施。

（2）稍加给定电压，电动机转速即超过额定值　将给定电压调为零，电动机转速仍不降低，这是由于失去速度反馈造成的“飞车”现象。处理方法是：应立即关断主回路电源，检查测速电动机是否损坏，速度反馈连接线是否断路，速度变换器是否发生故障。针对问题进行处理。

（3）整流桥输出电压调不高　故障原因和处理方法如下：

1）速度调节器、电流调节器限幅偏小。应根据实际情况适当放开限幅值。

2）速度反馈信号过强，可适当减少速度反馈信号。

（4）系统在无给定时，仍低速运行，即出现“爬行”现象　故障原因和处理方法为：系统出现“零点漂移”造成的，可通过调节偏移电位器使触发延迟角 $\alpha=90°$，此时整流系统输出电压为零，即可消除“爬行”现象。

（5）加上给定电压，系统仍不运行　故障原因和处理方法为：应首先检查外部控制系统是否正常，如系统正常，则可能是给定积分、速度调节器、电流调节器等环节出现故障造成的，此时应切断主回路电源，只将控制系统给电，在不加给定电压的情况下，测试各个调节器的关键点；然后加上给定电压，从前至后逐个检查各个关键点的电位情况，即可找出故障点，针对问题进行处理。

（6）控制精度不够　在以分配器为给定的外部控制运行时，往往要求有足够的停车精度，才能正常工作。如果停车精度差，可适当调整速度调节器的 PI 环节，一般通过减少比例部分，加大积分部分即可解决问题。

（7）可逆系统出现振荡现象

1）系统在开环状态时有振荡现象。此时可通过改变给定电压，从前至后检查各个关键点电位的变化情况。如果给定电压不变，而某点电位仍在变化，即为问题所在。

2）系统在闭环状态时有振荡现象。这种情况下为了保证安全，一般应将电感性负载改为电阻性负载，检查方法和部位同开环状态；造成振荡的原因往往是由于电子元器件损坏或虚焊、系统参数不当等原因引起的，可根据具体情况针对解决。

试题精选 1：

（√）转速电流双闭环调速系统中，要确保反馈极性正确，应构成负反馈，避免出现正反馈，造成过电流故障。

试题精选 2：

调速系统开机时电流调节器 ACR 立刻限幅，电动机速度达到最大值，或电动机忽转忽停出现振荡。可能原因是（D）。

A. 系统受到严重干扰　　B. 励磁电路故障

C. 限幅电路没整定好　　D. 反馈级性错误

鉴定点 5　变频器的硬件故障分类与处理

问：变频器的硬件故障有哪些？如何进行处理？

答：变频器硬件故障的分类与处理方法如下：

（1）过电流跳闸的原因及处理

1）重新起动时，一升速就跳闸，这是过电流十分严重的表现，主要原因有：

① 负载侧短路。

② 工作机械卡阻。

③ 逆变管损坏。

④ 电动机的起动转矩过小，拖动系统转不起来。

2）重新起动时，并不立即跳闸，而是在运行（包括升速和降速运行）过程中跳闸，可能的原因有：

① 升速时间设定太短。

② 降速时间设定太短。

③ 转矩补偿设定较大，引起低频时空载电流过大。

④ 电子热继电器整定不当，动作电流设定得太小，引起误动作。

（2）过电压的原因及处理

1）电源电压过高。

2）降速时间设定太短。

3）降速过程中，再生制动的放电单元工作不理想。

① 如果因来不及放电所造成，应增加外接制动电阻和制动单元。

② 如果有制动电阻和制动单元，那么放电支路实际不放电。

（3）欠电压跳闸的原因及处理

1）电源电压过低。处理方法：检查电源电压，调整电压至正常。

2）电源断相。处理方法：检查电源是否断相，调整电压至正常。

3）整流桥故障。处理方法：检查整流器件是否损坏，更换整流器件。

（4）电动机不转的原因及处理

1）功能预置不当：

① 上限频率与最高频率或基本频率与最高频率设定矛盾，最高频率的预置值必须大于上限频率和基本频率的预置值。

② 使用外接给定时，未对“键盘给定/外接给定”的选择进行预置。

③ 其他不合理预置。

处理方法：重新进行功能预置，使预置值合理，符合要求。

2）在使用外接给定方式时，无“起动”信号。当使用外接给定信号时，必须由起动按钮或其他触头来控制其起动。处理方法：如不需要由起动按钮或其他触头控制时，应将 RUN 端（或 FWD）端）与 COM 端之间短接起来。

3）其他可能的原因有：工作机械卡阻、电动机的起动转矩过小和变频器出现电路故障。处理方法：针对具体问题进行解决。

试题精选 1：

在负载不变的情况下，变频器出现过电流故障，其原因可能是（C）。

A. 负载过重　　B. 电源电压不稳

C. 转矩提升功能设置不当　　D. 斜坡时间设置过长

试题精选 2：

（√）变频器起动困难时应加大其容量。

鉴定点 6　变频器的参数设置故障分析

问：变频器的参数设置故障有哪些？

答：变频器的参数设置故障主要是指参数设置不正确。变频器的参数正确设置的方法如下：

（1）变频器的参数设置　西门子变频器的参数分成十个大类，每类又分为三个层次。变频器的参数只能用基本操作面板（BOP）、高级操作面板（AOP）或者通过串行通信接口进行修改。用 BOP 可以修改和设定系统参数，使变频器具有期望的功能，例如斜坡时间、最小和最大频率等。选择的参数编号和设定的参数值可以在 5 位数字的 LCD（可选件）上得到显示。

1）r××××表示一个用于显示的只读参数。

2）P××××是一个设定参数，其设定值可以直接在标题栏的“最小值”和“最大值”范围内进行修改。

3）P0010 表示起动“快速调试”。如果 P0010 被访问以后没有设定为 0，变频器将不能运行。如果 P3900>0，这一功能是自动完成的。

4）P0004 的作用是过滤参数，据此可以按照功能去访问不同的参数。

5）变频器的参数有三个用户访问级，即标准访问级、扩展访问级和专家访问级。访问的等级由参数 P0003 来选择，对于大多数应用对象，只要访问标准级（P0003 = 1）和扩展级（P0003 = 2）的参数就足够了。

6）第四访问级的参数只是用于内部的系统设置，因而是不能修改的。第四访问级参数只有得到授权的人员才能修改。

（2）用户访问级 P0003　这个参数用于定义用户访问参数组的等级，对于大多数简单的运用对象，采用默认设定值（标准模式）就可以满足要求了。P0003 的设定值有如下几种情况：

1）P0003=0 用户定义的参数表。

2）P0003=1 标准级：可以访问最经常使用的参数。

3）P0003=2 扩展级；允许扩展访问参数的范围。

4）P0003=3 专家级：只供专家使用。

5）P0003=4 维修级：只供授权的维修人员使用，具有密码保护功能。

（3）参数过滤器 P0004　这个参数的作用是按功能的要求筛选（或过滤）出与该功能相关的参数，这样可以更方便地进行调试。参数过滤器 P0004 的设定值有如下几种情况：

1）P0004=0 全部参数。

2）P0004=2 变频器参数。

3）P0004=3 电动机参数。

4）P0004=4 速度传感器。

5）P0004=5 工艺应用对象或装置。

6）P0004=7 命令、二进制 I/O。

7）P0004=8ADC（模/数转换）和 DAC（数/模转换）。

8）P0004=10 设定值通道/斜坡函数发生器。

9）P0004=12 驱动装置的特征。

10）P0004=13 电动机的控制。

11）P0004=20 通信。

12）P0004=21 报警/警告/监控。

13）P0004=22 工艺参量控制器（例如 PID）。

注意：参数的标题栏中标有“快速调试：是”的参数只能在 P0010=1（快速调试）时进行设定。变频器可以在 P0004 的任何一个设定值时起动。

（4）P0003 和 P0004 的使用　参数过滤器 P0004 的设定值决定了访问参数的功能和类型，而用户访问级 P0003 的设定值决定了由 P0004 限定的参数类型的访问等级。在访问和设置参数时 P0003 和 P0004 共同限定了所访问和设置的参数范围。

1）P0003=1 设定用户访问级为标准级，P0004=2 变频器参数。此时表示访问变频器参数，访问等级为标准级。

2）P0003=2 设定用户访问级为扩展级，P0004=3 电动机参数。此时表示访问电动机参数，访问等级为标准级和扩展级。

3）P0003=1 设定用户访问级为标准级，P0004=10 设定值通道和斜坡函数发生器。此时可设置频率设定值选择参数 P1000。当 P1000=1 时，频率设定值由电动电位计（键盘）输入；当 P1000=2 时，频率设定值由模拟输入接口输入；当 P1000=3 时，选择固定频率设定值等。同时，还能访问电动机运行最低频率 P1080、电动机运行最高频率 P1082、斜坡上升时间 P1120 和斜坡下降时间 P1121 等参数。

4）P0003=2 设定用户访问级为扩展级，P0004=7 命令和数字：I/O。此时可访问数字输入参数 P0701~P0708，设置数字输入 1~8 端口的功能。

试题精选：

西门子 MM400 系列变频器把全部参数分成（D）大类，每类又分 3 个层级。

A. 4　　B. 6　　C. 8　　D. 10

鉴定点 7　变频器参数的修改方法

问：如何修改变频器的参数？

答：变频器的参数修改时，首先要确定该参数所属的类别和层级。

变频器的电动机参数设置时要与电动机铭牌上的数据完全一致。变频器的电动机参数有：

1）选择电动机的类型 P0300。选择电动机的类型 P0300 的设定值范围（1、2）及设定值说明：P0300=1 异步电动机，P0300=2 同步电动机。本参数的用户访问级 P0003=2 为扩展级。

2）电动机的额定电压 P0304。本参数只能在快速调试 P0010=1 时进行修改，参数的用户访问级 P0003=1 为标准级。

3）电动机额定电流 P0305。电动机额定电流 P0305 设定值范围：一般为 0~2 倍变频器额定电流，根据所选用电动机铭牌上额定电流设定。对于异步电动机，电动机电流的最大值定义为变频器的最大电流。对于同步电动机，电动机电流的最大值定义为变频器最大电流的两倍。本参数只能在快速调试 P0010=1 时进行修改。参数的用户访问级 P0003=1 为标准级。

4）电动机额定功率 P0307。电动机额定功率 P0307 的设定值范围为 0~2000kW，应根据所选电动机铭牌上的额定功率设定。如果 P0100=1，则功率单位为 hp。本参数只能在快速调试 P0010=1 时进行修改。参数的用户访问级 P0003=1 为标准级。

5）电动机额定功率因数 P0308。本参数只能在 P0100=0 或 2 的情况下，输入功率以 kW 表示时才能看见，而且只能在快速调试 P0010=1 时进行修改。参数的用户访问级 P0003=2 为扩展级。

6）电动机的额定频率 P0310。电动机的额定频率 P0310 的设定值范围为 12~650Hz，应根据所选电动机铭牌上的额定频率设定，本参数只能在快速调试 P0010=1 时进行修改。如果这个参数进行了修改，变频器将自动重新计算电动机的极对数。参数的用户访问级 P0003=1 为标准级。

7）电动机的额定速度 P0311。应根据所选电动机铭牌上的额定速度设定。本参数只能在快速调试 P0010=1 时进行修改，参数的设定值为 0 时，将由变频器的内部来计算电动机的额定速度。对于带有速度控制器的矢量控制和 *U/f* 控制方式，必须有这个参数。如果这个参数进行了修改，变频器将自动重新计算电动机的极对数。参数的用户访问级 P0003=1 为标准级。

8）电动机的冷却 P0335。电动机的冷却 P0335 的设定值范围（0~3）。本参数的用户访问级 P0003=2 为扩展级。

9）电动机过载 P0640。电动机过载 P0640 的设定值范围为 10.0%~400.0%。以电动机额定电流 P0305 的百分值表示的电动机过载电流限幅值。本参数的工厂默认值为 150%，用户访问级 P0003 = 2 为扩展级。

试题精选 1：

设置变频器的电动机参数时，要与电动机的铭牌数据（A）。

A. 完全一致　　B. 基本一致

C. 可以不一致　　D. 根据控制要求变更

试题精选 2：

（√）当出现参数设置故障时，可根据故障代码或说明书进行修改，也可恢复出厂值，重新设置。

鉴定点 8　变频调速系统主电路的故障分析与处理

问：变频调速系统主电路的故障有哪些？如何进行处理？

答：变频调速系统主电路的故障分析与处理方法如下：

（1）加减速或正常运行时出现过电流跳闸　首先应区分是由于负载原因，还是变频器的原因引起的。假如是变频器的故障，可通过历史记录查询在跳闸时的电流，超过了变频器的额定电流或电子热继电器的设定值，而三相电压和电流是平衡的，则应考虑是否有过载或突变，如电动机堵转等。在负载惯性较大时，可适当延长加速时间，此过程对变频器自己并无损坏。若跳闸时的电流在变频器的额定电流或在电子热继电器的设定范围内，可判断是 IPM 模块或相关部分发生故障。如模块未损坏，则是驱动电路出了故障。假如减速时 IPM 模块过电流或变频器对地短路跳闸，一般是逆变器的上半桥的模块或其驱动电路故障；而加速时 IPM 模块过电流，则是下半桥的模块或其驱动电路部分故障，发生这些故障的原因，多数是由于外部灰尘进入变频器内部或环境潮湿引起的。

（2）过载　主要原因有：

1）机械负载过重。主要原因是变频器负载过大，加减速时间、运行周期时间太短；U/f 特性的电压太高；变频器功率太小。

2）三相电压不平衡。主要原因是某相运行电流过大，导致过载跳闸。

3）误动作。变频器内部的电流检测部分发生故障，检测出的电流信号偏大，导致过载跳闸。

试题精选 1：

变频器一上电就过电流故障报警并跳闸。此故障原因不可能是（D）。

A. 变频器主电路有短路故障　　B. 电动机有短路故障

C. 安装时有短路问题　　D. 电动机设置参数问题

试题精选 2：

（√）一般来说，当变频器发生故障，而又无故障显示时，不能再贸然通电，以免引起更大的损坏。

第二部分　应会单元

鉴定范围 1　继电—接触式控制电路的装调与维修

鉴定点 1　T68 型镗床电气控制电路的调试与维修

问：简述 T68 型镗床电气控制电路的原理；T68 型镗床电气控制电路常见的故障有哪些?

答：T68 型镗床主要由床身、主轴箱、前立柱、带尾架的后立柱、下溜板、上溜板和工作台等部分组成。

该镗床型号的意义如下：

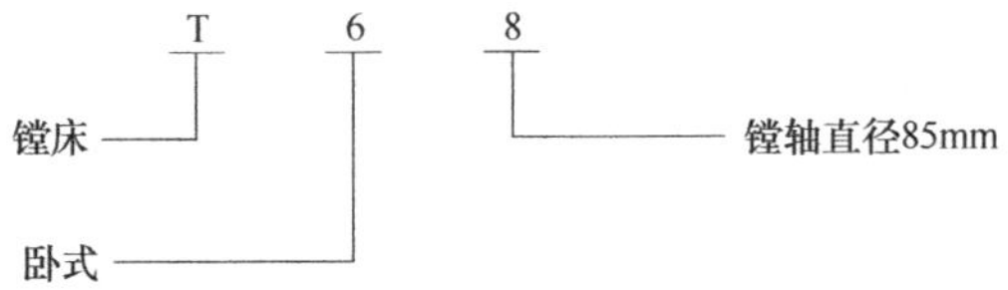

1. T68 型镗床的主要运动形式

（1）主运动　镗床主轴和花盘的旋转运动。

（2）进给运动　镗床主轴的轴向进给运动，花盘上刀具溜板的径向进给运动，工作台的横向和纵向进给运动，主轴箱沿前立柱导轨的升降运动。

（3）辅助运动　镗床工作台的回转运动，后立柱的轴向水平移动，尾座的垂直移动及各部分的快速移动。

机床的主体运动及各种常速进给运动都是由主轴电动机来驱动的，但是机床各部分的快速进给运动是由快速进给电动机来驱动。

2. 电气控制电路的基本工作原理（见图 2-1）

（1）主轴起动及点动电气控制电路的工作原理

1）主轴电动机点动控制。主轴电动机 M1 由热继电器 FR 作为过载保护，熔断器 FU1 作为短路保护，接触器 KM4 控制并兼作失电压和欠电压保护。控制电路的电源由控制变压器 TC 二次侧提供 110V 电压。

主轴电动机正向点动控制是由正向点动按钮 SB4，接触器 KM1 和 KM4（使 M1 形成三角形，低速运转）实现的；主轴电动机反转控制由反向按钮 SB3 控制，以中间继电器 KA2、接触器 KM2、并配合接触器 KM3 和 KM4 来实现。

2）主轴电动机正反转高速控制。低速时，主轴电动机 M1 定子绕组作△联结，$n=1460\text{r/min}$；高速时，M1 定子绕组为YY联结，$n=2880\text{r/min}$。为了减小起动电流，先低速全压起动延时后转为高速转动。将变速机构转至“高速”位置，压下限位开关 SQ7，其常开触头 SQ7（11-12）闭合。

① 正转高速。用正向起动按钮 SB2 控制，中间继电器 KA1 线圈和接触器 KM3、KM1、KM4 的线圈及时间继电器 KT 相继得电，M1 接成“Δ”低速转动，延时后，由 KT 控制，KM4 线圈失电，接触器 KM5 得电，M1 接成“YY”高速转动。

② 反转高速。由 SB3 控制，KA2、KM3、KM2、KM4 和 KT 等线圈相继得电，M1 低速转动，延时后，KM4 线圈失电，KM5 线圈得电，M1 高速转动。

（2）主轴制动电气控制电路原理　T68 型镗床主轴电动机停车制动采用由速度继电器 KS、串电阻的双向低速反接制动。如 M1 为高速转动，则转为低速后再制动。

1）主轴电动机高速正转反接制动控制。M1 高速转动时，位置开关 SQ7（11-12）常开触头闭合，KS 常开触头（13-18）闭合，KA1、KM3、KM1、KT、KM5 等线圈均已得电动作，停车时按下停止按钮 SB1 即可。

2）主轴电动机高速反转反接制动控制。反转时，位置开关 SQ7 常开触头（11-12）闭合，KS 常开触头（13-14）闭合，KA2、KM3、KM2、KM5 等线圈均已得电动作。按下停止按钮 SB1 后，反接制动的工作原理与正转时相似。

（3）主轴变速或进给变速冲动电气控制电路原理　T68 型镗床主轴变速和进给变速分别由各自的变速孔盘机构进行调速。调速既可在主轴电动机 M1 停车时进行，也可在 M1 转动时进行（先自动使 M1 停车调速，再自动使 M1 转动）。调速时，使 M1 冲动以方便齿轮顺利啮合。

（4）T68 型镗床刀架升降电气控制电路原理　先将有关手柄扳动，接通有关离合器，挂上有关方向的丝杠，然后由快速操纵手柄压动位置开关 SQ8 或 SQ9，控制接触器 KM6 或 KM7 线圈动作，使快速移动电动机 M2 正转或反转，拖动有关部件快速移动。

将快速移动手柄扳到“正向”位置，压动 SQ9，SQ9 常开触头（24-25）闭合，KM6 线圈经（1-2-24-25-26-0）得电动作，M2 正向转动。将手柄扳到中间位置，SQ9 复位，KM6 线圈失电释放，M2 停转。将快速手柄扳到“反向”位置，压动 SQ8，KM7 线圈得电动作，M2 反向转动。

（5）主轴箱、工作台和主轴机动进给联锁　为防止工作台、主轴箱与主轴同时机动进给，损坏机床或刀具，在电气控制电路上采取了相互联锁的措施。该联锁措施是通过两个并联的限位开关 SQ1 和 SQ2 来实现的。

当工作台或主轴箱的操作手柄扳在机动进给位置时，压动 SQ1，SQ1 常闭触头（1-2）分断；此时如果将主轴或花盘刀架操作手柄扳在机动进给位置时，压动 SQ2，SQ2 常闭触头（1-2）分断。两个限位开关的常闭触头都分断，切断了整个控制电路的电源，于是 M1 和 M2 都不能运转。

（6）辅助电路（照明、指示电路）　控制变压器 TC 的二次侧分别输出 24V 和 6V 电压，作为机床照明灯和指示灯的电源。EL 为机床的低压照明灯，由开关 SA 控制，FU4 作为短路保护；HL 为电源指示灯，当机床电源接通后，指示灯 HL 亮，表示机床可以工作。

3. 常见故障分析

（1）主轴电动机 M1 不能正常运转

1）主轴只有一个方向能起动，另一个方向不能起动。产生这种故障的主要原因是不能起动方向的按钮和接触器存在故障。

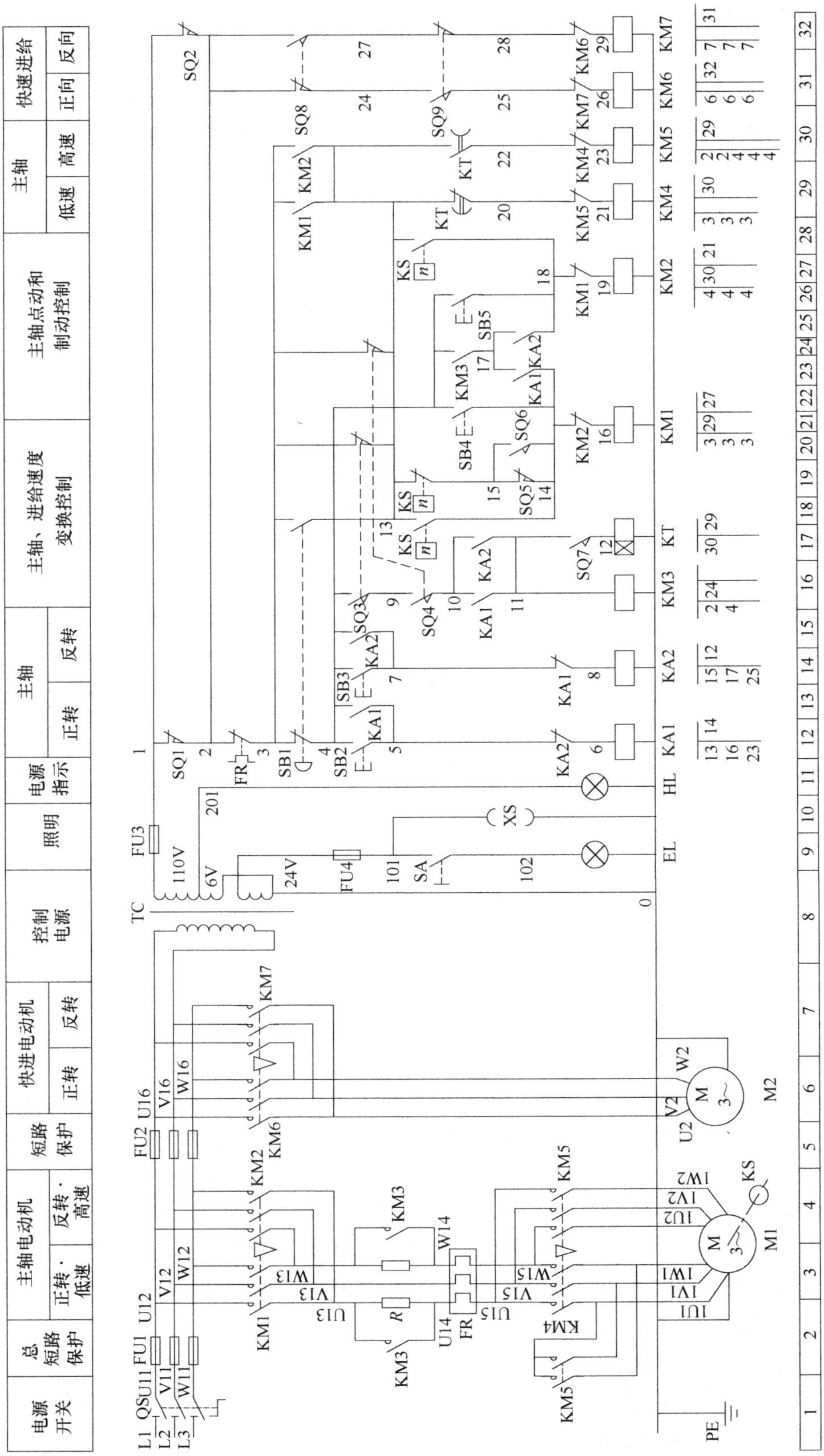

图 2-1　T68 型镗床电气原理

2）主轴正反转都不能起动。先检查熔断器 FU1 和 FU2，热断电器 FR，再检查接触器 KM3 能否吸合，因为无论是正反转，还是高速或低速，都必须通过 KM3 的动作才能起动。

3）主轴电动机只有低速档，没有高速档。这种故障主要是由于时间继电器 KT 失灵，KT 延时闭合触头接触不好，或者是位置开关 SQ7 安装位置发生移动，进而造成 SQ7 总是处于断开状态。

4）主轴电动机起动在高速档，但运行在低速档。这种故障主要是由于时间继电器 KT 动作后，延时部分不动作，可能是延时胶木推杆断裂或推动装置不能推动延时触头，导致 KM4 一直处于通电吸合状态，而 KM5 不能通电吸合。

5）电动机工作在高速档时，在低速起动后不向高速转移而自动停止。这种故障主要是由于时间继电器 KT 动作后，KT 延时闭合触头接触不良，或者是 KM4 常闭触头（30 区）接触不良，KM5 线圈不能吸合等均会造成电动机低速起动后而自动停车。

（2）T68 型镗床主轴制动电路的故障　主要是电动机 M1 在停车时，按钮 SB1 未按到底或者是速度继电器的常开触头在转速达到 120r/min 未闭合造成的。检修制动故障时必须在主轴正反转起动运行正常的情况下进行。主轴制动电路常见电气故障的分析和检修见表 2-1。

表 2-1　主轴制动电路常见电气故障的分析和检修

故障现象	故障原因	故障维修
正转停车无制动	① KS 常开触头（13-18）不闭合 ② 导线 13 号、18 号开路	① 检查速度继电器，更换触头 ② 更换导线
反转停车无制动	① KS 常开触头（13-14）不闭合 ② 导线 13 号、14 号开路	① 检查速度继电器，更换触头 ② 更换导线
正反转停车无制动	① SB1 常开触头（3-13）不闭合 ② 导线 3 号开路	① 检查按钮 SB1，更换触头 ② 更换导线

（3）T68 型镗床主轴变速电气故障　当主轴变速手柄拉出后，主轴电动机 M1 不能冲动；或者变速完毕，合上手柄后，主轴电动机 M1 不能自动开车。

当主轴变速手柄拉出后，通过变速机构的杠杆、压板使位置开关 SQ3 动作，主轴电动机断电而制动停车。速度选好后推上手柄，位置开关动作，使主轴电动机低速冲动。位置开关 SQ3 和 SQ5 安装在主轴箱下部，由于位置偏移、触头接触不良等原因而完不成上述动作。又因 SQ3、SQ5 是由胶木塑压成形的，由于质量较差等原因，有时绝缘层被击穿，造成手柄拉出后，SQ3 尽管已动作，但由短路接通，使主轴仍以原来转速旋转，此时变速将无法进行。

（4）刀架升降电路故障　这部分电路比较简单，若无快速进给，则检查位置开关 SQ8 及 SQ9 和接触器 KM6 或 KM7 的触头和线圈是否完好；有时还需要检查一下机构是否正确地压动位置开关即可。

试题精选：

T68 型镗床电气控制电路的故障维修。

（1）考核要求

1）正确读识电路图。

2）正确使用仪器仪表，检测元器件。

3）每位考生两处不同故障，不得误排或少排以及扩大故障。

故障现象：按下起动按钮 SB2，主轴电动机不能正转起动。

故障设置：KM2 常闭触头；速度继电器的常开触头。

4）依据安全技术规范送电试运行，观察并记录故障现象，运用逻辑分析法判断最小故障范围，按照故障排除的基本方法，找出故障点，排除故障。

5）故障排除后通电运行。

（2）工具、仪器仪表及设备　工具、仪器及仪表见表 2-2。

表 2-2　工具、仪器及仪表

序号	名称	型号与规格	单位	数量	备注
1	机床	T68 型镗床	台	1	
2	机床配套电路图	T68 型镗床配套电路图	套	1	
3	故障排除所用材料	与相应的机床配套	套	1	
4	单相交流电源	~220V 和 36V、5A	处	1	
5	三相四线电源	~3×380/220V、20A	处	1	
6	电工通用工具	验电器、钢丝钳、螺钉旋具（一字形和十字形）、电工刀、尖嘴钳、活扳手、剥线钳等	套	1	
7	万用表	自定	块	1	
8	绝缘电阻表	型号自定，或 500V、0~200MΩ	台	1	
9	钳形电流表	0~50A	块	1	
10	黑胶布	自定	卷	1	
11	透明胶布	自定	卷	1	
12	圆珠笔	自定	支	1	
13	劳保用品	绝缘鞋、工作服等	套	1	

（3）评分标准　评分标准见表 2-3。

表 2-3　评分标准

序号	主要内容	考核要求	评分标准	配分	扣分	得分
1	调查研究	对每个故障现象进行调查研究	排除故障前不进行调查研究，扣 10 分	10 分		
2	故障分析	在电气控制电路图上分析故障可能的原因，思路正确	1. 错标或不能标出故障范围，每个故障点扣 5 分 2. 不能标出最小的故障范围，每个故障点扣 5 分	20 分		
3	故障排除	正确使用工具和仪表，找出故障点并排除故障	1. 实际排除故障中思路不清楚，每个故障点扣 7.5 分 2. 每少查出一次故障点扣 7.5 分 3. 每少排除一次故障点扣 10 分 4. 排除故障方法不正确，每处扣 4 分	50 分		

（续）

序号	主要内容	考核要求	评分标准	配分	扣分	得分
4	其他	操作有误，要从此项总分中扣分	1. 排除故障时，产生新的故障后不能自行修复，每个扣10分；已经修复，每个扣5分 2. 损坏电子装置扣10分	20分		
备注			合计			
			考评员签字　　年　月　日			

（4）操作工艺

1）对T68型镗床进行通电操作，观察镗床各种工作状态下存在的故障现象，确定故障是在主电路还是在控制电路。根据电路图，若按下起动按钮SB2，KA1线圈应该获电吸合→KM3吸合→KM1获电→KM4获电→电动机低速正转起动。而通电试车时，当按下起动按钮SB2，观察到KA1、KM3两个线圈可以吸合，KM1、KM4两个线圈没有获电，所以得出结论：故障点在控制电路。

2）依据电气控制电路的工作原理和观察到的故障现象，在电路图上用虚线标出故障电路的最小范围。为进一步缩小故障范围，通电试车时，按下起动按钮SB3→KA2线圈得电→KM3线圈得电→KM2线圈得电→KM4线圈得电→电动机能够低速反转起动。则说明：从控制变压器TC 110V电源开始—FU3—1号线—SQ1—2号线—FR—3号线—SB1—4号线—KM3辅助常开触头—17号线是完好的。把故障范围可以缩小至：17号线—KA1常开触头—14号线—KM2辅助常闭触头—16号线—KM1线圈—0号线，在电路图上用虚线正确标出故障电路的最小范围。

3）在故障范围内进行检查中，应采用正确的检查方法，迅速查找故障点。

① 根据电路图和故障检查范围，确定先采用电压法，后用电阻法进行测量检查。

② 接通电源，将万用表调至交流电压500V档位。

③ 测量KM3常开触头（24区）的4号线连接点和KA1常开触头（23区）的14号线连接点的电压→0V→证明故障范围内存在故障点；然后将红表笔接在4号线与KM3常开触头（24区）之间的连线处不动→黑表笔接在KM1线圈的0号线接点上→有110V电压→黑表笔再接在KM1线圈的16号线接点上→有110V电压→黑表笔又接在KM2常闭触头（21区）的16号线接点上→也有110V电压→黑表笔又接在KM2常闭触头（21区）的14号线接点上→电压0V→说明KM2常闭触头（21区）有问题。

4）断开电路电源，验电。将万用表调至电阻$R\times1$档，调零。对（21区）的KM2常闭触头测量电阻，阻值为无穷大。说明：故障点在（21区）的KM2常闭触头。

5）根据故障原因，采取适当的修理方法排除故障。将KM2常闭触头（21区）的螺钉卸下，发现常闭触头接触不良，修复故障点。

6）通电试车，按下起动按钮SB2，主轴电动机可以正转起动。但是，主轴电动机正转不能制动。

7）根据试车时的现象，判断出故障在制动控制电路。故障可能出现在（18-28）区速度继电器的常开触头处。

8）将万用表置于 500V 档，重新起动电动机，在主轴正转时，测量速度继电器触头（13-18）之间的电压，电压为零，无电压值。

9）将万用表置于 R×10 档，测量速度继电器触头（13-18）之间的电阻，电阻值为无穷大，该点为故障点，故障为常开触头接触不良。

10）断开电源，根据故障原因，采取适当的修理方法排除故障。用螺钉旋具轻轻触及速度继电器的触头，用钳子轻轻扳动速度继电器的常开触头。

11）再次用万用表测量速度继电器触头（13-18）之间的电阻，电阻值为零或很小，说明故障已修复。

12）通电试车，进一步确定故障被排除，电路能够正常工作。

13）做好维修记录，清理维修现场。

鉴定点 2　XA6132 型铣床电气控制电路的调试与维修

问：简述 XA6132 型铣床电气控制电路的工作原理；X62W 型铣床电气控制电路常见的故障有哪些？

答：（1）XA6132 型铣床的电力拖动控制特点及控制要求

XA6132 型铣床电气控制电路如图 1-3 所示。

主电路有三台电动机：M1 是主轴电动机；M2 是进给电动机；M3 是冷却泵电动机。

1）主轴电动机 M1 通过换相开关 SA4 与接触器 KM1 配合，能进行正反转控制，而与接触器 KM2、制动电阻器 R 及速度继电器的配合，能实现串电阻瞬时冲动和正反转反接制动控制，并能通过机械进行变速。

2）进给电动机 M2 能进行正反转控制，通过接触器 KM3、KM4 与行程开关及 KM5、牵引电磁铁 YA 配合，能实现进给变速时的瞬时冲动，以及 6 个方向的常速进给和快速进给控制。

3）冷却泵电动机 M3 只能正转。

4）电路中 FU1 作为机床总短路保护，也兼作 M1 的短路保护；FU2 作为 M2、M3 及控制、照明变压器一次侧的短路保护；热继电器 FR1、FR2、FR3 分别作为 M1、M2、M3 的过载保护。

（2）控制电路的工作原理

1）工作台进给电动机 M2 的控制。工作台的纵向、横向和垂直运动都由进给电动机 M2 驱动，接触器 KM3 和 KM4 使 M2 实现正反转，用以改变进给运动方向。它的控制电路采用了与纵向运动机械操作手柄联动的行程开关 SQ1、SQ2 和横向及垂直运动机械操作手柄联动的行程开关 SQ3、SQ4，相互组成复合联锁控制，即在选择三种运动形式的 6 个方向移动时，只能进行其中一个方向的移动，以确保操作安全。当这两个机械操作手柄都在中间位置时，各行程开关都处于未受压的原始状态。

在机床接通电源后，将控制圆形工作台的组合开关 SA1 扳到断开位置，使触头 SA1-1（17-18）和 SA1-3（11-21）闭合，而 SA1-2（19-21）断开，再将选择工作台自动与手动控制的组合开关 SA2 扳到手动位置，使触头 SA2-1（18-25）断开，而触头 SA2-2（21-22）闭合，然后起动 M1。这时接触器 KM1 吸合，使 KM1（8-13）闭合，就可进行工作台的进给控制。

① 工作台垂直（上下）和横向（前后）运动的控制。工作台的垂直和横向运动，由垂直和横向进给手柄操纵。此手柄是复式的，有两个完全相同的手柄分别安装在工作台左侧的前、后方。手柄的联动机械一方面能压下行程开关 SQ3 或 SQ4，同时能接通垂直或横向进给离合器。操纵手柄有 5 个位置，5 个位置是联锁的，工作台的上下和前后的终端保护是利用安装在床身导轨旁与工作台座上的撞铁，将操纵十字手柄撞到中间位置，使 M2 断电停转。

a. 工作台向上运动的控制：在 M1 起动后，将操作手柄扳至向上位置，其联动机构一方面机械上接通垂直离合器，同时压下行程开关 SQ4，图区 19 上的 SQ4（15-16）断开，图区 25 上的 SQ4（18-27）闭合。接触器 KM4 线圈通电吸合，M2 反转，工作台向上运动。

b. 工作台向后运动的控制：当操纵手柄扳至向后位置，机械上接通横向进给离合器，而压下的行程开关仍是 SQ4，所以在电路上仍然接通 KM4，M2 也是反转，但是在横向进给离合器的作用下，机械传动装置带动工作台向后进给运动。

c. 工作台向下运动的控制：将操纵手柄扳至向下位置时，机械上接通垂直进给离合器，同时压下行程开关 SQ3，其图区 19 上的常闭触头 SQ3-2（16-17）断开，图区 20 上的常开触头 SQ3-1（18-19）闭合，接触器 KM3 吸合，M2 正转，工作台向下进给运动。

d. 工作台向前运动的控制：当操纵手柄扳至向前位置时，机械上接通横向进给离合器，而压下的行程开关仍是 SQ3，所以在电路上仍然接通 KM3，M2 也是正转，但是在横向离合器的作用下，机械传动装置带动工作台向前运动。

② 工作台纵向（左右）运动的控制。工作台的纵向运动也是由进给电动机 M2 驱动，由纵向操纵手柄来控制。此手柄也是复式的，一个安装在工作台底座的顶面中央部位，另一个安装在工作台底座的左下方。手柄有 3 个位置：向左、向右、零位。当手柄扳到向右或向左运动方向时，手柄的联动机构压下行程开关 SQ1 或 SQ2，使接触器 KM3 或 KM4 动作，控制进给电动机 M2 的正反转。工作台左右运动的行程，可通过调整安装在工作台两端的撞铁位置来实现。当工作台纵向运动到极限位置时，撞铁撞动纵向操纵手柄，使它回到零，M2 停转，工作台停止运动，从而实现了纵向终端保护。

a. 工作台向左运动：在 M1 起动后，将操作手柄扳至向左位置，一方面在机械上接通纵进给向离合器，同时在电气上压下行程开关 SQ2，使图区 25 上的行程开关常闭触点 SQ2-2（22-23）断开，图区 24 上的行程开关 SQ2-1（18-27）闭合，而其他控制进给运动的行程开关都处于原始位置。此时，使接触器 KM4 吸合，M2 反转，工作台向左进给运动。

b. 工作台向右运动：当操纵手柄扳至向右位置时，机械上仍然接通纵向进给离合器，但却压动了行程开关 SQ1。其 SQ1 常闭触头（17-23）断开，常开触头（18-19）闭合，这样，接触器 KM3 吸合，M2 正转，工作台向右进给运转。

③ 工作台的快速进给控制。为提高劳动生产率，要求铣床在不作铣削加工时，工作台能快速移动。工作台快速移动控制分为手动和自动两种控制方法。铣工在操作时，多数采用手动快速进给控制。

工作台快速进给也是由进给电动机 M2 来驱动的，在纵向、横向和垂直 3 种运动形式 6 个方向上都可以实现快速进给控制。

主轴电动机起动后，将进给操纵手柄扳到所需位置，工作台按照选定的速度和方向作常速进给移动时，再按下快速进给按钮 SB5（或 SB6），使接触器 KM5 通电吸合，接通牵引电磁铁 YA，电磁铁通过杠杆使摩擦离合器合上，减少中间传动装置，使工作台按原运动方向作快速进给运动。当松开快速进给按钮时，电磁铁 YA 断电，摩擦离合器断开，快速进给运动停止，工作台仍按原常速进给时的速度继续运动。

④ 进给电动机变速时的瞬动（冲动）。控制变速时，为了使齿轮易于啮合，进给变速与主轴变速一样，设有变速冲动环节。当需要进行进给变速时，应将转速盘的蘑菇形手轮向外拉出并转动转速盘，把所需进给量的标尺数字对准箭头，然后再把蘑菇形手轮用力向外拉到极限位置并随即推向原位，就在一次操纵手轮的同时，其连杆机构二次瞬时压下行程开关 SQ6，使 SQ6 的常闭触头 SQ6（11-15）断开，常开触头 SQ6（15-19）闭合，使接触器 KM3 得电吸合，其通电回路是 11-21-22-23-17-16-15-19-20-KM3-0，电动机 M2 正转，因为 KM3 是瞬时接通的，故能达到 M2 瞬时转动一下，从而保证变速齿轮易于啮合。

由于进给变速瞬时冲动的通电回路要经过 SQ1 ~ SQ4 四个行程开关的常闭触头，因此，只有当进给运动的操作手柄都在中间（停止）位置时，才能实现进给变速冲动控制，以保证操作时的安全。同时与主轴变速时冲动控制一样，电动机的通电时间不能太长，以防止转速过高，在变速时打坏齿轮。

2）圆形工作台运动的控制。铣床如需铣削螺旋槽、弧形槽等曲线时，可在工作台上安装圆形工作台及其传动机械。圆形工作台的回转运动也是由进给电动机 M2 经传动机构驱动的。

圆形工作台工作时，应先将进给操作手柄都扳到中间（停止）位置，然后将圆形工作台组合开关 SA1 扳到接通位置，这时图区 19 和图区 20 上的 SA1-1 及 SA1-3 断开，图区 22 上的 SA1-2 闭合。准备就绪后，按下主轴起动按钮 SB3 或 SB4，则接触器 KM1 与 KM3 相继吸合，主轴电动机 M1 与进给电动机 M2 相继起动并运转，而进给电动机仅以正转方向带动圆形工作台作定向回转运动，此时 KM3 的通电回路为：1-2-3-7-8-13-12-11-15-16-17-23-22-21-19-20-KM3-0。若要使圆形工作台停止运动，可按主轴停止按钮 SB1 或 SB2，则主轴与圆形工作台同时停止工作。

由以上通电回路中可知，圆形工作台不能反转，只能作定向回转运动，并且不允许工作台在纵向、横向和垂直方向上有任何运动。当圆形工作台工作时，若误操作而扳动进给运动操纵手柄，由于实现了电气上的联锁，就立即切断圆形工作台的控制电路，电动机停止运转。

试题精选：

XA6132 型万能铣床电气控制电路的故障维修。

（1）考核要求

1）正确读识电路图。

2）正确使用仪器仪表、检测元器件。

3）每位考生两处不同故障，不得误排或少排以及扩大故障。

故障现象：工作台不能左右运动。

故障设置：将 19 区连接 SQ4-2、SQ3-2 的 16 号线断开。

4）依据安全技术规范送电试车，观察并记录故障现象，运用逻辑分析法判断最小故障范围，按照故障排除的基本方法，找出故障点，排除故障。

5）故障排除后通电运行。

（2）工具、仪器仪表及设备　XA6132 型万能铣床 1 台，机床配套电路图 1 套，其他工具、仪器及仪表同表 2-2。

（3）评分标准　评分标准见表 2-3。

（4）操作工艺

1）考生向考评员询问故障现象，了解故障发生后的异常现象：工作台不能左右运动，判断故障的大致范围应在进给电路中。

2）依照机床电气控制电路的工作原理分析故障。工作台在（左、右、上、下、前、后方向）手柄控制下，应该能够实现左、右、上、下、前、后 6 个方向的移动。工作台垂直、横向（上、下、前、后）运动控制电路的路径和工作台纵向（左、右）运动控制电路的路径的特点，可以得知：故障点引起工作台 6 个方向中的两个方向都不能移动，应考虑到进给电动机的主电路完好，垂直、横向控制电路的路径正常，工作台左、右方向控制电路的公共路径存在故障：即 11 号线→SQ6 常闭触头→SQ4-2 常闭触头→16 号线→SQ3-2 常闭触头→17 号线。

3）通过试验观察法对故障进一步分析，缩小故障范围。为收到准确且快速的效果，在不扩大故障范围、不损伤电气和设备的前提下，可直接进行通电试验：接通电源 QS，工作台方向手柄都处于中间位置，然后按下起动按钮 SB3（或 SB4），主轴电动机起动正常。操作工作台左、右手柄，上、下、前、后手柄：工作台有上、下、前、后四个方向的运动，证明：进给电动机的主电路完好；控制电路中的 11 号线→SA1-3→21 号线→SA2-2→22 号线→SQ2 常闭触头→23 号线→SQ1 常闭触头→与 SQ1 常闭触头相连的 17 号线，连接 KM3、KM4 的 0 号线正常。在操作工作台左、右两个方向的手柄时，注意到没有接触器吸合的响声，在故障点只有一处的前提条件下，可以确定故障点应在工作台左、右控制电路的公共部分。为进一步缩小故障范围，拉出进给调速手轮，瞬时压下 SQ6 后，观察到接触器 KM3 没有吸合。

4）故障检查范围可缩小到：与 SQ6 常开触头、SQ6 常闭触头（19 区）相连的 15 号线-SQ4-2 常闭触头→16 号线→SQ3-2 常闭触头→17 号线。

5）故障检测。用电阻测量法寻找故障点。断开电源开关 QS，验电后，为避免其他并联支路的影响，产生误判断，将工作台左、右方向的手柄打在向左（或右）的位置，断开上、下、前、后四个方向的电路回路。将万用表调至 $R\times1$ 的量程上，调零→测量与 SQ4-2 常闭触头相连的 15 号线→阻值为 0→正常→测量 SQ4-2 常闭触头→阻值为 0→正常→测量与 SQ4-2常闭触头、SQ3-2 常闭触头相连的 16 号线→阻值为∞位→有断点。修复 16 号线。

6）通电试车。如果还存在其他故障，用试验法继续观察下一个故障现象。重复以上步骤，直到故障全部排除。

7）整理现场。合上机床电气柜门，断开机床总电源开关，拉下总电源开关。整理机床电气控制电路，将检修过程涉及的各接线点重新紧固一遍；线槽盖板、灭弧罩、熔断器帽等盖好并旋紧；各导线整理规范且美观。将电器壁龛内的绝缘皮、废弃的线头等杂物清理干净。最后将电工工具、仪表和材料整齐摆放桌面，清扫地面。

8）总结经验，做好维修记录。记录机床型号、名称、编号、故障发生日期、故障现象、部位、损坏的电器、故障原因、修复措施及修复后的运行情况等。

鉴定范围2　电气设备（装置）的装调与维修

鉴定点1　变频器多段速参数的设置

问：如何设置变频器多段速参数？

答：三菱变频器 FR-A740-2. 2K-CHT 的多段速运行共有 15 种运行速度，通过外部接线端子的控制可以运行在不同的速度上，特别是与可编程序控制器联合起来控制更加方便，在需要经常改变速度的生产工艺和机械设备中得到广泛应用。

（1）FR-A740-2. 2K-CHT 三菱变频器多段速控制电路的连接

1）主电路的连接：

① 输入端子 R/L1、S/L2、T/L3 接三相电源。

② 输出端子 U、V、W 接电动机，输入、输出端子的接线如图 2-2 所示。

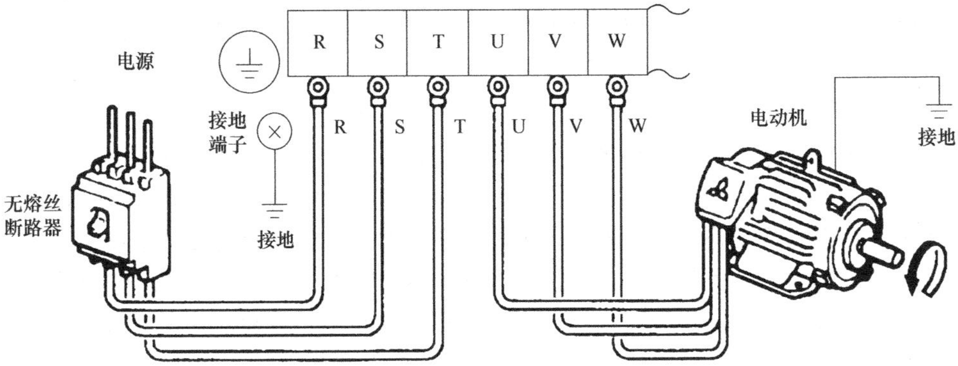

图 2-2　变频器主电路输入输出端子的接线

2）多段速控制电路的连接如图 2-3 所示。

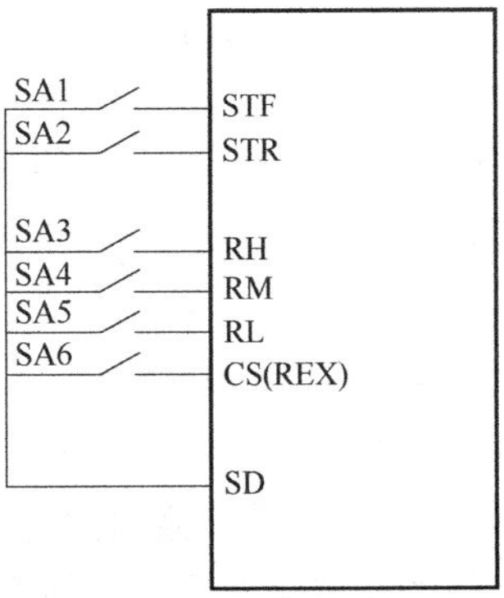

图 2-3　多段速控制电路的接线

（2）相关功能参数的设定及操作

1）参数设定：按表 2-4 设定相关参数。

表 2-4 多段速参数的设定

参数代码	功能	设定数据	参数代码	功能	设定数据
Pr. 0	转矩提升	4%	Pr. 80	电动机（功率）	1. 1kW
Pr. 1	上限频率	50Hz	Pr. 81	电动机（极数）	4 极
Pr. 2	下限频率	0Hz	Pr. 82	电动机励磁电流	2. 52A
Pr. 3	基准频率	50Hz	Pr. 83	电动机额定电压	380V
Pr. 4	多段速设定：1 段速	15Hz	Pr. 84	电动机额定频率	50Hz
Pr. 5	多段速设定：2 段速	30Hz	Pr. 178	STF 端子功能的选择	60
Pr. 6	多段速设定：3 段速	50Hz	Pr. 179	STR 端子功能的选择	61
Pr. 7	加速时间	4s	Pr. 180	RL 端子功能的选择	0
Pr. 8	减速时间	2s	Pr. 181	RM 端子功能的选择	1
Pr. 9	过电流保护	2. 7A	Pr. 182	RH 端子功能的选择	2
Pr. 14	适用负荷选择	0	Pr. 186	CS 端子功能的选择	8
Pr. 20	加减速基准频率	50Hz	Pr. 232	多段速设定：8 段速	40Hz
Pr. 21	加减速时间单位	0	Pr. 233	多段速设定：9 段速	48Hz
Pr. 24	多段速设定：4 段速	20Hz	Pr. 234	多段速设定：10 段速	38Hz
Pr. 25	多段速设定：5 段速	25Hz	Pr. 235	多段速设定：11 段速	28Hz
Pr. 26	多段速设定：6 段速	45Hz	Pr. 236	多段速设定：12 段速	18Hz
Pr. 27	多段速设定：7 段速	10Hz	Pr. 237	多段速设定：13 段速	10Hz
Pr. 77	参数写入选择	0	Pr. 238	多段速设定：14 段速	36Hz
Pr. 78	逆转防止选择	0	Pr. 239	多段速设定：15 段速	26Hz
Pr. 79	运行模式选择	3			

2）参数含义及设定操作：

① Pr. 24~Pr. 27 多段速设定频率。此参数为多段速设定频率值，其设定频率为多段速的 4~7 段速。用 RH、RM、RL、REX 信号的组合来设定 4~15 段速的频率。当设为 9999 时为不选择功能。

② Pr. 232~Pr. 239 多段速设定频率。此参数为多段速设定频率值，其设定频率为多段速的 8~15 段速。用 RH、RM、RL、REX 信号的组合来设定 4~15 段速的频率。当设为 9999 时为不选择功能。

③ Pr. 186 CS 端子功能的选择。此参数为 CS 端子功能的选择，本变频器所设定值为 8，是 15 段速设定命令。即接通 CS 和 SD 电动机可进行 15 段速的设定和运行。有时 CS 也常用作瞬时停电在起动功能的选择。

设定范围：0~20，22~28，37，42~44，62，64~71，9999。

注：三菱变频器 FR-A740-2. 2K-CHT 总共有 15 段速可进行设定，但是，如果在工艺生产要求中只应用了其中的某几段，则其他未用的频段均应设为 0Hz，以防出现错误。

试题精选：

变频器多段速参数的设置、安装及调试。

（1）考核要求

1）依据项目技术要求，正确设置变频器的参数。

2）依据电气设备安全技术规范，按照安装配线工艺要求完成本项目的安装、接线、参数设置与调试的操作。

3）技术要求。有一台三相异步电动机，其功率为 1.1kW，额定电流为 2.52A，额定电压为 380V。现用变频器进行多段速控制，通过变频器参数设置和外端子接线来控制变频器的运行输出频率来达到电动机的多段速运行控制。在运行操作中运行频率按表 2-4 所给参数设定运行，并能结合相关参数设定进行 15 段速运行操作，由于本变频器的特点，首先进行 7 段速的操作和设定，然后再进行后 8 段速的操作设定，其 7 段速运行曲线如图 2-4 所示，参数设定见表 2-5。8~15 段速运行曲线如图 2-5 所示，参数设定见表 2-6。

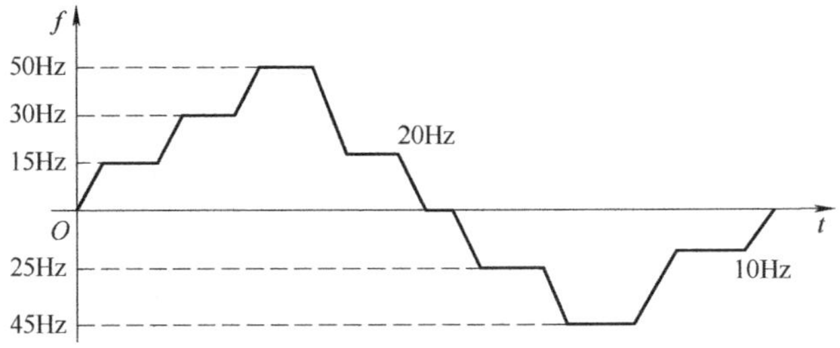

图 2-4　7 段速运行曲线

表 2-5　7 段速运行参数的设定

控制端子	RH	RM	RL	RM，RL	RH，RL	RH，RM	RH，RM，RL
参数号	Pr. 4	Pr. 5	Pr. 6	Pr. 24	Pr. 25	Pr. 26	Pr. 27
设定值/Hz	15	30	50	20	25	45	10

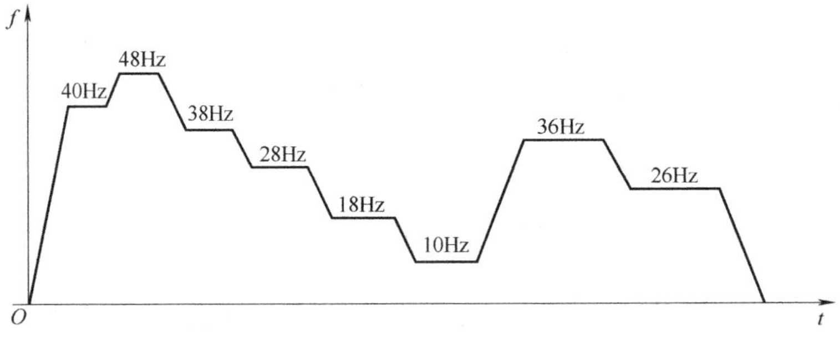

图 2-5　8~15 段速运行曲线

表 2-6　8~15 段速运行参数的设定

控制端子	REX	REX，RL	REX，RM	REX，RM，RL	REX，RH	REX，RH，RL	REX，RH，RM	REX，RH，RM，RL
参数号	Pr. 232	Pr. 233	Pr. 234	Pr. 235	Pr. 236	Pr. 237	Pr. 238	Pr. 239
设定值/Hz	40	48	38	28	18	10	36	26

（2）设备、工具和材料　三菱变频器 FR-A740-2.2K-CHT、电动机 1.1kW、三相断路器

各1，单极控制开关6只；频率计、测速表及变频器配套操作手册，其他工具、仪器及仪表同表2-2。

（3）评分标准　评分标准见表2-7。

表2-7　评分标准

序号	主要内容	考核要求	评分标准	配分	扣分	得分
1	根据给定电路图进行接线	电路接线完全正确	每出现一处错误扣5分	30分		
2	参数设定	参数完全正确	每出现一次错误扣5分 操作步骤一次错误扣5分	30分		
3	通电调试并记录测量	通电调试结果完全正确、测量完全正确	1. 测试错1次扣5分 2. 测量错1次扣5分	30分		
4	安全文明生产	保证人身和设备安全	违反安全文明生产根据情节扣5~10分	10分		
备注			合计			
			考评员签字	年　月　日		

（4）操作工艺

1）7段速运行操作：

① 首先将主、控制电路线连接好，主电路按图2-2接线，控制回路按图2-3接线，经检查无误后方可通电。

② 将所涉及参数先按要求正确置入变频器：按下操作面板MODE键进入参数设置菜单画面，观察LED监视器并按表2-4和表2-5所给参数进行设置（表中Pr. 79运行操作模式在本次多段速控制运行时设定为3，PU和EXT灯同时亮。在7段速操作中CX端子可不用。设置完毕按MODE键切换到运行监视模式画面，此时MON灯亮（观察LED显示内容，可根据相应要求按下SET键监视输出频率、输出电流和输出电压）。

③ 此7段速操作相关功能参数设定完毕，即可进行多段速正、反转运行操作。

④ 在只接通RH与SD的前提下，接通SD与STF，电动机将工作在第一段速、正转15Hz连续运行状态，断开STF电动机停止。

⑤ 在只接通RM与SD的前提下，接通SD与STF，电动机将工作在第二段速、正转30Hz连续运行状态，断开STF电动机停止。

⑥ 在只接通RL与SD的前提下，接通SD与STF，电动机将工作在第三段速、正转50Hz连续运行状态，断开STF电动机停止。

⑦ 在只接通RM、RL与SD的前提下，接通SD与STF，电动机将工作在第四段速、正转20Hz连续运行状态，断开STF电动机停止。

⑧ 在只接通RH、RL与SD的前提下，接通SD与STR，电动机将工作在第五段速、反转25Hz连续运行状态，断开STR电动机停止。

⑨ 在只接通RH、RM与SD的前提下，接通SD与STR，电动机将工作在第六段速、反转45Hz连续运行状态，断开STR电动机停止。

⑩ 在只接通 RH、RM、RL 与 SD 的前提下，接通 SD 与 STR，电动机将工作在第七段速、反转 10Hz 连续运行状态，断开 STR 电动机停止。

2）15 段速运行操作：在前面 7 段速度基础上，再设定下面 8 种速度，就变成 15 种速度运行。其后 8 段速运行参数的设定见表 2-6。为了确保安全，操作期间将变频器停止运行，待所有参数都设定完毕（本次 CX 端子功能 Pr. 186 设定为 8，使 CX 端子功能变为 REX 功能）。基本运行参数的设定不变按表 2-4 设定。

① 参数设置完毕按 MODE 键切换到运行监视模式画面。此后 8 段速操作相关功能参数设定完毕，即可进行多段速正、反转运行操作。

② 在只接通 REX 与 SD 的前提下，接通 SD 与 STF，电动机将工作在第八段速、正转 40Hz 连续运行状态，断开 STF 电动机停止。

③ 在只接通 REX、RL 与 SD 的前提下，接通 SD 与 STF，电动机将工作在第九段速、正转 48Hz 连续运行状态，断开 STF 电动机停止。

④ 在只接通 REX、RM 与 SD 的前提下，接通 SD 与 STF，电动机将工作在第十段速、正转 38Hz 连续运行状态，断开 STF 电动机停止。

⑤ 在只接通 REX、RM、RL 与 SD 的前提下，接通 SD 与 STF，电动机将工作在第十一段速、正转 28Hz 连续运行状态，断开 STF 电动机停止。

⑥ 在只接通 REX、RH 与 SD 的前提下，接通 SD 与 STF，电动机将工作在第十二段速、正转 18Hz 连续运行状态，断开 STF 电动机停止。

⑦ 在只接通 REX、RH、RL 与 SD 的前提下，接通 SD 与 STF，电动机将工作在第十三段速、正转 10Hz 连续运行状态，断开 STF 电动机停止。

⑧ 在只接通 REX、RH、RM 与 SD 的前提下，接通 SD 与 STF，电动机将工作在第十四段速、正转 36Hz 连续运行状态，断开 STF 电动机停止。

⑨ 在只接通 REX、RH、RM、RL 与 SD 的前提下，接通 SD 与 STF，电动机将工作在第十五段速、正转 26Hz 连续运行状态，断开 STF 电动机停止。

3）注意事项：

① 接线完毕后一定要认真检查，以防错误而导致烧坏变频器，特别是主电源电路。

② 接线时变频器内部端子不得用力过猛，以防损坏。

③ 在送电和停电过程中要注意安全，特别是在停电过程中必须待面板 LED 显示全部熄灭后方可打开盖板。

④ 在进行变频器参数设定操作时应认真观察 LED、监视窗，以免发生错误，争取一次试验成功。

⑤ 在多段速操作和参数设定时，一定要注意操作和参数设置的正确性，以防设备损坏和不安全因素的产生。

⑥ 在运行过程中要认真观测电动机和变频器的工作状态。

鉴定点 2　不间断电源电路的维修

问：试分析如图 2-6 所示 UPS 自动稳压电源的原理并对其故障进行处理。

答：UPS1KVA 3CI 型在线式不间断电源电路如图 2-6 所示，其中 V43～V46 为发光二极管。整流部分为 VD7～VD10，本机使用 4 只硅整流二极管 2CZ60H，由 4 只晶闸管 V13～V16 组成单相桥式并联逆变器，由隔离变压器 T2 输出。V11、V12、VD17、VD18 为能量回收二极管。L_1、L_2 及 C_{31}～C_{38}分别为换向电感和电容。逆变器的触发脉冲由触发单元 A3 提供。报警单元 A4 设计有停电蓄电池欠电压报警（停电报警用输入交流电欠电压报警代替）、输出欠电压报警（低于 187V±3V）及过电压报警（持续高于 250V±3V），1s 后报警并 S2 跳闸保护。直流输入电压由 8 节 100A · h 电池串联，端电压 96V。开机启动属硬启动方式，要求开机时 S1 合闸后过数秒钟后再合 S2。

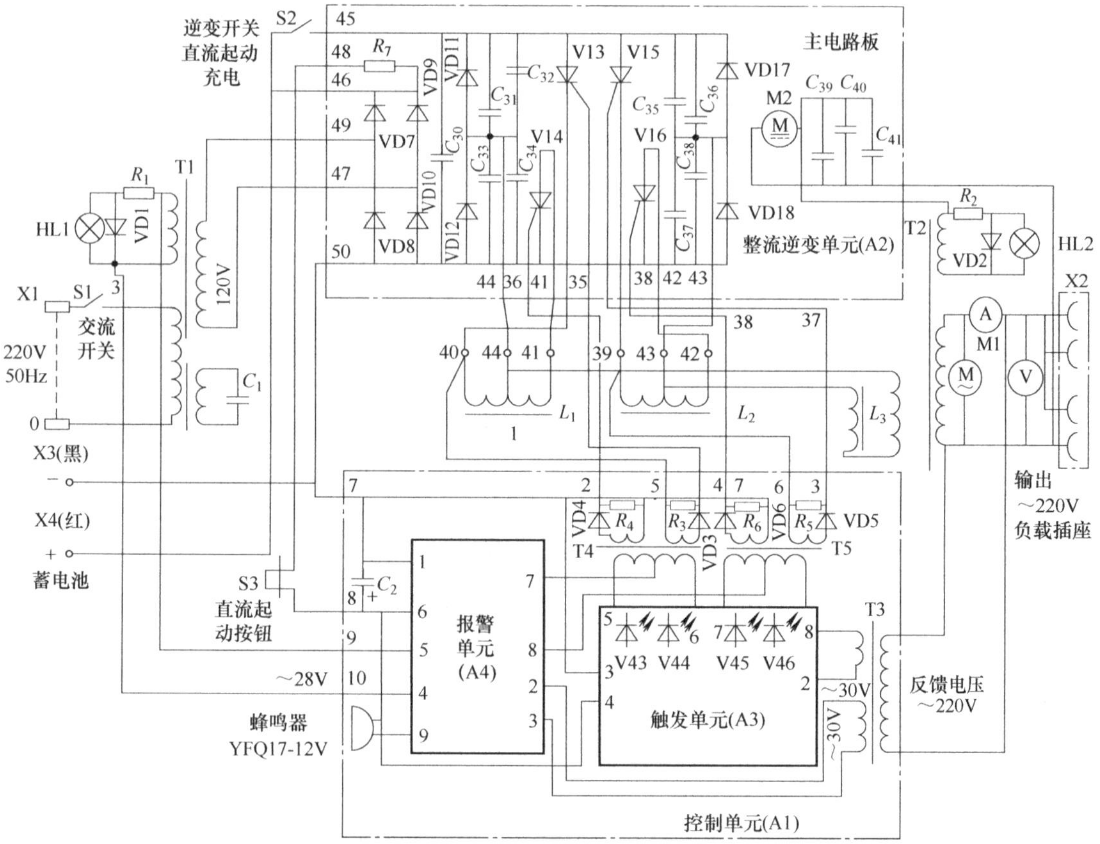

图 2-6 UPS1KVA 3CI 型在线式不间断电源电路

UPS1KVA 3CI 型有两种开机方式：

1）交流开机（输入交流 220V），先闭合开关 S1，再闭合 S2，电压表有读数 220V，表示逆变正常，然后将电池柜开关合闸，加负载。

2）直流开机（用蓄电池组作输入），电池柜开关常置于合闸位置。开机时先用左手按住面板上起动按钮 S3，再用右手将 S2 合闸，等面板上电压表指示 220V 稳定后方可松开左手，加负载。

试题精选： 检修 UPS 自动稳压电源。

（1）考核要求

1）正确识读电路图。

2）正确使用仪器仪表，检测元器件。

3）每位考生两处不同故障，不得误排或少排以及扩大故障。

故障现象：交流开机，UPS 逆变，有正常输出电压；直流开机，UPS 不逆变，无输出电压。

故障设置：R_7 电阻开路。

4）依据安全技术规范送电试车，观察并记录故障现象，运用逻辑分析法判断最小故障范围，按照故障排除的基本方法，找出故障点，排除故障。

5）故障排除后通电运行。

（2）工具、仪表与设备　UPS 自动稳压电源（UPS1KVA 3CI 型或自定）1 台，UPS 自动稳压电源配套电路图 1 套，故障排除所用材料（与相应的 UPS 配套）1 套；其他工具、仪器及仪表同表 2-2。

（3）评分标准　评分标准见表 2-3。

（4）操作工艺

1）故障分析。交流开机正常表明 A1、A2、A3 单元无故障。直流开机 UPS 不工作，一般是直流电没加到 A2 或 A3 单元，应检查电源柜开关是否在 ON 位置；正、负极接线柱上引出的电缆线头是否有脱落；电池间连接导线与线鼻子有无严重氧化造成的接触不良（铅酸电池尤其如此）；直流起动按钮 S3 内部磷铜簧片弹性是否不够而造成接触不良；直流起动降压电阻 R_7 是否烧坏开路等。

2）故障排除。经检查直流起动降压电阻 R_7 开路，用相同电阻替换，故障排除。

3）通电试机。

鉴定点 3　中高频感应炉控制设备的安装与调试

问：如何进行中高频感应炉控制设备的安装与调试？

答：对于中高频感应炉控制设备的安装与调试，除了属于常规性的安装方法及内容可参照普通电气设备的安装与调试要求进行外，还应注意以下安装要点：

1）变频机组在安装时需要对定子和转子之间的气隙进行检测，与名义尺寸对照，其对称性允差≤10%。

2）起动柜内控台跟变频机组同置一室，电容器柜、外控台应靠近淬火机床安装。

3）中频动力线的敷设应远离金属物，可采用塑管布线，但严禁铁管穿线，敷设时应以短、平、直为原则。变频器至中频变压器之间的线长：$f=8000\text{Hz}$ 时最多不超过 40m。导线的固定部分（发电机至电容器柜）可采用铝或铜硬母线，两线之间的距离，只要绝缘和散热能保证，以靠近为好，导线的移动部分（电容器柜至中频变压器）以采用四芯对称电缆为宜。

4）中频动力线的截面积，以电流密度不大于 1A/mm^2 为宜，且应与控制线分开敷设。

5）中频动力线移动部分的接线端头，可用银焊或铜焊焊接，也可用手动液压钳压接，但不宜用锡焊。

6）冷却水管路应保证有足够的流量以利于设备的散热，水压继电器（常用带有电接点的水压表）要安装在正确位置上，触头动作可靠。

中高频感应炉控制设备的调试可按下列步骤进行：

（1）整定

1）将起动柜内的热继电器整定为原动机的额定电流值。

2）整定起动柜内的时间继电器，对 100kW 的机组可整定在 30s。

3）水压表的电接点整定为 0.196MPa 接通。

4）中频过电流保护整定在 1.1 倍发电机额定电流动作。

5）中频超电压保护整定为 1.1 倍发电机额定电压动作。

6）励磁保护按额定电流的 1.25 倍整定。

（2）试动

1）用点动法测试变频机组的旋转方向，应与标定方向一致。

2）不起动机组，接通冷却水路，接通内控台和外控台的控制电源：

① 人工模拟试动各保护环节。

② 用按钮作电容调节接触器的试动。

③ 用加热开关作中频主电路接触器试动。

④ 观察各指示灯是否能正常工作。

（3）空转

1）拆下变频机组中频发电机的外部接线，接通冷却水。

2）起动机组，按电流变化实测起动过渡时间，与时间继电器的预调时间对照，以便重新修改整定值。

3）让变频器空转 1h，严密监视轴承温度，振动、冷却水及原动机的电流情况，并注意声音有无异常变化。

4）停机、停水，待转子静止后恢复接线。

5）4h 之内机组连续起动不多于 2 次。

（4）空载试验

1）拉下全部电容器刀开关，中频变压器暂不接线，内、外控选择开关置于内控位置，调压电位器置于零位，接通外控柜控制电源。

2）接通冷却水，起动变频机。

3）按下励磁按钮，发电机输出 160V 左右。

4）调节电位器，使中频输出电压分别为发电机额定电压的 0.4 倍、0.6 倍、0.8 倍和 1.0 倍，每档停留 15min，观察各部位有无异常。

5）将电位器退回零位，切断控制电源并停机。

（5）负载试验

1）选一适当工件，接好淬火变压器的电路和水路，用刀开关投运部分电容。

2）将内、外控选择开关置于外控位置，接通内、外控台的控制电源，将电位器 2 置于零位。

3）接通冷却水，起动变频机，接通励磁回路，发电机输出约 160V 的中频电压。

4）在外控台上调节电位器 2，使发电机输出的中频电压达到额定值。

5）接通加热开关，使接触器吸合，观察加热情况，此时 $\cos\varphi$ 值不高且滞后，输出功率也较低。

6）令负载接触器吸合，$\cos\varphi$ 值应向超前方向增加，功率表读数也加大，说明仪表接线正确。

7）重新匹配好电容量及中频变压器的匝数比，完成淬火工艺。

8）切除负载，调电位器至零位，停止励磁，停变频机组，1h 后停水。

调试过程中应做好记录。

试题选解：

KGPS1 晶闸管中频电源整流电路和逆变电路系统故障的调试与维修。

（1）考核要求

1）正确识读电路图。

2）正确识别设备、材料，正确选用电工工具、仪器和仪表。

3）按技术要求，进行该电路的维修、调试及试运行。

故障设置：KM1 主触头接触不良。

故障现象：快速熔断器熔断。

4）正确检查电路，试运行良好。

（2）工具、仪表与设备　KGPS1 晶闸管中频电源 1 台（配套电路图 1 套），双踪示波器（SR8 型或自定）1 台，调试及故障排除所用材料（与相应的晶闸管中频电源）1 套；其他工具、仪器及仪表同表 2-2。

（3）评分标准　评分标准见表 2-8。

表 2-8

序号	主要内容	考核要求	评分标准	配分	扣分	得分
1	调查研究	对每个故障现象进行调查研究	排除故障前不进行调查研究，扣 10 分	10 分		
2	故障分析与排除	在电路图上分析故障可能的原因，思路正确	1. 错标或标不出故障范围，每个故障点扣 10 分	10 分		
			2. 不能标出最小的故障范围，每个故障点扣 5 分	5 分		
3	故障排除	正确使用工具和仪表，找出故障点并排除故障	1. 实际排除故障中思路不清楚，每个故障点扣 5 分	5 分		
			2. 每少查出一次故障点扣 5 分	5 分		
			3. 每少排除一次故障点扣 5 分	5 分		
			4. 排除故障方法不正确，每处扣 5 分	10 分		
4	调试与通电试验	在规定时间内，利用仪器仪表调试后进行通电试验	1. 整定、试动、空转调试每个环节调试不正确扣 5 分	10 分		
			2. 空载试验调试不成功扣 5 分；有载试验调试不成功扣 5 分	10 分		
			3. 调试过程中损坏元器件，每只扣 5 分	10 分		
			4. 通电调试 1 次不成功扣 5 分；2 次不成功扣 10 分；3 次不成功扣 20 分	10 分		

（续）

序号	主要内容	考核要求	评分标准	配分	扣分	得分
5	安全文明生产	保证人身和设备安全	违反安全文明生产根据情节扣5~10分	10分		
	其他	操作有误，要从此项总分中扣分	1. 排除故障时，产生新的故障后不能自行修复，每个扣10分；已经修复，每个扣5分 2. 损坏中频电源装置扣10分			
备注			合计			
			考评员签字	年　月　日		

（4）操作工艺

1）根据故障现象，分析故障原因。

因为快速熔断器熔断，查看晶闸管是否击穿，如果正常，说明过电流保护是正常的。此时需要检查输出端是否有短路现象；整流触发板内的同步信号上是否有尖脉冲；进线接触器KM和进线断路器的触头是否有接触不良现象。当整流器处于逆变状态时，后两种情况将引起逆变失败而造成短路，使快速熔断器熔断。

2）判断故障范围，查找故障点。首先用万用表的电阻档检查晶闸管是否击穿，经检查晶闸管正常；然后用万用表的电阻档检查断路器的触头接触情况正常；再检查接触器KM的主触头的接触是否良好，经检查一相的触头接触不良。

3）排除故障点，并进行修复。用电工刀或细砂布清除接触器KM主触头上的污垢。

4）通电调试：

① 整流部分的调试。按照调试整流电路的方法和步骤进行调试并整定。

② 逆变部分的调试。按照调试逆变电路的方法和步骤进行调试并整定。

5）通电试运行。先进行空载试运行，正常后进行有载试运行。

6）清理现场，做好维修记录。

鉴定范围3　自动控制装置的装调与维修

鉴定点1　用可编程序控制器改造继电—接触式控制电路，并进行设计、安装与调试

问：可编程序控制器应用系统设计的基本原则有哪些？如何用PLC改造继电—接触式控制电路？

答：在设计PLC控制系统时，应遵循以下基本原则：

1）最大限度地满足被控对象的控制要求。设计前，应深入现场进行调查研究，搜集资料，并与相关部门的设计人员和实际操作人员密切配合，共同拟定控制方案，协同解决设计中出现的各种问题。

2）在满足控制要求的前提下，力求使控制系统简单、经济，使用及维修方便。

3）保证控制系统的安全可靠。

4）考虑到生产的发展和工艺的改进，在选择 PLC 容量时，应适当留有余量。

PLC 控制系统设计的基本内容包括：

1）PLC 可构成各种控制系统，如单机控制系统、集中控制系统等。因此进行系统设计时，要首先确定系统的构成形式。

2）系统运行方式与控制方式的确定。

3）选择用户输入设备（按钮、操作开关、限位开关、传感器等）、输出设备（继电器、接触器、信号灯等）以及由输出设备驱动的控制对象（电动机、电磁阀等）。

4）PLC 是控制系统的核心部件，正确选择 PLC 对保证整个控制系统的技术经济指标起着重要的作用。选择 PLC 应包括机型选择、容量选择、I/O 模块选择和电源模块选择等。

5）分配 I/O 点数，绘制 I/O 连接图。

6）设计控制程序。控制程序是整个系统工作的软件，是保证系统正常、安全、可靠工作的关键。因此控制系统的程序应经过反复调试、修改，直到满足要求为止。

7）必要时还需要设计控制柜。

8）编制控制系统的技术文件，包括说明书、电气原理图及电器元件明细表、I/O 连接图、I/O 地址分配表和控制软件。

可编程序控制器应用系统设计的一般步骤如下：

1）根据生产的工艺过程分析控制要求，如需要完成的动作（动作顺序、必需的保护和联锁等）、操作方式（手动、自动、连续、单周期和单步等）。

2）根据控制要求确定系统控制方案。

3）根据系统构成方案和工艺要求确定系统运行方式。

4）根据控制要求确定所需的用户输入、输出设备，据此确定 PLC 的 1/0 点数。

5）选择 PLC。

6）分配 PLC 的 I/O 点数，设计 I/O 连接图。

7）进行 PLC 的程序设计，同时可进行控制台的设计和现场施工。

8）联机调试。如不满足要求，再返回修改程序或检查接线，直到满足要求为止。

9）编制技术文件。

10）交付使用。

操作要点提示：

1）对那些已成熟的继电—接触式控制电路的生产机械，在改用 PLC 控制时，只要把原有的控制电路做适当的改动，使之符合 PLC 要求即可。

2）原来继电—接触式控制电路中分开画的交流控制电路和直流执行电路，在 PLC 梯形图中要合二为一。

3）PLC 梯形图中，只有输出继电器可以控制外部电路及负载。

4）每一逻辑行的条件指令（常闭、常开触点，其数目不限，但是每一个触点都要占用一个指令字，而指令字越多，需要的 PLC 内存空间越大。

5）每一个相同的条件指令可以使用无数次，而不像继电器控制只有有限的触点可供使用。

6）接通外部元件的输出指令的地址号（输出继电器）也可以作为条件指令使用。

7）一些简单、独立的控制电路（如机床中冷却泵电动机的控制电路，可以不进入 PLC 程序控制。

8）程序的输入和调试：

① 程序输入时，将编程器放在编程状态。了解便携式编程器的使用，依据设计的语句表指令，逐条输入，完毕后逐条校对。

② 把控制电路各个电器元件的线圈负载去掉，将编程器放置在运行状态。按照设计流程图的要求，进行模拟调试。模拟调试时，观察输出指示灯的点亮顺序是否与流程图要求的动作一致。如果不一致，可以修改程序，直到输出指示灯的点亮顺序与流程图要求的动作一致。

③ 把全部控制电路各个电器元件的线圈负载接上，将编程器放置在运行状态。按照考核试题的要求，进行调试。使各种电器元件的动作符合考核试题要求的功能。

试题选解：

用 PLC 改造通电延时带直流能耗制动的Y-△起动的控制电路（见图 2-7），并进行设计、安装与调试。

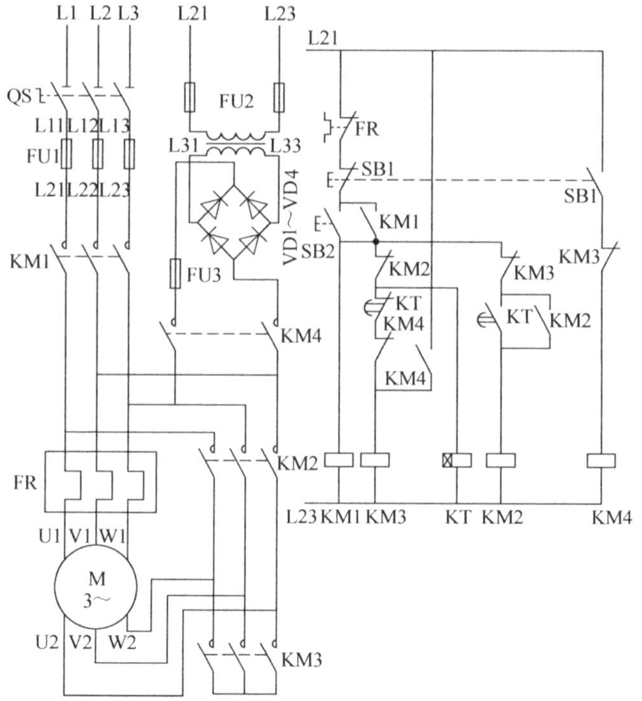

图 2-7 通电延时带直流能耗制动的Y-△起动的控制电路

（1）考核要求

1）依据项目技术要求，正确分配 PLC I/O 地址。

2）绘制 PLC I/O 接线图。

3）正确画出 PLC 梯形图。

4）依据电气设备安全技术规范，按照安装配线工艺要求完成本项目的安装、接线、编程与调试的操作。

（2）工具、仪器仪表及器材　元器件及材料见表2-9，其他工具、仪器仪表同表2-2。

表2-9　元器件及材料

序号	名称	型号与规格	单位	数量	备注
1	可编程序控制器	FX2—48MR或自定	台	1	
2	编程用计算机及下载线	与可编程序控制器配套	台	1	
3	便携式编程器	与可编程序控制器配套（可选）	台	1	
4	配线板	500mm×450mm×20mm	块	2	
5	组合开关	与电动机配套	个	1	
6	三相异步电动机	Y112M—4，4kW或自定	台	1	
7	熔断器及熔芯配套	RL1—60/20A	套	3	
8	熔断器及熔芯配套	RL1—15/4A	套	2	
9	三联按钮	LA10—3H或LA4-3H	个	2	
10	交流接触器	CJ10—20，线圈电压380V	只	4	
11	热继电器	R16—20/3D	只	1	
12	接线端子排	JX2—1015，500V、10A、15节	条	4	
13	木螺钉	ϕ3×20mm或ϕ3×15mm	个	30	
14	平垫圈	ϕ4mm	个	30	
15	圆珠笔	自定	支	1	
16	塑料软铜线	BVR—2.5mm^2，颜色自定	m	20	
17	塑料软铜线	BVR—1.5mm^2，颜色自定	m	20	
18	塑料软铜线	BVR—0.75mm^2，颜色自定	m	5	
19	别径压端子	UT2.5—4，UT1—4	个	20	
20	线槽	TC3025，长34cm，两边打ϕ3.5mm孔	条	5	
21	异形塑料管	ϕ3.5mm	m	0.3	

（3）评分标准　评分标准见表2-10。

表2-10　评分标准

序号	主要内容	考核要求	评分标准	配分	扣分	得分
1	电路设计	根据给定的继电控制电路图，列出PLC控制I/O口（输入/输出）元件地址分配表，设计梯形图及PLC控制I/O口（输入/输出）接线图，根据梯形图，列出指令表	1. 输入输出地址遗漏或搞错，每处扣2分 2. 梯形图表达不正确或画法不规范，每处扣2分 3. 接线图表达不正确或画法不规范，每处扣2分 4. 指令有错，每条扣2分	30分		

（续）

序号	主要内容	考核要求	评分标准	配分	扣分	得分
2	安装与接线	按PLC控制I/O口（输入/输出）接线图在模拟配线板上正确安装，元器件在配线板上布置要合理，安装要准确紧固，配线要紧固、美观，导线要进入线槽且有端子标号，引出端要有别径压端子	1. 元器件布置不整齐、不匀称、不合理，每只扣3分 2. 元器件安装不牢固、安装元器件时漏装木螺钉，每只扣3分 3. 损坏元器件扣10分 4. 电动机运行正常，如不按电路图接线，扣3分 5. 布线不进入线槽，不美观，主电路、控制电路每根扣1分 6. 接点松动、露铜过长、反圈、压绝缘层，标记线号不清楚、遗漏或误标，引出端无别径压端子，每处扣1分 7. 损伤导线绝缘或线芯，每根扣1分 8. 不按PLC控制I/O（输入/输出）接线图接线，每处扣2分	30分		
3	程序输入及调试	熟练操作PLC键盘，能正确地将所编写的程序输入PLC；按照被控设备的动作要求进行模拟调试，达到设计要求	1. 不会熟练操作PLC键盘输入指令，扣5分 2. 不会用删除、插入、修改等命令，每项扣5分 3. 1次试运行不成功扣5分，2次试运行不成功扣10分，3次试运行不成功扣20分	30分		
4	安全文明生产	保证人身和设备安全	违反安全文明生产根据情节扣5~10分	10分		
备注			合计			
			考评员签字	年 月 日		

（4）操作工艺

1）分析控制要求。根据系统需完成的控制任务，对被控对象的控制过程、控制规律、功能和特性进行详细分析。

起动时，按起动按钮SB2，接触器KM1、KM3相继吸合，三相异步电动机定子绕组接成Y联结减压起动，同时时间继电器KT接通后开始计时，经10s（起动时间整定值）后接触器KM3释放，KM2吸合，此时电动机定子绕组接成△联结正常运行。

停车时，按停止按钮SB1，接触器KM1和KM2释放，电动机停转。同时KM4、KM3吸合，三相异步电动机以Y联结直流能耗制动。

2）分配I/O点数，绘制I/O接线图。I/O点数分配表见表2-11，I/O接线如图2-8所示。

表 2-11　I/O 点数分配表

输入			输出		
X001	SB1	停止	Y001	KM1	接触器 1
X002	SB2	起动	Y002	KM2	接触器 2
			Y003	KM3	接触器 3
			Y004	KM4	接触器 4

3）设计控制程序。梯形图如图程序 2-9 所示。

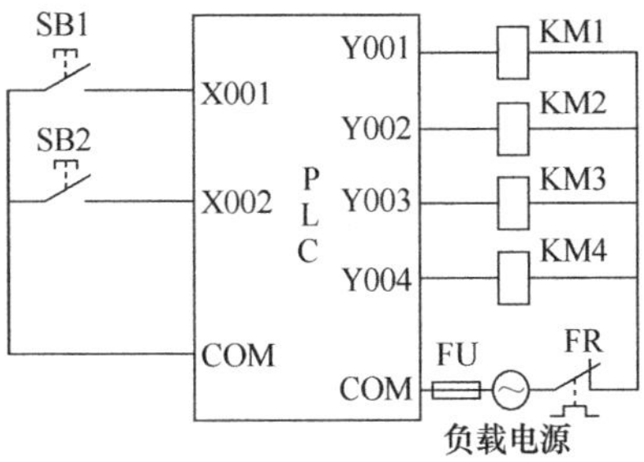

图 2-8　PLC 外部 I/O 接线

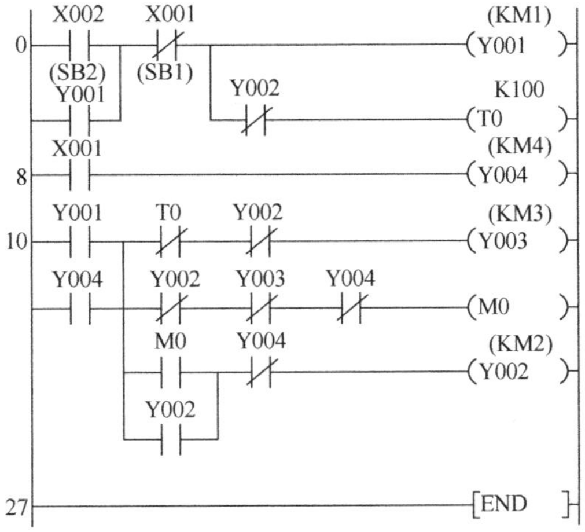

图 2-9　梯形图程序

4）安装接线。首先按照所设计电路安装主电路，其安装方法及要求与继电—接触式控制电路相同；然后按照 I/O 接线图安装控制电路。

5）输入程序。将设计好的程序用编程器输入到 PLC 中，进行编辑和检查。发现问题，立即修改和调整程序，直到满足控制要求。

6）系统调试。调试好的程序传送到现场使用的 PLC 存储器中，这时可先不带负载，只带上接触器线圈、信号灯等进行调试。试验步骤是：合上电源后，按下起动按钮 SB2，观察接触器动作是否正常。Y-△转换接触器动作是否正常。按停止按钮 SB1，观察接触器动作是否正常。若不符合要求，则可对硬件和程序做调整，通常只需修改部分程序即可达到调整的目的。

鉴定点 2　用可编程序控制器改造机床电气控制电路

问：如何用可编程序控制系统改造机床电气控制电路？

答：PLC 改造机床继电控制电路的步骤如下：

1）熟悉加工工艺流程，弄清需要改造设备的继电控制原理。其中包括：控制过程的组成环节；各环节的技术要求和相互间的控制关系；输入输出的逻辑关系和测量方法；设备的控制方法与要求。

2）列出机床电器元件，根据现场信号、控制命令、作用等条件，确定现场输入输出信号和分配到 PLC 内与其相连的输入输出端子号，并应绘出输入输出（I/O）端子接线图。

3）确定 PLC 机型，主要依据输入输出形式和点数。

4）根据控制流程，设计可编程序控制器的梯形图，并由梯形图写出指令语程序。

5）将程序输入到 PLC 中并接线调试。

6）注意事项：

① 对那些已成熟的继电—接触式控制电路的生产机械，在改用 PLC 控制时，只要把原有的控制电路作适当的改动，使之成为符合 PLC 要求的梯形图。

② 原来继电—接触式控制电路中分开画的交流控制电路和直流执行电路，在 PLC 梯形图中要合二为一。

③ PLC 梯形图中，只有输出继电器可以控制外部电路及负载。

④ 每一个逻辑行的条件指令（常闭、常开触点，其数目不限，但是每一个触点都要占用一个指令字，而指令字越多，需要的 PLC 内存空间越大。

⑤ 每一个相同的条件指令可以使用无数次，而不像继电器控制只有有限的触点可供使用。

⑥ 接通外部执行元件的输出指令地址号（输出继电器）也可以作为条件指令使用。

⑦ 一些简单、独立的控制电路（如机床中冷却泵电动机的控制电路），可以不进入 PLC 程序控制。

试题精选：

用 PLC 改造 T68 型卧式镗床的电气控制电路。

（1）考核要求

1）根据任务，设计主电路图，列出 PLC 控制 I/O 口（输入/输出）元件地址分配表，设计梯形图及 PLC 控制 I/O 口（输入/输出）接线图。

2）安装 PLC 控制电路，熟练正确地将所编程序输入 PLC；按照被控设备的动作要求进行安装与调试，达到设计要求。

3）电路图如图 2-1 所示。

（2）评分标准　评分标准见表 2-10。

（3）操作工艺

1）电路设计分析。根据电路图和位置图，分析电路的工作原理，初步制定改造方案。通过对控制电路的分析可知，整个控制过程虽然比较烦琐但没有难度，而且只有时间控制，因此只需要使用一台 PLC 即可完成此项任务。通过以上分析，利用 PLC 改造 T68 型卧式镗床只需要改造其控制电路而无须改变其主电路。具体方案如下：

① 原镗床的工艺加工方法不变。

② 在保留主电路的原有元件的基础上，不改变原控制系统电气操作方法。

③ 电气控制系统控制元件（包括按钮、行程开关、热继电器、接触器）的作用与原电气控制电路相同，时间继电器由 PLC 的定时器完成。

④ 主轴和进给起动、制动，低速、高速和变速冲动的操作方法不变。

⑤ 改造原继电器控制中的硬件接线，改为 PLC 编程实现。

2）分配输入输出点数。T68 型镗床电路中输入输出信号共有 22 个，其中输入信号 15 个，输出信号 7 个。I/O 分配见表 2-12。

表 2-12　输入输出点数分配

输入				输出			
名称	名称	代号	输入点编号	输出点编号	代号	用途	名称
按钮	主轴停止	SB1	X000	Y000	KM1	M1 正转	交流接触器
按钮	主轴正转	SB2	X001	Y001	KM2	M1 反转	交流接触器
按钮	主轴反转	SB3	X002	Y002	KM4	M 低速	交流接触器
按钮	主轴正向点动	SB4	X003	Y003	KM5	M1 高速	交流接触器
按钮	主轴反向点动	SB5	X004	Y004	KM3	M1 制动	交流接触器
行程开关	主轴联锁保护	SQ1	X005	Y005	KM6	M2 正转	交流接触器
行程开关	主轴联锁保护	SQ2	X006	Y006	KM7	M2 反转	交流接触器
行程开关	主轴变速控制	SQ3	X007				
行程开关	进给变速控制	SQ4	X010				
行程开关	主轴变速控制	SQ5	X011				
行程开关	进给变速控制	SQ6	X012				
行程开关	高速控制	SQ7	X013				
行程开关	反向快速进给	SQ8	X014				
行程开关	正向快速进给	SQ9	X015				
速度继电器	主轴制动用	KS	X017				

3）画出接线图。T68 型镗床 PLC 改造接线图如图 2-10 所示。

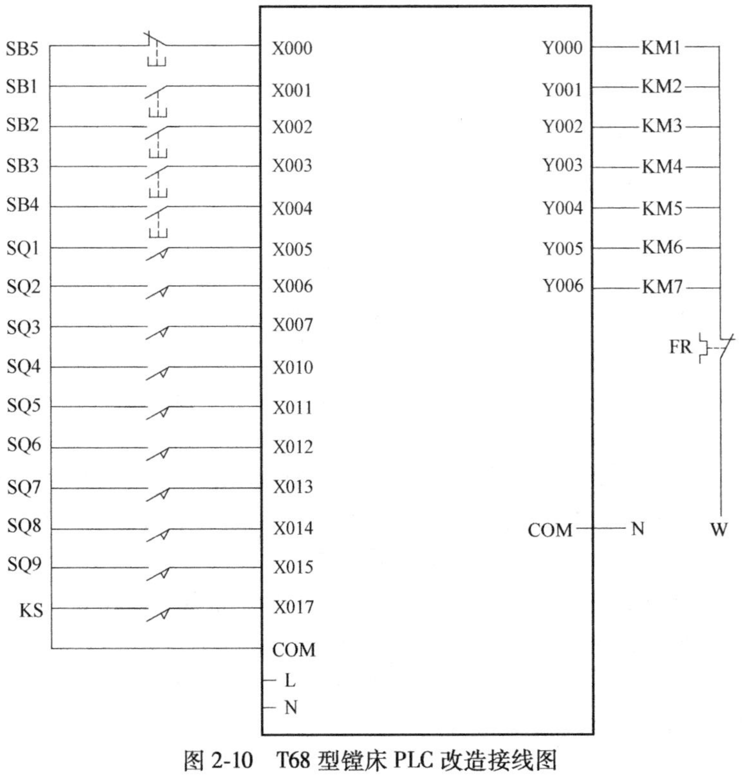

图 2-10　T68 型镗床 PLC 改造接线图

4）设计梯形图。T68 型镗床 PLC 改造梯形图如图 2-11 所示。

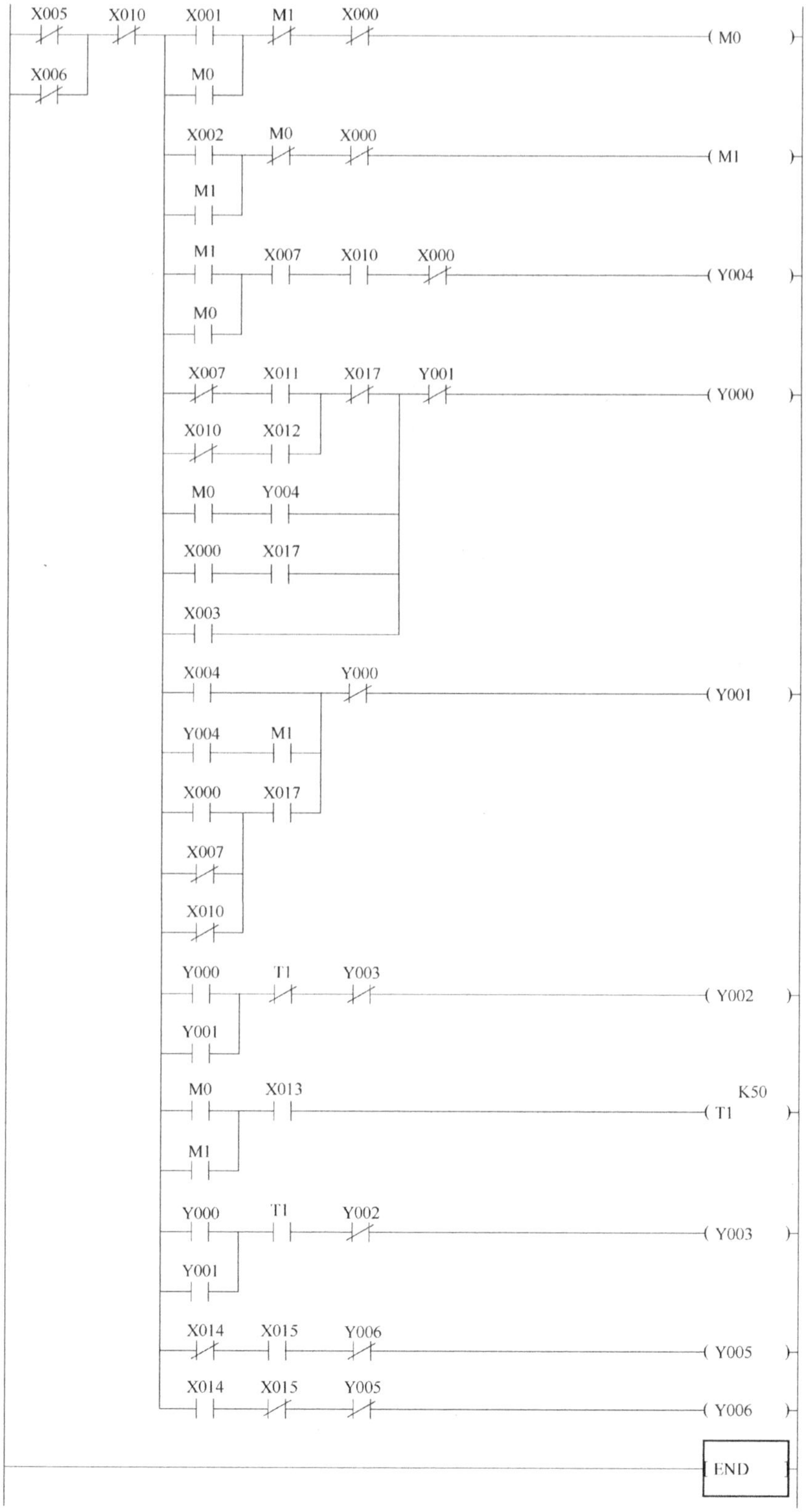

图 2-11　T68 型镗床 PLC 改造梯形图

鉴定点 3　单片机灯光闪烁控制程序的设计

问：如何对单片机电路进行设计、安装与调试？

答：以“跑马灯”电路为例，说明对单片机电路进行安装与调试。

试题精选：

设计与安装“跑马灯”电路

（1）考核要求

1）依据试题技术要求，正确绘制接线图。

2）依据电气设备安全技术规范，按照安装配线工艺要求完成本项目的安装、接线、编程与调试等操作。

3）技术要求：开始接通电源，VD1～VD8 首先全亮，进行灯光测试；延时几秒钟进入同时闪亮；闪亮 10 次后进入：VD1→VD2→…→VD8→VD1 循环闪亮；循环 10 次后进入：VD8→VD7→…→VD1→VD8 循环闪亮；循环 10 次后进入：VD4、VD5→VD3、VD6→VD2、VD7→VD1、VD8 发散状态；发散 10 次后进入：VD1、VD8→VD2、VD7→VD3、VD6→VD4、VD5 居中状态；居中 10 次后返回初始状态开始下一个大循环。

（2）工具、仪器仪表及材料　工具、仪器仪表及材料见表 2-13。

表 2-13　工具、仪器仪表及材料

序号	名称	型号与规格	单位	数量
1	单片机 U1	8751 或 AT89C51	块	1
2	反相驱动器 U2、U3	74LS06	块	2
3	瓷片电容 C_1、C_2	30pF	个	2
4	石英晶体 JT	3.58～12MHz	个	1
5	发光二极管 VD1～VD8	$\phi3$	个	8
6	电阻 R_1～R_8	1/4W　1kΩ	个	8
7	电阻 R_0	1/4W　8.2kΩ	个	1
8	电解电容 C_0	10uF/16V	个	1
9	印制电路板	100mm×50mm	块	1
10	焊锡丝	$\phi1$	m	1
11	电烙铁	220V　25W	把	1
12	导线	BVR—0.1mm^2	m	2

（3）评分标准　评分标准见表 2-14。

表 2-14　评分标准

序号	主要内容	考核要求	评分标准	配分	扣分	得分
1	电路设计	根据任务，设计主电路图	1. 电路图设计不全或设计有错，每处扣 5 分 2. 输入输出地址遗漏或搞错，每处扣 5 分 3. 电路图表达不正确或画法不规范，每处扣 10 分 4. 接线图表达不正确或画法不规范，每处扣 10 分 5. 指令有错，每条扣 5 分	50 分		

（续）

序号	主要内容	考核要求	评分标准	配分	扣分	得分
2	程序输入及调试	熟练操作，能正确地将所编程序输入 PLC 中；按照被控设备的动作要求进行模拟调试，达到设计要求	1. 不会熟练操作输入指令，扣 20 分 2. 不会用删除、插入、修改等命令，每项扣 10 分 3. 缺少 1 个动作功能，扣 10 分	40 分		
3	安全文明生产	保证人身和设备安全	违反安全文明生产根据情节扣 5～10 分	10 分		
备注			合计			
			考评员签字			

（4）操作工艺

1）设计制作硬件电路。按图 2-12 制作电路板，也可在面包板上搭接。其中 U1 采用 8751 或 AT89C51；U2 和 U3 采用 74LS06 反相驱动器；C_1、C_2 采用 10～30pF 的瓷片电容；JT 采用 3. 58～12MHz 石英晶体；R_0 采用 1/8W 或 1/4W8. 2k 的电阻；R_1～R_8 采用 1/8W 或 1/4W 1k 的电阻；VD4～VD8 采用普通发光二极管。V_{CC}采用稳定的 5V 直流电源。

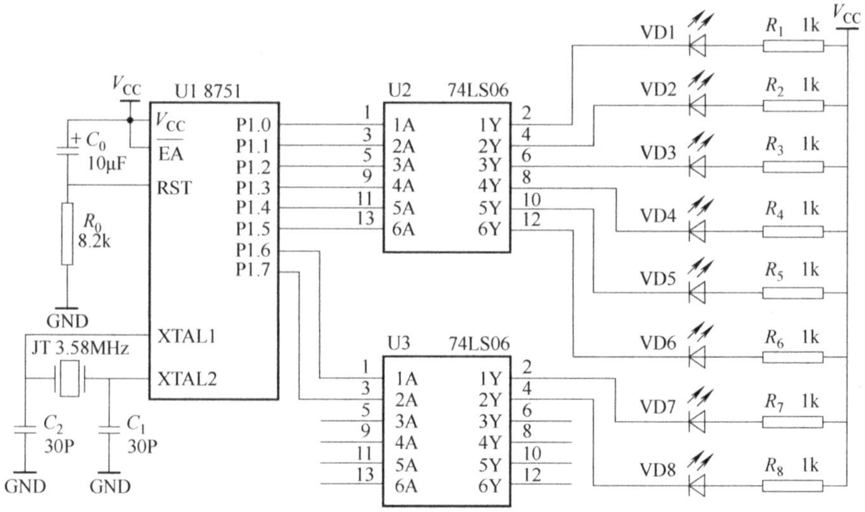

图 2-12 跑马灯电路

2）安装跑马灯电路。安装步骤如下：

① 硬件部分。识读电路图→选用元器件及导线→电子元器件检查→焊接→测试检查→连接电源→仿真调试→完成。

② 软件部分。软件结构设计→确定算法→编制程序→调试程序→仿真调试→完成。

3）软件清单：

```
        ORG 0000H
TEST:   MOV     A, #0FFH
        MOV     P1, A
        MOV     R5, #00H
```

```
          ACALL   DELAY
          DJNZ    R5, $
FLASH:    MOV     R5, #10
FLASH1:   CPL     A
          MOV     P1, A
          ACALL   DELAY
          DJNZ    R5, FLASH1
L_R:      MOV     R5, #10
L_R1:     MOV     A, #01H
L_R2:     MOV     P1, A
          ACALL   DELAY
          RL      A
          CJNE    A, #01H, L_R2
          DJNZ    R5, L_R1
R_R:      MOV     R5, #10
R_R1:     MOV     A, #80H
R_R2:     MOV     P1, A
          ACALL   DELAY
          RR      A
          CJNE    A, #80H, R_R2
          DJNZ    R5, R_R1
SEPAR:    MOV     R5, #10
SEPAR1:   MOV     P1, #18H
          ACALL   DELAY
          MOV     P1, #24H
          ACALL   DELAY
          MOV     P1, #42H
          ACALL   DELAY
          MOV     P1, #81H
          ACALL   DELAY
          DJNZ    R5, SEPAR1
MASS:     MOV     R5, #10H
MASS1:    MOV     P1, #81H
          ACALL   DELAY
          MOV     P1.#42H
          ACALL   DELAY
          MOV     P1, #24H
          ACALL   DELAY
          MOV     P1, #18H
```

```
          ACALL   DELAY
          DJNZ    R5, MASS1
          SJMP    TEST
DELAY:    MOV     R6, #80H
          MOV     R7, #00H
          DJNZ    R3, $
          DJNZ    R6, $-4
          RET
```

鉴定点 4　备用电源自投消防泵控制电路的故障处理

问：简述备用电源自投消防泵控制电路的组成和原理。如何处理备用电源自投消防泵控制电路故障?

答：某楼宇变频消防给水泵组示意图如图 2-13 所示。

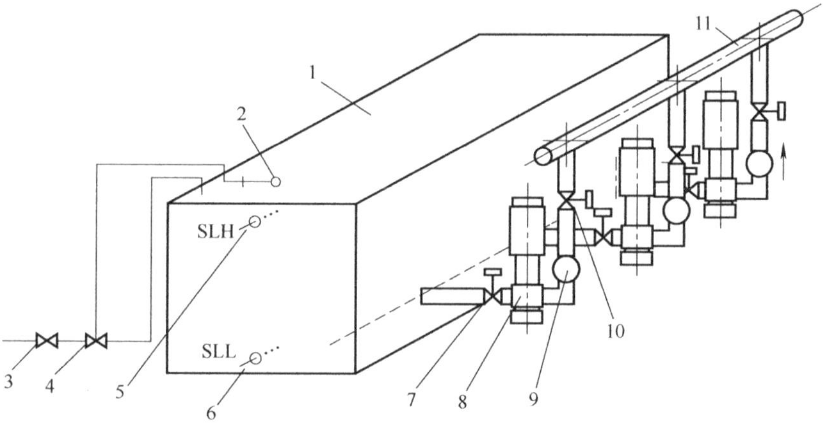

图 2-13　某楼宇变频消防给水泵组示意图

1—储水箱　2—浮球阀　3—自来水进水阀　4—液压水位控制阀　5—水位传感器上限　6—水位传感器下限　7、10—阀门　8—水泵　9—单向阀　11—总出水管

变频消防给水泵组由 3 台功率及类型均相同的水泵并联运行。

1）泵组电源采用“常用电源”和“备用电源”双电源自动切换，如图 2-14 所示。

2）该系统采用一台变频器对 3 台水泵进行变频控制，具体控制要求如下：

① 系统主回路。QF 为双电源自动切换开关；FU1 为主电路短路保护；QF1 为变频器电源开关，KM 控制变频器的电源；QF2～QF4 为 1～3 号泵电源开关，KM1、KM3、KM5 为 1～3 号泵工频交流接触器，KM2、KM4、KM6 为 1～3 号泵变频交流接触器，FR1～FR3 为 1～3 号泵电动机过载保护热继电器；M1～M3 为 1～3 号泵电动机。

② 系统的二次控制回路。QF5 为二次控制回路电源开关（AC 220V）；FU2 为二次控制回路短路保护；SLL 为储水箱水位传感器下限，有水时为 OFF，控制电源正常；缺水时为 ON，则 KA1 得电（HLL 灯亮指示，DL1 缺水报警），PLC、KM、KM1～KM6 控制电源断电。SLH 为储水箱水位传感器上限，如果储水箱浮球阀失控，水位超限 SLH 为 ON，则 KA2 得电（HLH 灯亮指示，DL2 水位超报警）。

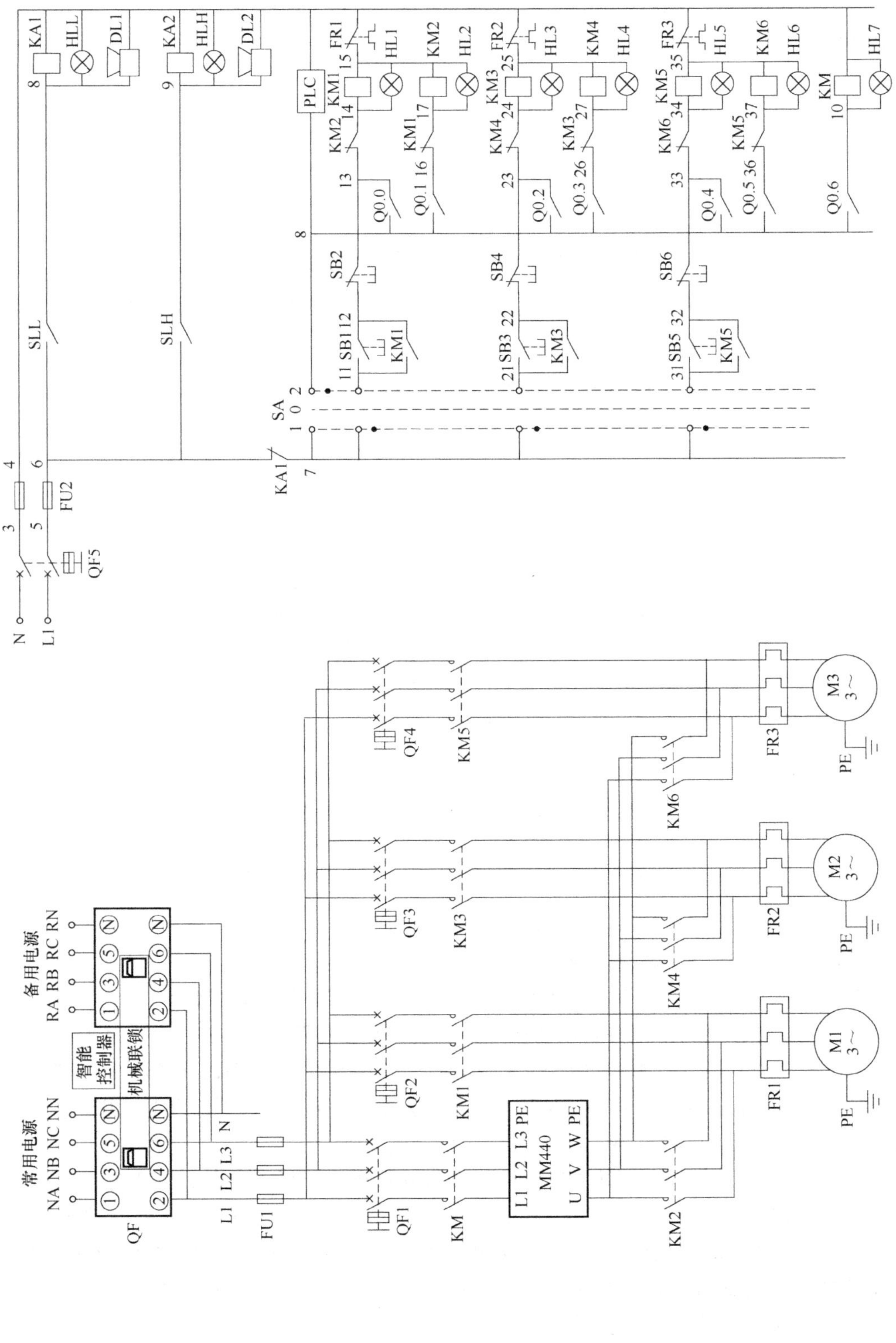

a) 主电路

b) 控制电路

图 2-14 备用电源自投消防泵电气控制电路

SA 为 1~3 号泵的控制方式转换开关，分为“手动 1”“停止 0”“自动 2”三种工作方式。当 SA 置于“停止 0”时，PLC、KM、KM1~KM6 控制电源断电；当 SA 置于“手动 1”时，PLC、KM 控制电源断电，SB1 为 KM1 起动，SB2 为 KM1 停止；SB3 为 KM3 起动，SB4 为 KM3 停止；SB5 为 KM5 起动，SB6 为 KM5 停止。

当 SA 置于“自动 2”时，PLC、KM 控制电源得电，当有火情按下消防起动按钮 SB7 时：

第 1 种情况：当用水量较小时，KM 得电闭合，变频器送电；KM2 得电闭合，起动变频器，水泵电动机 M1 投入变频运行。

随着用水量的增加，当变频器的运行达到上限值时，延时 2s 后，KM2 失电断开，变频器停止运行，KM1 得电闭合，水泵电动机 M1 投入工频运行；延时 5s 后，KM4 得电闭合，起动变频器，水泵电动机 M2 投入变频运行。

随着用水量的增加，当变频器的运行再次达到上限值时，延时 2s 后，KM4 失电断开，变频器停止运行，KM3 得电闭合，水泵电动机 M2 投入工频运行；延时 5s 后，KM6 得电闭合，起动变频器，水泵电动机 M3 投入变频运行。此时，电动机 M1 继续工频运行，进入“二工一变”的工作状态。

第 2 种情况：随着用水量的降低，在电动机 M3 变频运行时，当变频器的运行达到下限值时，延时 2s 后，KM6 失电断开，电动机 M3 停止运行；延时 5s 后，KM3 失电断开，KM4 得电闭合，起动变频器，水泵电动机 M2 投入变频运行。

在电动机 M2 变频运行时，当变频器的运行再次达到下限值时，延时 2s 后，KM4 失电断开，电动机 M2 停止运行；延时 5s 后，KM1 失电断开，KM2 得电闭合，起动变频器，水泵电动机 M1 投入变频运行。

③ 压力传感器将管网的压力变为 4~20mA 的标准电信号，经模拟量输入模块传送到 PLC 中，PLC 根据设定值进行比较，并进行 PID 运算，得到的输出控制信号经模拟量输出模块传送至变频器，实时调节水泵的供电电压和频率。

④ 系统停止，按下停止按钮 SB8，整个系统停止回到初始状态。

试题精选：

（1）考核要求

1）正确读识电路图。

2）正确使用仪器仪表，检测元器件。

3）每位考生两处不同故障，不得误排或少排以及扩大故障。

故障现象：

① 无论是手动还是自动，按下 SB1 或按 SB7，KM1 线圈不得电，其他动作正常。

② 当蓄水池水满时，KA2 继电器线圈不得电，指示灯不亮，警报器不响，其他动作正常。

故障点设置：

① KM2 常闭触头接触不良。

② SLM 常开触头不能正常闭合。

4）依据电气设备安全技术规范送电试运行，观察并记录故障现象，判断最小故障范围，按照故障排除的基本方法，找出故障点，排除故障。

5）故障排除后通电运行，操作过程安全规范。

（2）工具、仪器仪表、设备及材料　工具仪器仪表见表 2-2，设备及材料见表 2-15。

表 2-15　设备及材料

序号	名　称	型号　规格	单位	数量	备注
1	小型断路器	DZ47—63 C10 3P（可自定）	个	4	
2	小型断路器	DZ47—63 C6 2P（可自定）	个	1	
3	PLC	自定，模拟量扩展	台	1	I>15 点，O>15 点，模拟输入/输出各 1 路
4	变频器	自定	台	1	功率与电动机相符
5	编程器	手持编程器或计算机	台	1	现场根据实际情况自定，计算机需装有 PLC 编程软件
6	熔断器	RT18，10A	套	3	可根据电动机大小自定
7	熔断器	RT18，1A	套	4	
8	传输线	计算机与 PLC 传输线	根	1	根据 PLC 选用
9	电动机	小型三相交流异步电动机（自定）	台	3	功率与变频器相符
10	按钮	自定（具有 1 对常开触头，1 对常闭触头）	个	15	遇有行程开关用按钮代替
11	指示灯	自定（红色）AC 220V	个	15	
12	导线	BV—1.5mm^2	m	10	
13	木螺钉	M2.5×30	个	50	
14	配线盘	自定	个	1	
15	交流接触器	自定，线圈 AC 220V	台	6	功率与电动机相符
16	声光报警器	自定 AC 220V	个	2	
17	压力传感器	自定 0~1MPa	套	1	带压力变送器
18	电路图	图 2-14	套	1	

备用电源自投消防泵电气控制系统 PLC、变频器接线图如图 2-15 所示。

PLC 控制程序如图 2-16 所示。

变频器参数设定见表 2-16。

表 2-16　变频器参数设定

项目	参数号	设定值	设定值含义说明
1	P0010	30	P0010=30 工厂的默认设置值
2	P0970	1	回到工厂的默认设置值
3	P0003	3	设置参数访问等级：3 为专家级
4	P0700	2	选择命令源：由端子排输入
5	P0701	1	数字输入 1：ON 接通正转
6	P0731	53.2	数字输出 1：已达到最低频率（Hz）
7	P0732	52.2	数字输出 2：已达到最高频率（Hz）
8	P1000	2	频率设置值选择，外部模拟量给定
9	P1080	10	电动机运行的最低频率（Hz）
10	P1082	50	电动机运行的最高频率（Hz）
11	P1120	2.0	斜坡上升时间
12	P1121	2.0	斜坡下降时间

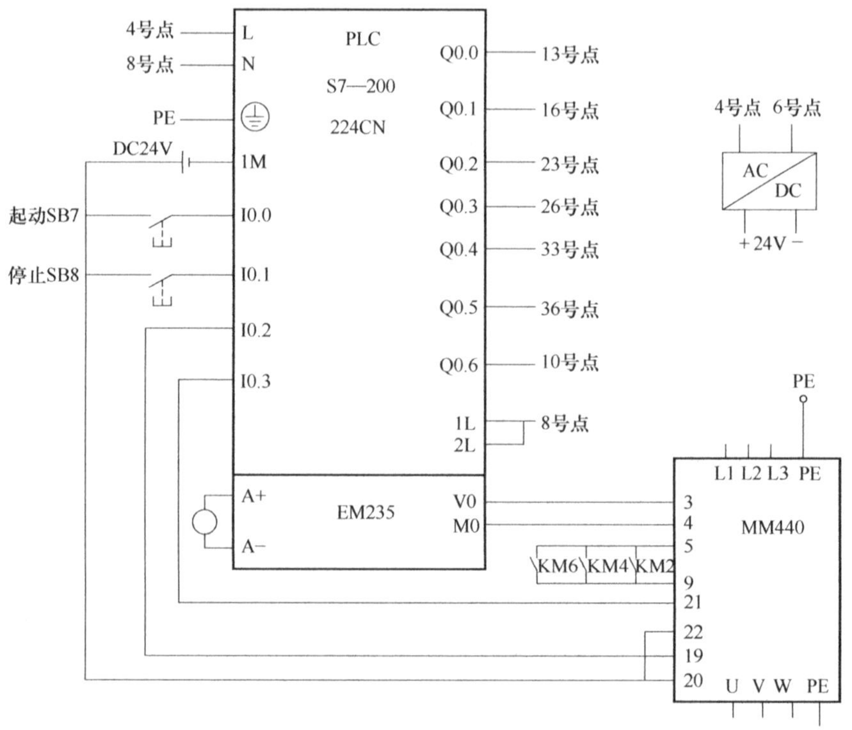

图 2-15 PLC、变频器接线图

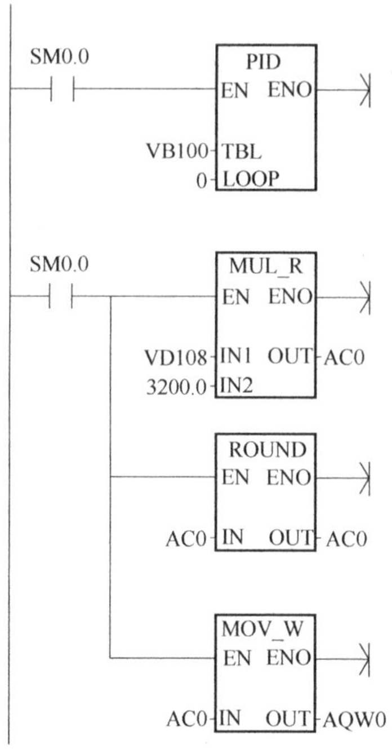

图 2-16 PLC 控制程序

（3）评分标准　评分标准见表 2-3。

（4）操作工艺

1）根据故障现象调查研究。该机组常见的故障现象及故障范围见表 2-17。

表 2-17　常见的故障现象及故障范围分析

故障开关	故障现象	故障范围
K1	在自动模式下，按下 SB7，PLC 面板上输入继电器 I0.0 指示灯不亮，其他正常	M1 到 24V 电源负极，经过 24V 电源正极到 SB7 到 I0.0
K2	按下 SB8，PLC 面板上输入继电器 I0.1 指示灯不亮，其他正常	M1 到 24V 电源负极，经过 24V 电源正极到 SB8 到 I0.1
K3	在自动模式下按下 SB7，PLC 面板上输出继电器 Q0.1 指示灯亮，KM2 线圈不得电，其他正常	8 号线到 Q0.1 常开触头，到 16 号线经过 KM1 常闭触头，到 17 号线经过 KM2 线圈到 15 号线
K4	在自动模式下按下 SB7，PLC 面板上输出继电器 Q0.6 指示灯亮，KM 线圈不得电，其他正常	8 号线到 Q0.6 常开触头，到 10 号线经过 KM 线圈到 4 号线
K5	当蓄水箱缺水时，KA1 继电器线圈不得电，指示灯不亮，警报器不响，其他动作正常	6 号线经过 SLL 常开触头，到 2 号线经过 KA1 线圈到 4 号线
K6	当蓄水池水满时，KA2 继电器线圈不得电，指示灯不亮，警报器不响，其他动作正常	6 号线经过 SLM 常开触头到 9 号线，经过 KA2 线圈到 4 号线
K7	无论手动还是自动，按 SB1 或按 SB7，KM1 线圈不得电，其他动作正常	13 号线经过 KM2 常闭触头到 14 号线，经过 KM1 线圈到 15 号线，经过 FR1 常闭触头到 4 号线
K8	在自动模式下，按下 SB7，PLC 面板上输出继电器 Q0.3 指示灯亮，KM4 线圈不得电，其他正常	8 号线到 Q0.3 常开触头，到 26 号线经过 KM3 常闭触头，到 27 号线经过 KM4 线圈到 25 号线

2）分析故障原因，确定故障可能出现的范围。根据故障现象：“无论手动还是自动，按 SB1 或按 SB7，KM1 线圈不得电，其他动作正常”，可以大致确认故障范围在“13 号线经过 KM2 常闭触头，到 14 号线经过 KM1 线圈到 15 号线，经过 FR1 常闭触头到 4 号线”。

3）查找第一个故障点。根据故障范围：“13 号线经过 KM2 常闭触头到 14 号线，经过 KM1 线圈到 15 号线，经过 FR1 常闭触头到 4 号线”，查找 KM2 常闭触头、KM1 线圈和 FR1 常闭触头等三处是否为故障点。断开电源后，用万用表电阻 $R\times1k$ 档分别测量 KM2 常闭触头、KM1 线圈和 FR1 常闭触头等三处电阻，判断导通情况，根据测量结果，KM2 常闭触头电阻为无穷大，最后判断出故障点在 KM2 常闭触头处，该处接触不良。

4）排除第一个故障。用电工刀或细砂纸清除常闭触头处的污垢。

5）通电试运行。合上电源开关，进行试运行，发现第二个故障出现。

6）分析故障原因，确定第二个故障可能出现的范围。根据故障现象：“当蓄水池水满时，KA2 继电器线圈不得电，指示灯不亮，警报器不响，其他动作正常”，可以大致确认故障范围在“6 号线经过 SLM 常开触头到 9 号线，经过 KA2 线圈到 4 号线”。

7）查找第二个故障点。根据故障范围：“6 号线经过 SLM 常开触头，到 9 号线经过 KA2 线圈到 4 号线”；查找 SLM 常开触头闭合是否正常、9 号线与 KA2 线圈的连接是否正常、4 号线与 KA2 线圈的连接是否正常。用万用表电阻 $R\times1k$ 档分别测量三处的电阻值，发现 SLM 常开触头不能正常闭合。

8）排除第二个故障。用电工刀或细砂纸清除常开触头处的污垢；或者是更换触头弹簧。

9）通电试运行。

10）清理现场。

鉴定范围4　应用电子电路的安装与调试

鉴定点1　组合逻辑电路的安装、调试与维修

问：如何安装和调试较复杂组合逻辑电路？

答：较复杂电子电路的安装与调试方法如下：

（1）焊接技术要求

1）焊点的机械强度要满足需要。为了保证焊点具有足够的机械强度，一般采用把被焊接的电器元件引线端子打弯后再焊接的方法，但不能用过多的钎料堆积，以防止造成虚焊或焊点之间短路。

2）焊接可靠，保证导电性能良好。为保证有良好的导电性能，必须防止虚焊，虚焊现象常有两种，一是引线浸润不好，二是印制板浸润不好。

3）焊点表面要光滑、清洁。

（2）焊接前的准备

1）搪锡（镀锡）。因为一般长期存放的电器元件引线端部有一层氧化膜，元件焊接前，大部分电器元件引脚应先用工具除去氧化层，然后再对电器元件引脚进行搪锡，但是少部分电器元件不需要搪锡。

2）电器元件引线加工成形。加工时，要用工具保护引线的根部，不要从引线齐根部弯折，以免损坏电器元件。安装电器元件有两种方式：一种是立式；一种是卧式。焊接时具体选择哪一种方式应根据具体情况来选用。

（3）焊接的步骤

1）五步焊接法：准备→加热→送丝→去丝→移烙铁。

2）三步焊接法：准备→加热和送丝→去丝和移烙铁。

3）对于小热容量焊件，整个焊接过程不得超过2~4s。

（4）调试方法

1）调试前的检查。根据电路图或接线图从电源端开始，逐步逐段校对电子元器件的技术参数是否与电路图相对应；逐步逐段校对连接导线是否正确，检查焊点是否光滑、美观、有无虚焊。

2）调试。

① 静态测量：从电源开始，测量关键点的直流电压值；测量主要晶体管引脚直流电压值是否与电路中规定值对应，进一步确定电路的正确性。

② 动态测量：加入动态信号，用电子仪器进行测量，将测量结果与标准参数对比，进一步调整电路，完善电路的性能。

操作要点提示：

① 认真检查主电路与控制电路接线是否正确，特别注意晶闸管的门极不要与其他部分发生短路。

② 控制电路不可用调压变压器作为电源，而主电路在调试时可用调压变压器进行低压调试。

③ 调试时应先检查电源的输入情况，再检查电源的输出情况；先调试触发电路，后调试主电路；电源输入电压先低后高，整流输出电流先小后大。

试题选解：

编码器电路的安装与调试。

（1）考核要求

1）编码器电路的原理图如图 2-17 所示，它是用 74LS148 优先编码器和门电路组成的 8421BCD 编码器，输入为低电平有效，输出为 8421BCD 码，正确读识给定的电路图，明确各元器件的作用，说明电路工作原理。

2）门电路 $D_1 \sim D_4$ 用 74LS00 二输入四与非门电路实现。

3）正确选用仪器仪表。

4）按手工焊接技术的有关要求完成本项目的安装、焊接、连线与调试等操作；电路焊接完成后，加上 DC 5V 电源，将编码输入端 $I_0 \sim I_9$ 接到 0/1 电平开关上，编码输出端 $Y_0 \sim Y_3$ 和 EO 接到 LED 状态显示上，测试电路的逻辑功能，观察 LED 显示状态并记录。

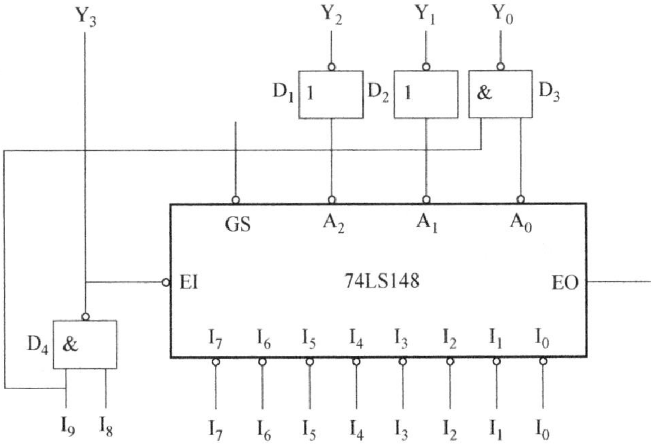

图 2-17　编码器电路的原理图

（2）工具、仪表及器材　工具、仪器仪表见表 2-18，元器件及材料见表 2-19。

表 2-18　工具及仪器仪表

序号	名称	型号与规格	单位	数量	备注
1	电烙铁、烙铁架、焊料与焊剂		套	1	
2	直流稳压电源	0~36V	台	1	
3	信号发生器		台	1	
4	示波器		台	1	

（续）

序号	名称	型号与规格	单位	数量	备注
5	单相交流电源	~220V 和 36V、5A	台	1	
6	电子通用工具		套	1	镊子、斜口钳、螺钉旋具（一字形和十字形）、电工刀、尖嘴钳、剥线钳等
7	万用表	MF47	块	1	

表 2-19 元器件及材料

序号	名称	型号规格	单位	数量	备注
1	优先编码器	74LS148	个	1	
2	与非门	74LS00	个	4	$D_1 \sim D_4$
3	铜导线	BV—0.75mm^2（镀锡）	m		根据现场需求准备
4	印制电路板	自制	块	1	
5	松香焊锡丝	ϕ1.0	m		根据现场需求准备
6	砂纸	0 号	张	1	
7	直流稳压电源	DC 5V	台	1	
8	高低电平开关	高低电平输入信号	个	10	
9	高低电平指示灯	LED 高低电平指示信号灯	个	10	

（3）评分标准 评分标准见表 2-20。

表 2-20 评分标准

序号	主要内容	考核要求	评分标准	配分	扣分	得分
1	按图焊接	正确使用工具和仪表，焊接质量可靠，焊接技术符合工艺要求	1. 布局不合理，扣 1 分 2. 焊点粗糙、拉尖、有焊接残渣，每处扣 1 分 3. 元器件虚焊、气孔、漏焊、松动、损坏，每处扣 1 分 4. 引线过长、焊剂不擦干净，每处扣 1 分 5. 元器件的标称值不直观、安装高度不合要求，扣 1 分 6. 工具、仪表使用不正确，每次扣 1 分 7. 焊接时损坏元器件，每只扣 2 分	15 分		
2	调试后通电试验	在规定时间内，利用仪器仪表调试后进行通电试验	1. 通电调试 1 次不成功扣 5 分；2 次不成功扣 10 分；3 次不成功扣 15 分 2. 调试过程中损坏元器件，每只扣 2 分	15 分		
备注			合计			
		考评员签字	年 月 日			

（4）操作工艺

1）写出该编码器电路的工作原理。当 I_9、I_8 无输入（即 I_9、I_8 均为高电平）时，与非门 D_4 的输出 $Y_3=0$，同时使 74LS148 的 EI=0，允许 74LS148 工作，74LS148 对输入 $I_0 \sim I_7$ 进行编码。比如若 $I_5=0$，则 $A_2A_1A_0=010$，经门 D_1、D_2、D_3 处理后，$Y_2Y_1Y_0=101$，所以总输出 $Y_3Y_2Y_1Y_0=0101$，这正好是 5 的 8421BCD 码。当 I_9 或 I_8 有输入（低电平）时，与非门 D_4 的输出 $Y_3=1$，同时使 74LS148 的 EI=1，禁止 74LS148 工作，使 $A_2A_1A_0=111$。若此时 $I_9=0$，则总输出 $Y_3Y_2Y_1Y_0=1001$；若 $I_8=0$，则总输出 $Y_3Y_2Y_1Y_0=1000$，这正好是 9 和 8 的 8421BCD 码。

2）将编码输入端 $I_0 \sim I_9$ 接到 0/1 电平开关上，编码输出端 $Y_0 \sim Y_3$ 和 EO 接到 LED 状态显示上，按表 2-21 所示编码器逻辑功能测试表测试电路的逻辑功能，观察 LED 显示状态并记录。

表 2-21　编码器逻辑功能测试表

输入										输出				
I_0	I_1	I_2	I_3	I_4	I_5	I_6	I_7	I_8	I_9	Y_3	Y_2	Y_1	Y_0	EO
1	1	1	1	1	1	1	1	1	1	0	0	0	0	0
0	1	1	1	1	1	1	1	1	1	0	0	0	0	1
×	0	1	1	1	1	1	1	1	1	0	0	0	1	1
×	×	0	1	1	1	1	1	1	1	0	0	1	0	1
×	×	×	0	1	1	1	1	1	1	0	0	1	1	1
×	×	×	×	0	1	1	1	1	1	0	1	0	0	1
×	×	×	×	×	0	1	1	1	1	0	1	0	1	1
×	×	×	×	×	×	0	1	1	1	0	1	1	0	1
×	×	×	×	×	×	×	0	1	1	0	1	1	1	1
×	×	×	×	×	×	×	×	0	1	1	0	0	0	1
×	×	×	×	×	×	×	×	×	0	1	0	0	1	1

3）设计布线图。根据电路的原理图正确地进行安装图的设计，可以两面布线，以焊点一面为主。图中焊点、连接线、元器件都是安装时的实际位置，实线表示焊点一面的连接线，虚线表示元器件一面的连接线，连接线画的要平直，不能交叉。

4）按表 2-19 核对元器件的数量、型号和规格，如有短缺、差错应及时补缺和更换，并检测元器件。

5）试验板的插装与焊接：

① 按装配图将元器件插装在试验板上，安装原则是先低后高，先里后外，上道工序不得影响下道工序的安装。

② 电阻器采用卧式安装，占用四个焊盘，紧贴板面安装，色标法电阻的色环标志顺序要一致。

③ 集成电路应安装在相应的插座上，插座标记口的方向应与实际的集成电路标记口方

向一致。将集成电路插入插座时，应避免插反及引脚未完全插入插座等现象。16 脚的插座占 4×8 个焊盘，14 脚的插座占 4×7 个焊盘，8 脚的插座占 4×4 个焊盘。

④ 发光二极管占用两个焊盘，引脚高度要与集成电路插座高度相等。

⑤ 电容器引脚高度为 3mm。

⑥ 导线连线在焊点面上拐弯时，应采用直角形状，且直角处用焊点固定。

⑦ 所有焊点均采用直脚焊，焊后剪去多余引脚。

6）通电测试。

鉴定点 2 时序逻辑电路的安装、调试与维修

问：如何进行时序逻辑电路的安装、调试与维修？简述 555 集成定时器的主要的应用。

答：时序逻辑电路的安装、调试和维修与组合逻辑电路基本相同。555 定时器主要用来组成单稳态触发器、多谐振荡器和施密特触发器等。

试题精选：

555 定时器叮咚门铃电路的安装与调试。

（1）考核要求

1）正确读识给定的电路图，明确各元器件的作用。

2）正确选用仪器仪表。

3）执行与掌握安全文明生产有关的规定。

4）依据电气安全技术规范，按手工焊接技术的有关要求完成本项目的安装、焊接、连线与调试等操作。

5）检测及试运行。

（2）工具、仪器仪表及器材　工具、仪器仪表见表 2-18，元器件及材料见表 2-22。

表 2-22　元器件及材料

序号	名称	型号规格	单位	数量	备注
1	电路图	见图 2-18	张	1	
2	铜导线	BV—0.75mm^2（镀锡）	m		根据现场需求准备
3	印制电路板	自制	块	1	
4	松香焊锡丝	ϕ1.0	m		根据现场需求准备
5	砂纸	0 号	张	1	
6	高低电平开关	高低电平输入信号	个	10	
7	高低电平指示灯	LED 高低电平指示信号灯	个	10	
8	VD1、VD2 二极管	2CP12	个	2	
9	555 定时器 IC		个	1	
10	集成电路插座	8 脚	个	1	
11	按钮 SB		个	1	
12	电阻器 R_1	30kΩ	个	2	
13	电阻器 R_2、R_4	22kΩ	个	2	

（续）

序号	名称	型号规格	单位	数量	备注
14	电阻器 R_3	47kΩ	个	1	
15	电容器 C_2	0.047μF	个	1	
16	电容器 C_3	50μF	个	1	
17	电容器 C_1	47μF	个	1	
18	扬声器	0.25Ω8W	个	1	

（3）评分标准　评分标准见表 2-20。

（4）操作工艺

常用的 555 集成定时器组成的叮咚门铃电路如图 2-18 所示，SB 为门铃的按钮，其示意框图如图 2-19 所示。

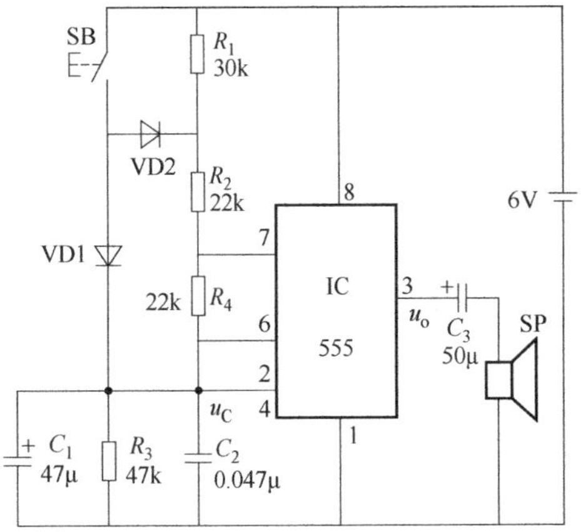

图 2-18　叮咚门铃电路

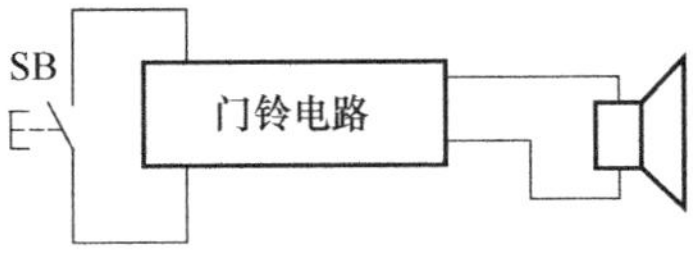

图 2-19　门铃电路示意图

1）分析电路的工作原理。当按下按钮 SB 后，电源经 VD2 对 C_1 充电。当集成电路④脚（复位端）电压大于 1V 时，电路振荡，扬声器中发出“叮”声。松开按钮 SB，C_1 储存的电能经 R_3 放电，此刻集成电路④脚继续维持高电平而保持振荡，但这时因 R_1 也接入振荡电路，振荡频率变低，使扬声器发出“咚”声。当 C_1 上的电能释放一定时间后，集成电路④脚电压低于 1V，此时电路将停止振荡。再按一次按钮，电路将重复上述过程。

2）识别元器件。熟悉 555 定时器的外形及其引脚功能；熟悉扬声器的外形及其连接。

3）装配电路。

① 画出装配图。根据电路的原理图正确地进行安装图的设计，可以两面布线，以焊点一面为主。图中焊点、连接线、元器件都是安装时的实际位置，实线表示焊点一面的连接线，虚线表示元器件一面的连接线，连接线画的要平直，不能交叉。

装配图如图 2-20 所示。

② 元器件检测。按配套明细表 2-20 核对元器件的数量、型号和规格，如有短缺、差错

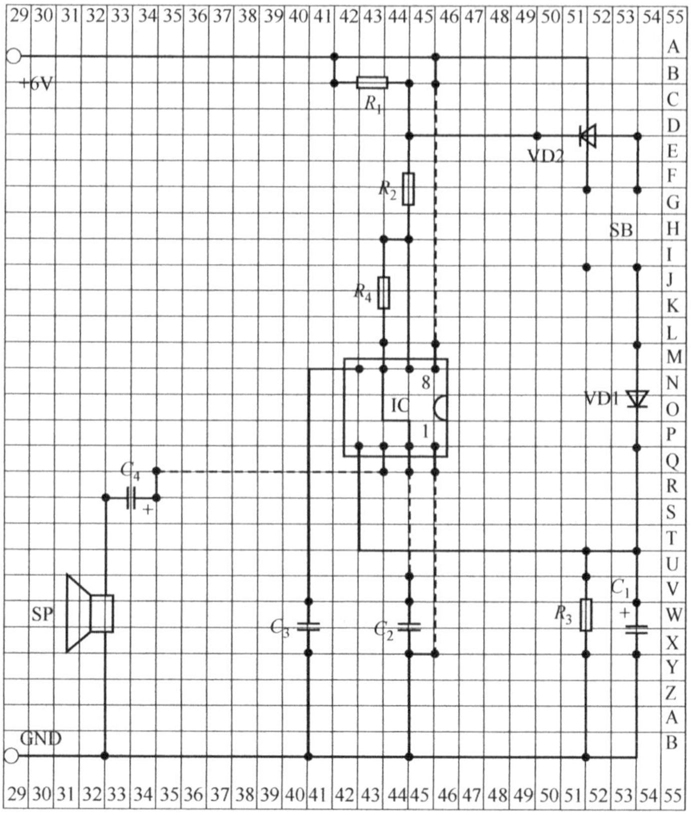

图 2-20 装配图

应及时补缺和更换；用万用表的电阻档对元器件进行检测，对不符合质量要求的元器件剔除并更换。

③ 试验板的插装与焊接。

a. 按装配图将元器件插装在试验板上，安装原则是先低后高，先里后外，上道工序不得影响下道工序的安装。

b. 电阻器采用卧式安装，占用四个焊盘，紧贴板面安装，色标法电阻的色环标志顺序要一致。

c. 集成电路应安装在相应的插座上，插座标记口的方向应与实际的集成电路标记口方向一致。将集成电路插入插座时，应避免插反及引脚未完全插入插座等现象。⑧脚的插座占4×4 个焊盘。如果使用集成电路插座在印制板上焊接，焊接方法与焊接二极管方法相同。如果直接焊接集成电路，一般采用“三步焊接法“，引脚焊接的顺序为：地端→输出→端电源→输入端。注意：每个焊点的焊接时间应尽量短。

d. 按钮占用 3×4 个焊盘。

e. 电容器占用两个焊盘，引脚高度为 3mm。

f. 导线连线在焊点面上拐弯时，应采用直角形状，且直角处用焊点固定。

g. 所有焊点均采用直脚焊，焊后剪去多余引脚。

4）测试电路。

① 安装完成后，对照测试电路图和装配图进行检查。

② 用万用表检测电源是否有短路问题，无误后插上集成电路，方可通电测试。

③ 将电路的⑧脚与电源相连接。按下按钮 SB，再松开 SB，用示波器观察 u_C、u_o 的波形，聆听扬声器的声音，记录结果，并分析测量结果。

（5）注意事项

1）二极管 VD2 不能接反，如果 VD2 接反，按下按钮 SB，电源不能对 C_1 进行充电，4 脚为低电平，门铃电路不工作。

2）如果 R_1 开路，当按下按钮 SB，电路振荡并发出“叮”声；松开按钮 SB，因为振荡回路开路，而不发声音。

3）改变 C_2 的数值，变音门铃的音节会发生变化。

鉴定点 3　小型稳压开关电源的安装、调试与维修

问：如何进行较复杂电子电路的故障维修？

答：较复杂电子电路的故障维修应从以下几个方面入手：

（1）电子电路类型识别　电子电路检修前，必须对检修的电子电路进行性质识别：判断电路是模拟电路、数字电路还是集成运放电路；是处理放大信号的，还是产生信号的振荡电路；是电源电路，还是开关电路。不同性质的电路，其检修方法、测量手段、分析故障的要点等都不相同。

（2）根据故障现象在电路图上分析故障范围　根据电子电路的功能、信号等方面进行区域划分，结合故障现象，确定检查的区域范围。

（3）确定电路检测方案　确定电子电路的性质后，针对其特点，确定对电路进行检查选用的仪器仪表、步骤、方法、测量点。

（4）用测量法确定第一个故障点　运用检查工具，对各个测量点进行测量判断。根据仪表、仪器显示的结果，遵循测量步骤，进行测量分析，直至检测到故障点。

（5）检修故障点，并通电试运行　如果对电子电路进行元器件更换后，必须进行调试，使其符合原来电路的要求。

（6）整理现场　断开电子电路的电源开关，将桌面杂物清理干净，最后将电烙铁断开电源，工具、仪表和材料摆放整齐。

（7）做好维修记录　记录的内容可包括：电子设备的型号、名称、编号，故障发生日期、故障现象、部位，损坏的电器、故障原因、修复措施及修复后的运行情况等。记录的目的：作为档案以备日后维修时参考，并通过对历次故障的分析，采取相应的有效措施，防止类似事故的再次发生或对电气设备本身的设计提出改进意见等。

试题精选：

TWH9313 构成的开关稳压电路的维修。

（1）考核要求

1）正确读识给定的电路图，明确各元器件的作用。

2）根据要求正确选用工器具和仪器仪表。

3）根据故障现象，依据电路图进行分析，确定故障范围。

4）利用仪器仪表检查出故障点，并排除故障。

5）通电试运行操作过程安全规范，正确检查测试电路。

6）检修恒温控制器电路故障，在其电路上，设隐蔽故障 2 处，其中电路 1 处（如焊接接触不良等），器件 1 处，考场中将各工位故障清单提供给考评员。

故障现象：稳压电源无输出电压。

故障设置：电容器短路；集成电路②脚虚焊。

（2）工具、仪器仪表及器材　工具、仪器仪表见表 2-18，元器件及材料见表 2-23。

表 2-23　元器件及材料

序号	名称	型号规格	单位	数量	备注
1	变压器	10W　220V/30V	个	1	T
2	集成电路	TWH9313	个	1	IC1
3	电解电容器	50V，1000μF	个	1	C1
4	整流桥	2A	组	1	
5	二极管	1N4007	个	4	VD1～VD4
6	电位器	22k/1W	个	1	RP1
7	铜导线	BV 0.75mm^2（镀锡）	米		根据现场需求准备
8	印制电路板	自制	块	1	
9	松香焊锡丝	ϕ1.0	m		根据现场需求准备
10	砂纸	0 号	张	1	
11	电源线	带单相二极电源插头	条	1	

TWH9313 构成的开关稳压电路如图 2-21 所示。

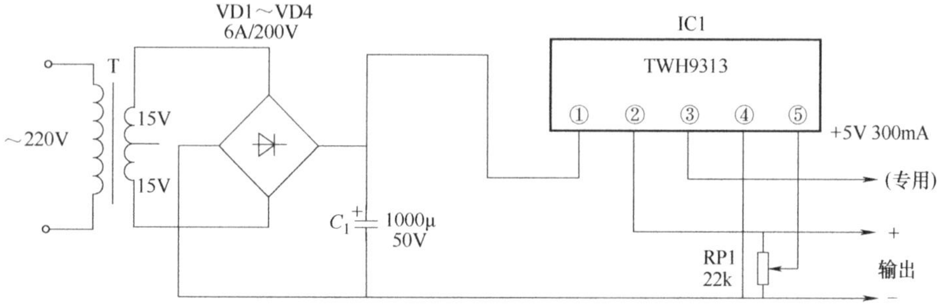

图 2-21　TWH9313 构成的开关稳压电路

（3）评分标准　评分标准见表 3-3。

（4）操作工艺

1）电子电路类型识别。VD1～VD4 是整流电路部分。C_1 为滤波电容。TWH9313 集成电路起到稳压输出的作用，属于开关型稳压电源。

2）根据故障现象在电路图上分析故障范围。根据电源输出电压 u_o=0V 的故障现象，结合该电路的工作原理，将整个电路划分为两个区域：交流部分和直流部分。考虑到：从整流变压器到稳压电路的所有环节都有出现问题的可能性。

3）确定电路检测方案。该电源电路的测量、分析方法较为简单，一般用万用表即可满足测量要求。

将万用表转换开关旋至交流电压 50V 的量程上，接通 S 开关，测量 VD1～VD4 桥式整流的交流输入端有无 15V 电压。测量有 15V 电压→交流电源输入端正常。

将万用表转换开关旋至直流电压 50V 的量程上，接通 S 开关，测量 VD1～VD4 桥式整流的直流输出端有无 21V 左右的直流电压。无直流电压→直流电源输出端不正常。

结论：故障点应在整流或滤波电路中。

4）用测量法确定第一个故障点。断开 S 开关→将电容 C_1 脱焊，测量电容器是否击穿，经测量确认电容 C_1 击穿。合上电源开关，将万用表转换开关旋至直流电压 50V 的量程上→再次测量 VD1～VD4 桥式整流的直流输出端有无 13.5V 左右输出电压，有电压说明桥式整流电路正常。

5）更换同型号的电容器。断开电源开关→将电容器 C_1 焊接后，再次通电测量电容器两端的电压是否为 21V 左右，如果有电压说明第一个故障排除。

6）再次测量输出端电压为 0。说明第二个故障在稳压电路，一是故障在集成电路，二是故障在线路焊接接触不良。断开电源开关，首先将②脚脱焊后重新焊接，再次测量输出电压，电压正常，说明第二个故障排除。

7）通电试机。接上负载，接通电源开关，将万用表转换开关旋至直流电压 50V 的量程上，测量 u_o 电压正常→电路正常。

8）整理现场，做好维修记录。固定好电路板，整理电路板之间的所有连线，盖上外壳。清理维修工具、仪表和桌面等。

鉴定范围 5　交直流传动系统的装调与维修

鉴定点 1　单闭环直流调速系统的安装与调试

问：如何进行单闭环直流调速系统的安装与调试？

答：单闭环直流调速系统的安装与调试步骤如下：

晶闸管变流装置一般由主电路、触发电路、控制电路、保护和显示等部分组成。晶闸管直流调速系统调试的一般原则为：先单元电路调试，后整机调试；先静态调试，后动态调试；先轻载调试，后满载调试；先开环调试，后闭环调试。在通电调试前，应先对整机（包括各接线、指示、绝缘、冷却等方面）进行全面的检查。变流系统调试的主要内容和步骤如下：

（1）继电控制电路的检查　晶闸管直流调速系统的调试，首先应对继电控制电路进行通电检查。在主电路不带电的情况下，给继电控制电路通电，按规定程序操作面板上的操作按钮，检查继电器的工作状态和控制顺序等是否正常。

（2）校对电源相序 用示波器或相序指示器检查电源相序。用双踪示波器校对主电源与同步变压器的相序相位是否对应。

（3）操作要点提示

1）使用示波器时，应特别注意安全保护。由于示波器垂直信号插入端的接地端是与机壳相连接的，而且机壳通过电源插头连接地线（或中性线），为了防止测量主电路时可能造成被测点对地（或中性线）短路，一般将示波器电源插头的接地端暂时断开，但这样使用示波器时仪器机壳带电，因此必须注意对地绝缘，以防止人身触电。当被测电压较高时，示波器的交流电源应经隔离变压器再接入。若用双踪示波器同时测量两个信号时，由于双踪示波器的两个垂直信号输入端 YA、YB 是共接地端的，因此两个被测信号必须具有同电位参考点，而且示波器探头的信号输入端与接地端也不能接错，以防止造成短路。

2）触发电路调试时，若脉冲宽度不能满足要求，可调节脉宽电位器，使其达到要求；若脉冲移相范围不能满足要求，可调节偏移电压，使其达到要求。

试题精选：

转速负反馈单闭环直流调速系统的安装与调试。

（1）考核要求

1）安装与接线：

① 将熔断器、接触器、继电器、转换开关、直流调速系统安装在一块配线板上，而将转换开关、行程开关、按钮等安装在另一块配线板上。

② 按接线图在模拟配线板上正确安装，元器件在配线板上布置要合理，安装要准确、紧固，配线导线要紧固、美观，导线要进入线槽，导线要有端子标号，引出端要用别径压端子。

2）能正确地设置直流调速系统参数；按照被控设备的动作要求进行模拟调试，达到设计要求。

3）通电试验，调节电位器，测量并绘制调节特性曲线。

（2）材料准备 材料准备见表 2-24。元器件明细见表 2-25。

表 2-24 材料准备

序号	名称	型号与规格	单位	数量	备注
1	直流调速系统	自配（电路图见图 3-22）	台	1	
2	直流电动机组	自配	套	1	
3	装调所用材料	自配	套	1	
4	变阻箱	自配	套	1	
5	组合开关	自定	个	1	
6	熔断器及熔芯配套	RL1—15/4A	套	3	
7	三联按钮	LA10—3H 或 LA4—3H	个	2	
8	接线端子排	JX2—1015，500V（10A、15 节）	条	4	
9	塑料软铜线	BVR—2.5mm^2，颜色自定	m	20	
10	塑料软铜线	BVR—1.5mm^2，颜色自定	m	20	

（续）

序号	名称	型号与规格	单位	数量	备注
11	塑料软铜线	BVR—0.5mm^2，颜色自定	m	20	
12	别径压端子	UT2.5—4mm，U1—4mm	个	20	
13	线槽	自定	条	5	
14	异形塑料管	ϕ3.5mm	m	0.2	
15	电工通用工具	验电器、钢丝钳、螺钉旋具（一字形和十字形）、电工刀、尖嘴钳、剥线钳等	套	1	
16	万用表	自定	块	1	
17	钳形电流表	T301—A 型或自定	只	1	
18	示波器	自定	台	1	

表 2-25　元器件明细

元件	编号	型号规格	数量	备注
集成运算放大器	IC2	LM348	1	
电阻	R_1、R_2、R_5、R_7、R_8、R_{11}、R_{12}、R_{13}、R_{16}、R_{18}、R_{19}、R_{22}、R_{23}、R_{25}、R_{31}、R_{32}、R_{33}、R_{34}、R_{35}	10k	18	
电阻	R_4~R_6、R_{15}、R_{17}	510k	5	
电阻	R_3、R_{14}	2M	2	
电阻	R_9、R_{10}、R_{20}、R_{21}、R_{52}	2k	5	
电阻	R_{24}	5.1k	1	
电阻	R_{26}	4.7k	1	
电阻	R_{27}、R_{29}	2.2k	2	
电阻	R_{28}	1k	1	
电阻	R_{26}	4.7k	1	
电阻	R_{30}	100k	1	
可调电阻	R_{SFR}	100k	1	
可调电阻	R_{SRF}	510k	1	
可调电阻	RP1、RP5、RP6	1k	3	
电容	C_1、C_2、C_3	0.47μF	3	
二极管	VD1~VD15	4148	15	
场效应晶体管	VT3	3DJ6F	1	
晶体管	VT1、VT2	8050	2	
稳压二极管	VZ1	24V/0.5W	1	

（3）评分标准　评分标准见表 2-26。

表 2-26　评分标准

序号	主要内容	考核要求	评分标准	配分	扣分	
1	电路设计	1. 根据提出的电气控制要求，正确绘出电路图 2. 按所设计的电路图，提出主要材料单	1. 主电路设计 1 处错误扣 5 分 2. 控制电路设计 1 处错误扣 5 分 3. 主要材料单有误每处扣 1 分	15 分		
2	元件安装	1. 按图样要求，正确利用工具和仪表，熟练地安装元器件 2. 元器件在配电板上布置要合理，安装要准确、紧固 3. 按钮盒不固定在板上	1. 元器件布置不整齐、不匀称、不合理，每只扣 1 分 2. 元器件安装不牢固，安装元器件时漏装螺钉，每只扣 1 分 3. 损坏元器件每只扣 1 分	5 分		
3	布线	1. 要求美观、紧固、无毛刺，导线要进行线槽 2. 电源和电动机配线、按钮接线要接到端子排上，进入线槽的导线要有端子标号，引出端要用别径压端子	1. 电动机运行正常，但未按电路图接线，扣 1 分 2. 布线不进入线槽，不美观，主电路、控制电路每根扣 0.5 分 3. 接点松动、接头露铜过长、反圈、压绝缘层，标记线号不清楚、遗漏或误标，引出端无别径压端子，每处扣 0.5 分 4. 损伤导线绝缘或线芯，每根扣 0.5 分	10 分		
4	通电试验	在保证人身和设备安全的前提下，通电试验一次成功	1. 时间继电器及热继电器整定值错误各扣 1 分 2. 主电路、控制电路配错熔体，每个扣 1 分 3. 1 次试运行不成功扣 3 分；2 次试运行不成功扣 5 分；3 次试运行不成功扣 10 分	10 分		
备注			合计			
			考评员签字			

（4）操作工艺

1）识读与分析有静差转速负反馈调速系统原理图，如图 2-22 所示。有静差转速负反馈调速系统由主电路及继电控制电路与可控整流电路、稳压电源电路、给定电路、速度调节电路、三相触发电路、电动机-测速发电机及速度变换环节和零速封锁环节等组成。

① 零速封锁电路：主要由运算放大器（IC2A、IC2B），稳压二极管 VZ1，晶体管 VT1、VT2，二极管 VD11 及结型场效应晶体管 VT3 等组成，如图 2-23 所示。

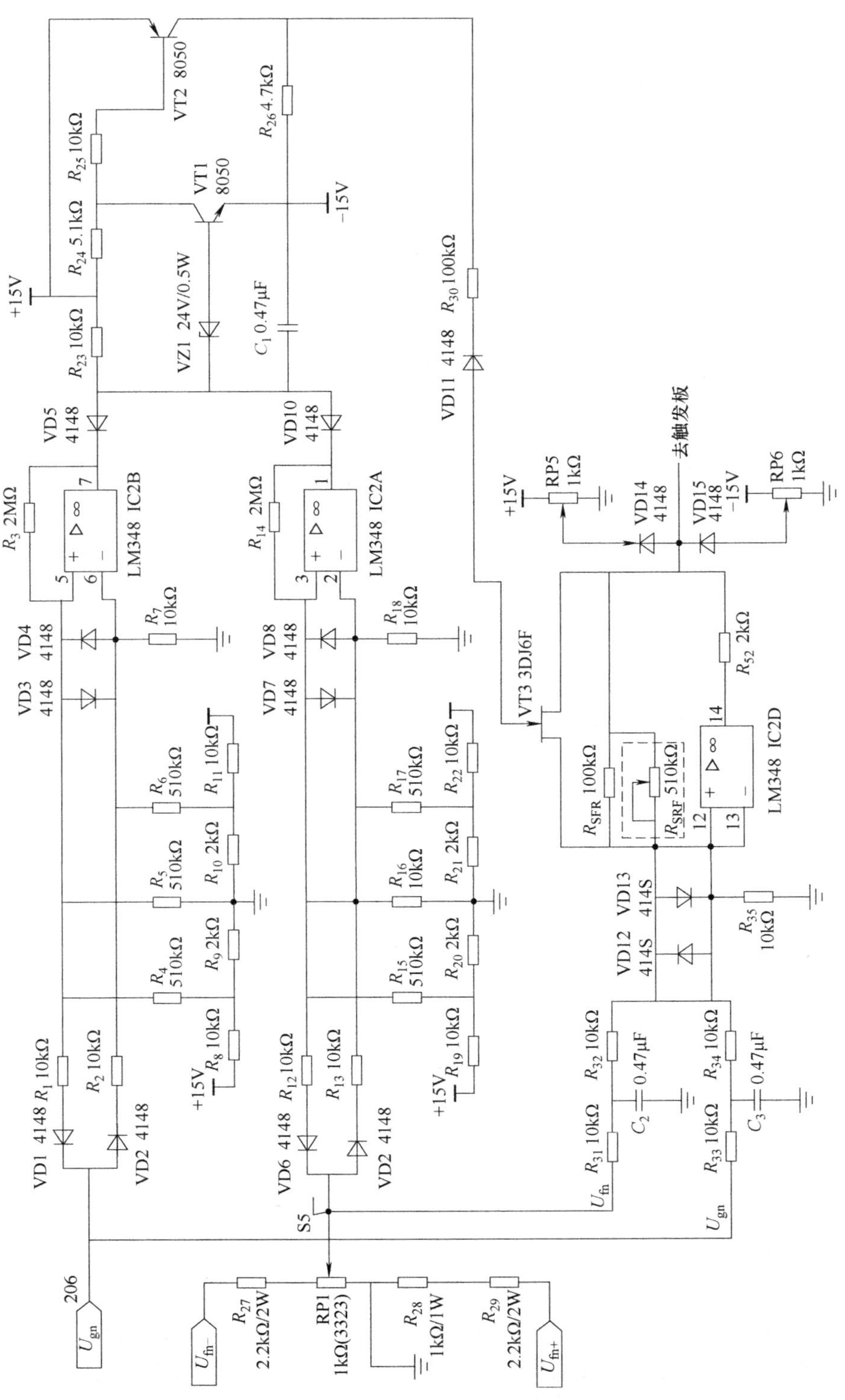

图 2-22　有静差转速负反馈调速系统原理图

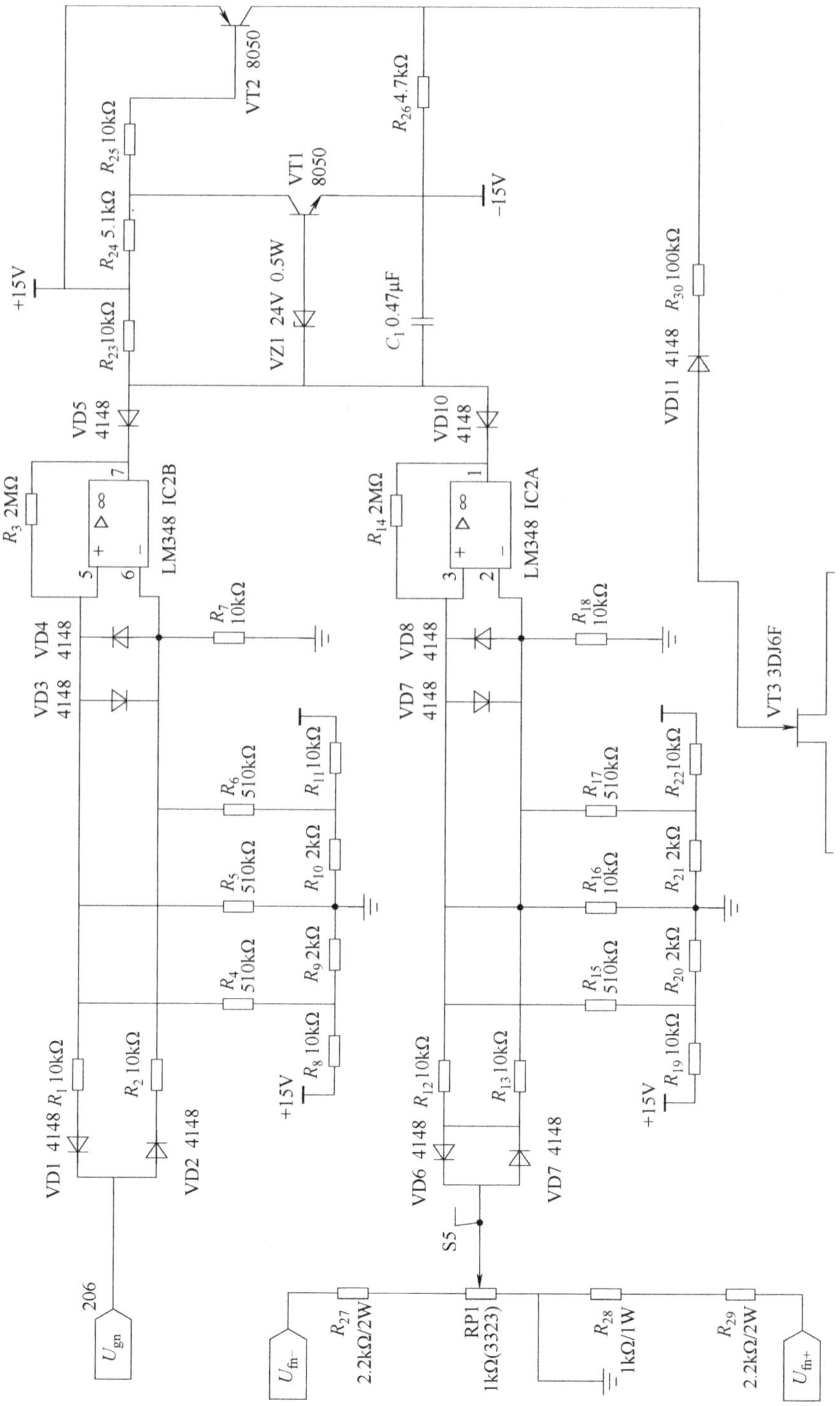
VT2 8050
R_{25} 10kΩ
R_{26} 4.7kΩ
VT1 8050
−15V
R_{24} 5.1kΩ
+15V
VZ1 24V 0.5W
C_1 0.47μF
R_{30} 100kΩ
R_{23} 10kΩ
VD11 4148
VD5 4148
VD10 4148
R_3 2MΩ
LM348 IC2B
R_{14} 2MΩ
LM348 IC2A
R_7 10kΩ
R_{18} 10kΩ
VD3 4148
VD4 4148
VD7 4148
VD8 4148
VT3 3DJ6F
R_6 510kΩ
R_{11} 10kΩ
R_{17} 510kΩ
R_{22} 10kΩ
R_5 510kΩ
R_{10} 2kΩ
R_{16} 10kΩ
R_{21} 2kΩ
R_4 510kΩ
R_9 2kΩ
R_{15} 510kΩ
R_{20} 2kΩ
R_1 10kΩ
R_2 10kΩ
R_8 10kΩ
R_{12} 10kΩ
R_{13} 10kΩ
R_{19} 10kΩ
VD1 4148
VD2 4148
VD6 4148
VD7 4148
S5
206
U_{gn}
U_{fn-}
R_{27} 2.2kΩ/2W
RP1 1kΩ(3323)
R_{28} 1kΩ/1W
R_{29} 2.2kΩ/2W
U_{fn+}

图 2-23　零速封锁电路

当给定电压 U_g 与反馈电压 U_{fn} 的绝对值都小于 0.2V（其值与电阻 R_8、R_9、R_{10}、R_{11}、R_4、R_5、R_6 等有关）时集成运放 IC2A、IC2B 的输出均为高电平，此时晶体管 VT1 导通，VT2 的基极为低电平，晶体管 VT2 导通，+15V 加到场效应晶体管的栅极上（使其导通）封锁转速调节器，使转速调节器输出电压为 0V（即 S2 点）。由此可见，此电路的作用是当输入与转速反馈电压接近零时，封锁住转速调节器 ASR，以避免停车时各调节器零漂引起晶闸管整流电路有输出电压造成电动机爬行等不正常现象。当给定电压 U_g 和反馈电压 U_{fn} 中，有一个数值其绝对值大于 0.2V 时，则运算放大器 IC2A、IC2B 的输出就有一个为低电平，此时晶体管 VT1 与 VT2 均为截止状态，-15V 加到场效应晶体管栅极，场效应晶体管 VT3 处于夹断状态，速度调节器可正常工作。当栅极从-15V 时变为+15V 时（即从夹断到导通）时，会延时 100ms 左右，其延时时间长短取决于 R_{23} 和 C_1 充电回路常数。

② 速度调节器 ASR：速度调节器电路如图 2-24 所示，该电路由转速负反馈电路、速度环 P 调节电路、正负限幅电路组成。其作用是把给定信号 U_{gn} 与反馈信号 U_{fn} 进行比例运算，通过运算放大器使输出量按某种预定的规律变化。为使输出电压 U_k 值幅度限定在一定的范围之间变化（本系统为 U_2-0.7V～U_1+0.7V），即当输入电压 U_b 超过或低于参考值后，输出电压将被限制在这一电平（称为限幅电平），且不再随输入电压变化。调节合理的 U_1 及 U_2 可以有效地控制 U_k 的变化范围。

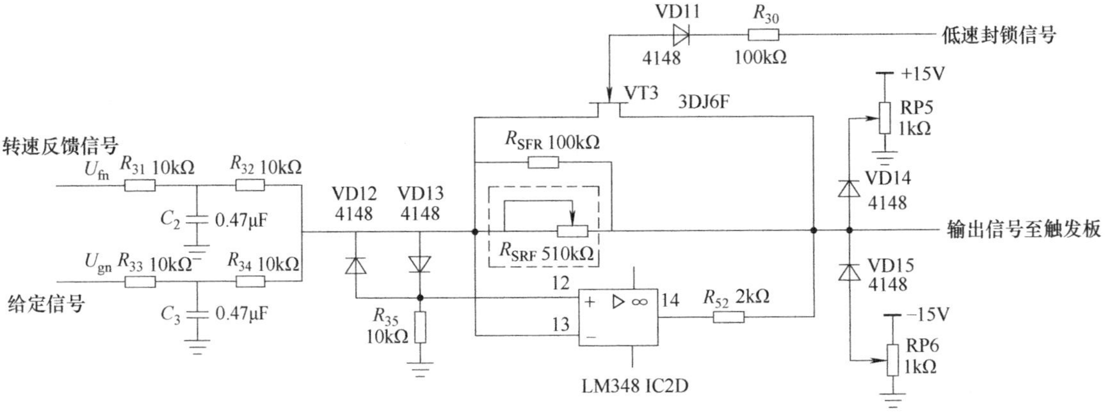

图 2-24　速度调节器（ASR）电路

2）有差调速系统的安装。按照系统电路的安装要求及原理图选择元器件，正确判断电阻、电容、二极管的好坏。安装时，各个元器件及集成电路在使用时不能混淆，引脚不能焊反，并把编号标上，以便供给其他电路使用。如有故障及时排除。

3）对系统的静特性进行测试。电路安装好后要对系统的静特性进行测试，缓慢增加给定电压 U_g，调节发动机负载 R_L，使 $I_d=I_{ed}$，$n=n_{ed}$。改变发动机负载，在空载及额定范围内，取 8～10 个点，即可得到系统的静态特性曲线 $n=f(I_d)$；降低给定电压 U_g，调节发电机负载，使 $I_d=I_{ed}$，分别测试 n=1000r/min 和 500r/min 时的静态曲线。

当转速为某一定值时，突然增加或者减小发动机负载电阻，用慢扫描示波器记录下电动机速度的变化过程。电动机的速度在负载突然增加的时候，速度有所下降，然后渐渐地又接近原来的转速，比原来的速度略有下降。

注意事项：

1）在安装速度调节器时要注意 MOS 集成电路的安装方法。

2）在焊接 MOS 集成电路时，当电烙铁烧热后迅速对引管脚进行焊接，同时电烙铁要接地。

3）速度反馈电压的极性与给定电压的极性相反。

鉴定点 2　转速单闭环负反馈调速系统的故障排除

问：如何排除单闭环负反馈调速系统的故障？

答：排除单闭环负反馈调速系统故障的步骤和方法如下：

排除单闭环负反馈调速系统故障的步骤和方法与机床电气故障排除的步骤和方法类似。

试题精选：

转速单闭环负反馈调速系统的故障排除。

（1）考核要求　检修单闭环不可逆调速控制系统电路故障，在其电路上，设置隐蔽故障 3 处，其中电路 1 处（如焊接接触不良等），元器件 2 处，考场中各工位故障清单应提供给考评人员。

（2）材料准备　材料准备见表 2-24。

（3）评分标准　评分标准见表 2-26。

（4）操作工艺

1）查看故障现象，分析故障原因。有静差转速负反馈调速系统可能出现的故障及原因，见表 2-27。

表 2-27　有静差转速负反馈调速系统可能出现的故障及原因

故障现象	故障区域（点）及故障原因分析
$U_g=0$ 时仍有 U_k 值，$U_d>0$	正限幅的限幅电压接入电路，影响了 U_k 值
发电机输出不稳	转速负反馈环节断路
没有 U_k 输出	LM348 损坏 给定，比例放大器均损坏 $U_k=0V$
U_d 无输出	VT3 击穿短路
电压在较低时不能调节	减小 R_1 阻值 封锁电压过高
U_d 值偏高	RP1 调整不当，反馈过弱，或 R_{27} 开路
U_d 值偏低	减小 R_{27} 阻值 电压反馈强度过大

2）先观察故障现象，进行调查分析。

3）根据故障现象进行分析，确定故障范围。

4）利用仪器仪表找出故障点，并进行确认。

5）排除故障填写故障分析表。

6）修复故障，通电调试运行。排除故障后，必须经过仔细的再次排查，分析，然后才能通电调试。

注意事项：

1）故障点的设置要求在不损坏元器件和设备的前提下由考评人员进行设置。

2）在维修过程中要注意安全，既要准确，又要避免扩大故障范围。

鉴定点3　电磁调速异步电动机调速系统装置的调试与维修

问：如何进行电磁调速异步电动机调速系统装置的调试与维修？

答：电磁调速异步电动机调速系统装置的调试与维修步骤与直流调速系统的调试与维修相似。

试题精选：

电磁调速异步电动机调速系统装置的调试与维修。

（1）考核要求　对电磁调速异步电动机调速系统装置进行调试并排除故障。

在电磁调速异步电动机调速电路（见图2-25）上，设置隐蔽故障2处，其中电路1处（如焊接接触不良等），元器件1处，考场中各工位故障清单应提供给考评人员。

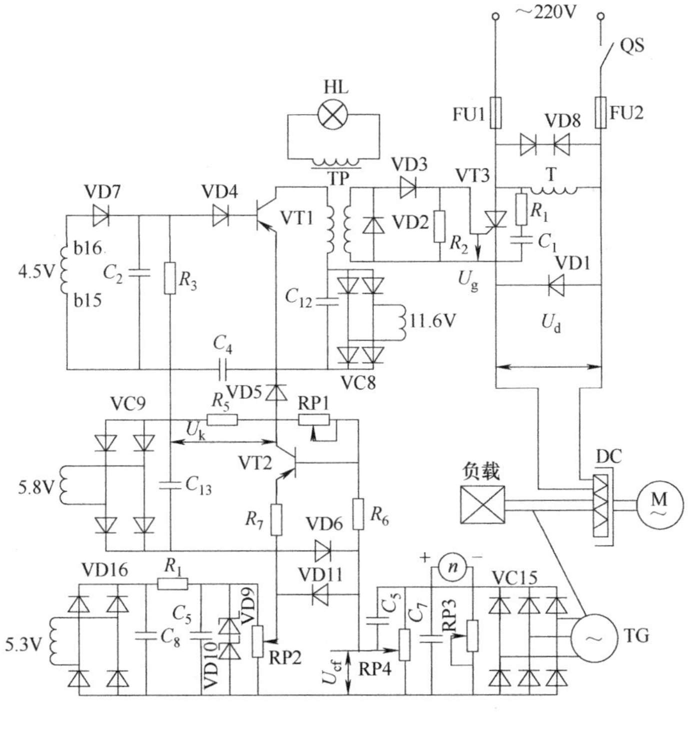

图2-25　电磁调速异步电动机调速电路

（2）工具、仪器仪表及设备　工具、仪器仪表及设备见表2-28。

表 2-28　工具、仪器仪表及设备

序号	名称	型号与规格	单位	数量
1	电磁调速异步电动机	自定	台	1
2	调速控制电路	电路见图 2-25	套	1
3	装调所用材料	自配	套	1
4	三相四线电源	（~3×380/220V、20A）	处	1
5	组合开关	自定	个	1
6	熔断器及熔芯配套	RL1—15/4A	套	3
7	三联按钮	LA10—3H 或 LA4—3H	个	2
8	接线端子排	JX2—1015，500V（10A、15 节）	条	4
9	塑料软铜线	BVR—2. 5mm^2，颜色自定	m	20
10	塑料软铜线	BVR—1. 5mm^2，颜色自定	m	20
11	塑料软铜线	BVR—0. 5mm^2，颜色自定	m	20
12	别径压端子	UT2. 5—4mm，U1—4mm	个	20
13	线槽	自定	条	5
14	异型塑料管	ϕ3. 5mm	m	0. 2
15	电工通用工具	验电器、钢丝钳、螺钉旋具（一字形和十字形）、电工刀、尖嘴钳、剥线钳等	套	1
16	万用表	自定	块	1
17	钳形电流表	T301—A 型或自定	只	1
18	示波器	自定	台	1

（3）评分标准　评分标准见表 2-29。

表 2-29　评分标准

序号	主要内容	考核要求	评分标准	配分	扣分	得分
1	接线	按电路图、电气系统互连图及其他有关技术资料，正确连接主电路及各控制环节	1. 接线有错误或遗漏，每处扣 5 分 2. 接线、布线不符合要求，每根扣 5 分 3. 接线不整齐、不美观，每处扣 5 分	30 分		

（续）

序号	主要内容	考核要求	评分标准	配分	扣分	得分
2	调试	调试前，对照电路图及电气系统互连图熟悉装置，寻查关键元器件安装的位置及有关线端标记；调试中，按考评人员提出的要求，进行功能调试，达到性能指标	1. 调试操作过程不熟练，扣5分 2. 调试方法不正确，扣5分 3. 调试后，达不到考评人员提出性能指标，每少一项扣10分 4. 调试过程中损坏元器件，每只扣5分	40分		
3	故障排除	正确使用工具和仪表，找出故障点并排除故障	1. 实际排除故障中思路不清楚，每个故障点扣5分 2. 每少查出一次故障点扣10分 3. 每少排除一次故障点扣10分 4. 排除故障方法不正确，每处扣5分	30分		
4	安全文明生产	保证人身和设备安全	违反安全文明生产根据情节扣5~20分			
备注			合计			
			考评员签字	年　月　日		

（4）操作工艺

1）分析原理。电磁调速异步电动机调速系统采用了速度负反馈的闭环控制。其中，控制器的作用是控制、调节电磁来调节电动机的转速，主要由给定与速度负反馈、比较放大、移相触发、晶闸管励磁回路输出等环节组成。

① 给定与速度负反馈环节。给定电压由二极管桥式整流经 π 型滤波后，再由稳压二极管稳压及调节后输出，给定电压的大小可由 RP2 调节。测速发电机（TG）为三相交流测速发电机，经三相桥式整流后滤波，再由 RP4 调节后输出速度负反馈电压。

② 比较放大环节。RP2 输出的给定电压 U_g 与 RP4 输出的速度负反馈电压 U_{cf} 比较后，送到放大环节的输入端，即晶体管 VT2 的基极、射极，经电压放大后由电阻 R_5 上输出，对电容 C_4 充电。

③ 移相触发环节。由锯齿波形成、移相控制和脉冲形成等部分组成。在 b15、b16 两端交流同步电压正半周内，经二极管 VD7 对电容 C_2 充电，在正半周达到峰值以后，C_2 经 R_3 放电，形成锯齿波电压 U_{C2}。

由晶体管 VT2 放大后的输出电压 U_k 加在电容 C_4 上，与 U_{C2} 串联叠加来控制晶体管 VT1 的导通与截止。当 U_{C2} 在数值上小于 U_k 时，VT1 正偏而导通，有脉冲输出。增大 U_k，VT1 导通时刻前移，脉冲前移，达到移相目的。

VT1 导通时，由脉冲变压器 TP、二极管 VD3、电阻 R_2 组成的脉冲形成电路发出脉冲，送到晶闸管的门极和阴极之间，使之导通。

④ 晶闸管励磁回路。由晶闸管 VT3 组成的单相半波可控整流电路，晶闸管被触发导通后，输出直流电流给电磁转差离合器的磁极励磁。此处硒堆 VD8 作为过电压保护器件，R_1、C_1 组成吸收网络，VD1 为续流二极管。触发环节各点电压波形如图 2-26 所示。

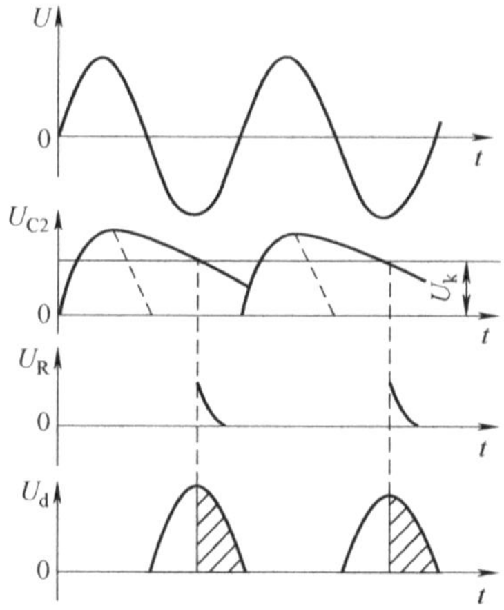

图 2-26　触发环节各点电压波形

⑤ 控制器的工作过程：电动机静止时，假如 $U_g=0$，VT1 截止，无脉冲输出，晶闸管不导通，励磁电流为零。当 U_g 为某一数值，VT2 有输出，VT1 导通，产生触发脉冲，使晶闸管导通，电磁转差离合器得到励磁电流，调速电动机起动运转。由于起动瞬间，电动机转速为零、$U_{cf}=0$，故 VT2 输入较大，U_k 较大，晶闸管导通角大，励磁电流大，使调速电动机强励起动。随着转速上升，测速发电机发电，$U_{cf}\neq0$，VT2 输入电压 $U_i=U_g-U_{cf}$下降，U_k 下降，晶闸管导通角变小，励磁电流下降。当转速上升到某数值时，使得 $U_i=U_g-U_{cf}$稳定不变，则 U_k 也不变，此电流不再变化，调速电动机就在此转速下稳定运行。

如果调节 RP2 使 U_g 上升，则有：$U_g\uparrow\rightarrow U_i\uparrow\rightarrow U_k\uparrow\rightarrow$触发脉冲前移→晶闸管导通角加大→励磁电流上升→电动机转速上升→$U_{cf}\uparrow\rightarrow U_i\downarrow$，直到 $U_i=U_g-U_{cf}$重新稳定，则电动机在新的转速下稳定运行。调节 RP2 使 U_g 下降，过程与上述相反，这就是控制器控制与调节电动机转速的过程。

2）安装调试。按电路图、电气系统互连图及有关技术资料，正确连接主电路及各控制环节。进行功能调试，达到设备应有的性能指标。

3）故障排除。按照电气控制电路的故障排除步骤进行。

有静差转速负反馈调速系统可能出现的故障及原因，见表 2-30。

表 2-30　有静差转速负反馈调速电路可能出现的故障

故障现象	故障区域（点）及故障原因分析
电磁转差离合器不转	① 励磁绕组短路或断路。用万用表检查线圈的直流电阻，如线圈故障则更换线圈 ② 机械故障。用万用表测量励磁电压，如可调，则是离合器机械旋转部分卡住或负载部分卡住，应对症检查并修复 ③ 晶闸管损坏。调节 RP2，没有励磁电压输出，进一步检查晶闸管，损坏则更换 ④ 晶体管损坏。调节 RP2，U_g 变化，但 U_k 数值不大且不变化，则检查 VT2，损坏则更换 ⑤ 无输出脉冲。VT1 损坏、VD3 断路或脉冲变压器断路，检查并对症处理 ⑥ 无给定电压。检查给定电压回路

（续）

故障现象	故障区域（点）及故障原因分析
转速异常	①稍加给定电压，转速立即上升到最高速，调 RP4，无输出电压，转速表也没有指示，说明没有速度负反馈。应检查测速发电机电刷是否和集电环接触，出线端有无松动脱落；测速反馈电路元器件是否损坏 ② 加给定电压后，不能由低速均匀起动；转速升高时，调节 RP2 不起作用的原因是没有锯齿波电压，检查锯齿波形成电路的元器件有无损坏 ③ 只能低速运行，续流二极管 VD1 烧断；给定电压调不上去或放大环节故障，检查并对症处理 ④ 不能均匀调速，主要是 RP2 接触不良
转速不稳定	① 无规律地波动。若和电源电压波动一致，则稳压二极管损坏或性能变化，应换稳压二极管 ② 周期性振荡。多产生在低速，主要是晶闸管触发特性与锯齿电压和 VT2 输出电压配合不当，应重新调整控制器

4）修复故障，通电调试运行。

第三部分　模拟试卷

电工高级理论知识模拟试卷

一、单项选择题（第1~160题。选择一个正确的答案，将相应的字母填入题内的括号中。每题0.5分，满分80分）

1. 职业道德通过（　　），起着增强企业凝聚力的作用。

A. 协调员工之间的关系　　B. 增加职工福利

C. 为员工创造发展空间　　D. 调节企业与社会的关系

2. 正确阐述职业道德与人生事业关系的是（　　）。

A. 没有职业道德的人，任何时刻都不会获得成功

B. 具有较高职业道德的人，任何时刻都会获得成功

C. 事业成功的人往往并不需要较高的职业道德

D. 职业道德是获得人生事业成功的重要条件

3. 下列关于诚实守信的认识和判断中，正确的是（　　）。

A. 一贯地诚实守信是不明智的行为

B. 诚实守信是维持市场经济秩序的基本法则

C. 是否诚实守信要视具体对象而定

D. 追求利益最大化原则高于诚实守信

4. 办事公道是指从业人员在进行职业活动时要做到（　　）。

A. 追求真理，坚持原则　　B. 有求必应，助人为乐

C. 公私不分，一切平等　　D. 知人善任，提拔知己

5. 勤劳节俭的现代意义在于（　　）。

A. 勤劳节俭是促进经济和社会发展的重要手段

B. 勤劳是现代市场经济需要的，而节俭则不宜提倡

C. 节俭阻碍消费，因而会阻碍市场经济的发展

D. 勤劳节俭只有利于节省资源，但与提高生产效率无关

6. 关于创新的论述，正确的是（　　）。

A. 创新就是出新花样　　B. 创新就是独立自主

C. 创新是企业进步的灵魂　　D. 创新不需要引进外国的新技术

7. 对待职业和岗位，（　　）并不是爱岗敬业所需求的。

A. 树立职业理想　　B. 干一行爱一行专一行

C. 遵守企业的规章制度　　D. 一职定终身，绝对不改行

8. 严格执行安全操作规程的目的是（　　）。
A. 限制工人的人身自由
B. 企业领导刁难工作人员
C. 保证人身和设备的安全以及企业的正常生产
D. 增强领导的权威性
9. 制止损坏企业设备的行为，（　　）。
A. 只是企业领导的责任　　B. 对普通员工没有要求
C. 是每一位员工和领导的责任和义务　　D. 不能影响员工之间的关系
10. 职工上班时符合着装整洁要求的是（　　）。
A. 夏天天气炎热时可以只穿背心　　B. 服装的价格越贵越好
C. 服装的价格越低越好　　D. 按规定穿工作服
11. 一般电路由（　　）、负载和中间环节三个基本部分组成。
A. 电线　　B. 电压　　C. 电流　　D. 电源
12. 基尔霍夫的（　　）是绕回路一周电路元器件电压变化为零。
A. 回路电压定律　　B. 电路功率平衡　　C. 电路电流定律　　D. 回路电位平衡
13. 如图 3-1 所示，A、B 两点间的电压 U_{AB} 为（　　）。

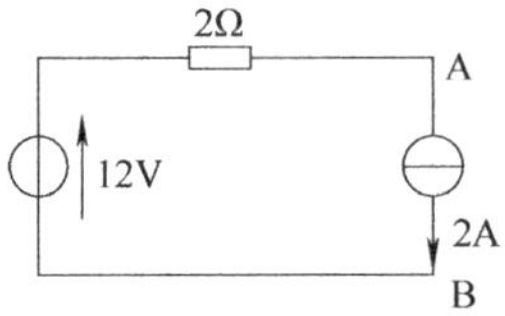

图 3-1　电路图

A. −18V　　B. +18V　　C. −6V　　D. 8V
14. 使用电解电容时（　　）。
A. 负极接高电位，正极接低电位　　B. 正极接高电位，负极接低电位
C. 负极接高电位，正极也可以接高电位　　D. 不分正负极
15. 当二极管外加电压时，反向电流很小，且不随（　　）变化。
A. 正向电流　　B. 正向电压　　C. 电压　　D. 反向电压
16. 图 3-2 所示为（　　）符号。

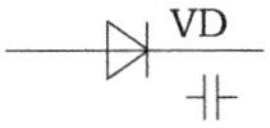

图 3-2　电路符号

A. 开关二极管　　B. 整流二极管
C. 稳压二极管　　D. 变容二极管
17. 晶体管的 f_α 大于或等于（　　）为高频管。
A. 1MHz　　B. 2MHz　　C. 3MHz　　D. 4MHz
18. 图 3-3 所示为（　　）晶体管图形符号。
A. 放大　　B. 发光　　C. 光电　　D. 开关

图 3-3 电路符号

19. 根据被测电流的种类分为（　　）。

A. 直流　　B. 交流　　C. 交直流　　D. 以上都是

20. 用万用表的直流电流档测直流电流时，将万用表串接在被测电路中，并且（　　）。

A. 红表笔接电路的高电位端，黑表笔接电路的低电位端

B. 黑表笔接电路的高电位端，红表笔接电路的低电位端

C. 红表笔接电路的正电位端，黑表笔接电路的负电位端

D. 红表笔接电路的负电位端，黑表笔接电路的正电位端

21. 用螺钉旋具拧紧可能带电的螺钉时，手指应该（　　）螺钉旋具的金属部分。

A. 接触　　B. 压住　　C. 抓住　　D. 不接触

22. 活扳手可以拧（　　）规格的螺母。

A. 一种　　B. 二种　　C. 几种　　D. 各种

23. 常用的裸导线有铜绞线、（　　）和钢芯铝绞线。

A. 钨丝　　B. 钢丝　　C. 铝绞线　　D. 焊锡线

24. 云母制品属于（　　）。

A. 固体绝缘材料　　B. 液体绝缘材料

C. 气体绝缘材料　　D. 导体绝缘材料

25. 如果触电者伤势较重，已失去知觉，但心跳和呼吸还存在，应使（　　）。

A. 触电者舒适、安静地平躺

B. 周围不围人，使空气流通

C. 解开伤者的衣服以利呼吸，并速请医生前来或送往医院

D. 以上都是

26. 机床照明、移动行灯等设备，使用的安全电压为（　　）。

A. 9V　　B. 12V　　C. 24V　　D. 36V

27. 当锉刀拉回时，应（　　），以免磨钝锉齿或划伤工件表面。

A. 轻轻划过　　B. 稍微抬起　　C. 抬起　　D. 拖回

28. 用手电钻钻孔时，要穿戴（　　）。

A. 口罩　　B. 帽子　　C. 绝缘鞋　　D. 眼睛

29. 劳动安全卫生管理制度对未成年工给予了特殊的劳动保护，这其中的未成年工是指年满 16 周岁未满（　　）的人。

A. 14 周岁　　B. 15 周岁　　C. 17 周岁　　D. 18 周岁

30. 国家鼓励和支持利用可再生能源和（　　）发电。

A. 磁场能　　B. 机械能　　C. 清洁能源　　D. 化学能

31. 测绘 XA6132 铣床电气控制电路图时要画出控制变压器 TC、按钮 SB1～SB6、行程开关 SQ1～SQ7、速度继电器 KS、（　　）、热继电器 FR1～FR3 等。

A. 电动机 M1～M3　B. 熔断器 FU1　C. 电源开关 QS　D. 转换开关 SA1～SA3

32. T68 型镗床的主轴电动机采用了近似（　　）的调速方式。

A. 恒转速　B. 通风机型　C. 恒转矩　D. 恒功率

33. T68 型镗床的主电路、控制电路和照明电路由（　　）实现短路保护。

A. 速度继电器　B. 中间继电器　C. 熔断器　D. 热继电器

34. T68 型镗床主轴电动机只能工作在低速档，不能高速档工作的原因是（　　）。

A. 时间继电器 KT 故障　B. 热继电器故障

C. 速度继电器故障　D. 熔断器故障

35. 时序逻辑电路的分析方法有（　　）。

A．列写状态方程　B. 列写驱动方程　C. 列写状态表　D. 以上都是

36. 用毫伏表测出电子电路的信号为（　　）。

A. 平均值　B. 有效值　C. 直流值　D. 交流值

37. 当 74LS94 的控制信号为 01 时，该集成移位寄存器处于（　　）状态。

A. 左移　B. 右移　C. 保持　D. 并行置数

38. 集成译码器 74LS138 的 3 个使能端，只要有一个不满足要求，其 8 个输出为（　　）。

A. 高电平　B. 低电平　C. 高阻　D. 低阻

39. 集成计数器 74LS192 是（　　）计数器。

A. 异步十进制加法　B. 同步十进制加法

C. 异步十进制减法　D. 同步十进制可逆

40. 集成运放电路引脚如插反，会（　　），会损坏运放。

A. 将电源极性接反　B. 输入接反　C. 输出接反　D. 接地接反

41. 集成译码器的（　　）状态不对时，译码器无法工作。

A. 输入端　B. 输出端　C. 清零端　D. 使能端

42. 由与非门组成的基本 RS 触发器，当 RS 为（　　）时，触发器处于不稳定状态。

A. 00　B. 01　C. 10　D. 11

43. 时序逻辑电路的输出端如有问题会产生（　　）。

A. 时钟脉冲混乱　B. 置数端无效　C. 清零端无效　D. 技术模错误

44. 晶闸管触发电路所产生的触发脉冲信号必须要（　　）。

A. 有一定的电位　B. 有一定的电抗　C. 清零端无效　D. 有一定的功率

45. 锯齿波触发电路中的锯齿波是由（　　）对电容器充电以及快速放电产生的。

A. 矩形波电源　B. 正弦波电源　C. 恒压源　D. 恒流源

46. 三相半控桥式整流电路由三只（　　）晶闸管和三只共阳极功率二极管组成。

A. 共阴极　B. 共阳极　C. 共基极　D. 共门极

47. 三相半控桥式整流电路电阻性负载每个晶闸管电流平均值是输出电流平均值的（　　）。

A. 1/6　B. 1/4　C. 1/2　D. 1/3

48. 三相半控桥式整流电路电感性负载时，触发延迟角 α 的移相范围是（　　）。

A. 0°～180°　B. 0°～150°　C. 0°～120°　D. 0°～90°

49. 三相全控桥式整流电路电阻负载，每个晶闸管的最大导通角 θ 是（ ）。

A. 60° B. 90° C. 120° D. 150°

50. 三相全控桥式整流电路电感性负载无续流管，触发延迟角 α 大于（ ）时，输出出现负压。

A. 90° B. 60° C. 45° D. 30°

51. 三相半波可控整流电路电感性负载无续流管，输出电压平均值的计算公式是（ ）。

A. $U_d=1.17U_2\cos\alpha$ （$0°\leqslant\alpha\leqslant30°$） B. $U_d=1.17U_2\cos\alpha$ （$0°\leqslant\alpha\leqslant60°$）

C. $U_d=1.17U_2\cos\alpha$ （$0°\leqslant\alpha\leqslant90°$） D. $U_d=1.17U_2\cos\alpha$ （$0°\leqslant\alpha\leqslant120°$）

52. 三相半控桥式整流电路电感性负载有续流二极管时，若触发延迟角 α 为（ ），则晶闸管电流平均值等于续流二极管电流平均值。

A. 90° B. 120° C. 60° D. 30°

53. 三相可控整流触发电路调试时，首先要检查三相同步电压波形，再检查三相锯齿波波形，最后检查（ ）。

A. 同步变压器的输出波形 B. 整流变压器的输出波形

C. 晶闸管两端的电压波形 D. 输出双脉冲的波形

54. 单相桥式可控整流电路电阻性负载的输出电压波形中一个周期内会出现（ ）个波峰。

A. 2 B. 1 C. 4 D. 3

55. 单相桥式可控整流电路大电感负载无续流二极管的输出电流波形（ ）。

A. 只有正弦波的正半周部分 B. 正电流部分大于负电流部分

C. 会出现负电流部分 D. 是一条近似水平线

56. 三相半波可控整流电路电阻性负载的输出电压波形在触发延迟角（ ）的范围内连续。

A. $0°<\alpha<30°$ B. $0°<\alpha<45°$ C. $0°<\alpha<60°$ D. $0°<\alpha<90°$

57. 三相桥式可控整流电路电阻性负载的输出电流波形，在触发延迟角 $\alpha<$（ ）时连续。

A. 90° B. 80° C. 70° D. 60°

58. 晶闸管触发电路发出触发脉冲的时刻是由同步电压来定位的，由偏置电压来调整初始相位，由（ ）来实现移相。

A. 脉冲电压 B. 控制电压 C. 触发电压 D. 异步电压

59. KC04 集成触发电路由锯齿波形成、移相控制、脉冲形成及（ ）等环节组成。

A. 三角波输出 B. 正弦波输出 C. 偏置角输出 D. 整形放大输出

60. KC04 集成触发电路一个周期内可以从 1、15 脚分别输出相位差为（ ）的两个窄脉冲。

A. 60° B. 90° C. 120° D. 180°

61. 图 3-4 所示 PLC 梯形图实现的功能是（ ）。

A. 双线圈输出 B. 多线圈输出 C. 两地控制 D. 以上都不对

62. 图 3-5 所示 PLC 梯形图实现的功能是（ ）。

A. 长动控制 B. 电动控制 C. 顺序起动 D. 自动往复

图 3-4 PLC 梯形图

图 3-5 PLC 梯形图

63. 如图 3-6 所示 PLC 梯形图程序中，0 步和 3 步实现的功能是（　　）。

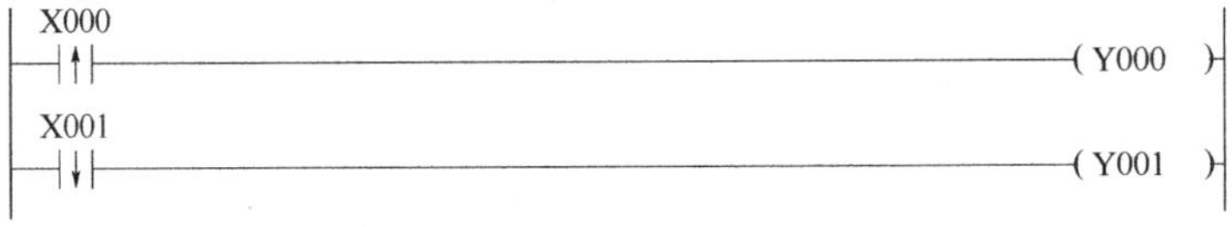

图 3-6 PLC 梯形图

A. 一样
B. 0 步是上升沿脉冲指令，3 步是下降沿脉冲指令
C. 0 步是点动，3 步是下降沿脉冲指令
D. 3 步是上升沿脉冲指令，0 步是下降沿脉冲指令

64. 如图 3-7 所示 PLC 梯形图程序中，第一行和第二行程序功能相比（　　）。

图 3-7 PLC 梯形图

A. 没区别
B. 第一行程序可以防止输入颤抖
C. 第二行程序运行稳定
D. 工业现场应该采用第二行

65. FX 2NPLC 中使用 SET 指令时必须（　　）。

A. 配合使用停止按钮　　B. 配合使用置位指令

C. 串联停止按钮　　D. 配合使用 RST 指令

66. 图 3-8 所示 PLC 梯形图程序中，实现的功能是（　　）。

图 3-8 PLC 梯形图

A. X001 不起作用　B. Y000 始终得电　C. Y000 不能得电　D. 等同于起保停

67. 在如图 3-9 所示的 PLC 梯形图程序中，使用 RST 的目的是（　　）。

图 3-9 PLC 梯形图

A. 停止计数　B. 暂停计数　C. 对 C0 复位　D. 以上都不是

68. 在如图 3-10 所示的 PLC 梯形图程序中，可以实现（　　）功能。

图 3-10 PLC 梯形图

A. 循环计时　B. 计数到 15 停止　C. C0 不能计数　D. 循环计数

69. 在如图 3-11 所示的 PLC 梯形图程序中，Y001 得电，是因为（　　）先闭合。

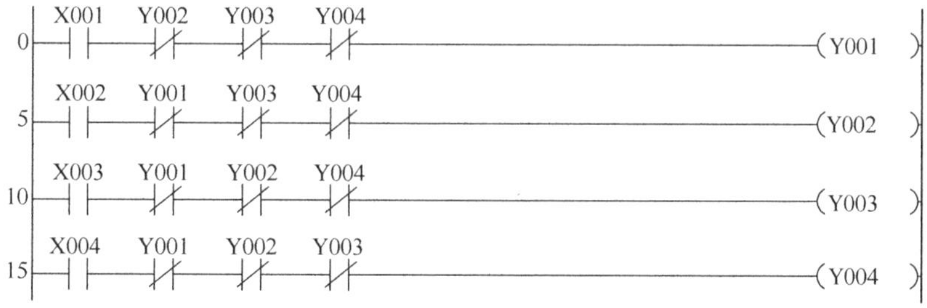

图 3-11 PLC 梯形图

A. X004　B. X003　C. X002　D. X001

70. 在如图 3-12 所示的 PLC 梯形图程序中，当 Y003 得电后，（　　）还可以得电。

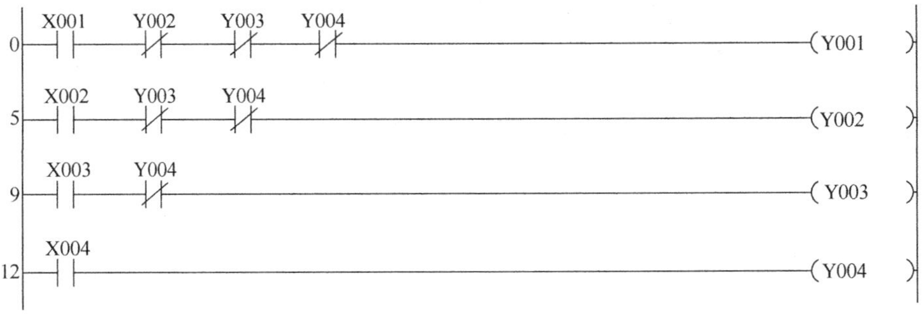

图 3-12　PLC 梯形图

A. Y001　　B. Y002　　C. Y004　　D. 都可以

71. 在如图 3-13 所示的 PLC 梯形图程序中，其功能是对输入信号 X000 进行（　　）分频。

图 3-13　PLC 梯形图

A. 二　　B. 四　　C. 六　　D. 八

72. 在 FX 2NPLC 中配合使用 PLS 可以实现（　　）功能。

A. 计数　　B. 计时　　C. 分频　　D. 倍频

73. 在 FX 2NPLC 中，T0 的定时精度为（　　）。

A. 10ms　　B. 100ms　　C. 1s　　D. 1ms

74. 图 3-14 所示 PLC 梯形图程序实现的是（　　）功能。

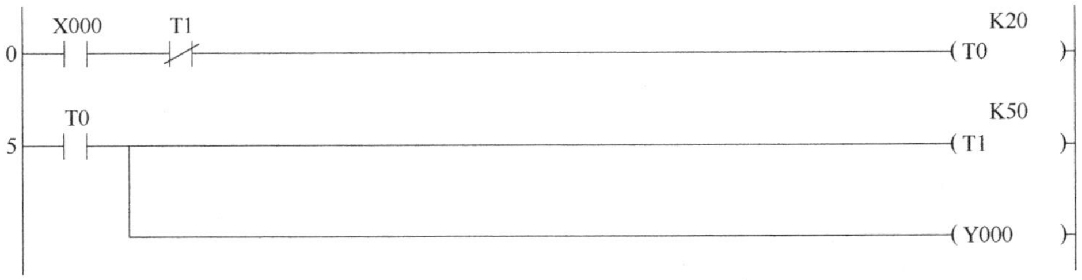

图 3-14　PLC 梯形图

A. Y000 通 5s，断 2s　　B. Y000 通 2s，断 5s

C. Y000 通 7s，断 2s　　D. Y000 通 2s，断 7s

75. 在使用 FX 2N可编程序控制器控制交通灯时，将相对方向的同色灯并联起来，是为了（　　）。

A. 简化电路 B. 节约电线 C. 节省 PLC 输出口 D. 减少工作量

76. 如图 3-15 所示的 PLC 控制交通灯梯形图程序中，M8013 的功能是（ ）。

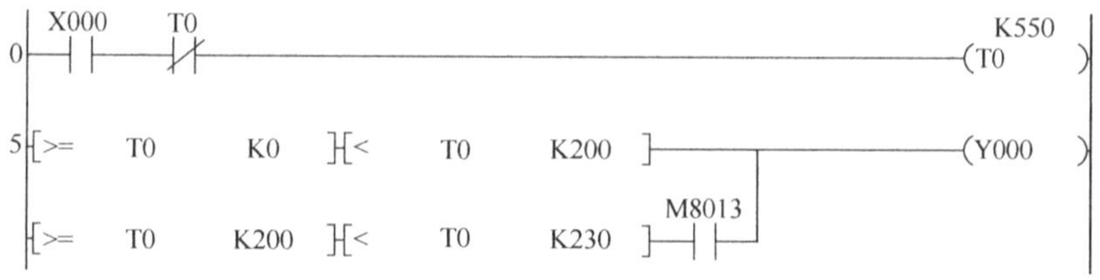

图 3-15 PLC 梯形图

A. 周期为 100ms 的脉冲 B. 周期为 1s 的脉冲

C. 常开触点 D. 周期为 2s 的脉冲

77. 使用 FX 2N可编程序控制器控制电动机星三角形起动时，至少需要使用（ ）个交流接触器。

A. 2 B. 3 C. 4 D. 5

78. 如图 3-16 所示的 PLC 控制多速电动机运行梯形图程序中，（ ）是运行总开关。

图 3-16 PLC 梯形图

A. X001 B. T0 C. X000 D. Y000

79. 如图 3-17 所示的 PLC 梯形图程序中使用了顺控指令（ ）。

图 3-17 PLC 梯形图

A. STL B. ZRST C. RET D. END

80. 如图 3-18 所示的 PLC 控制磨床运行梯形图程序中，Y002 和 M0 是（ ）。

A. 双线圈 B. 可以省略的 C. 并联输出 D. 串联输出

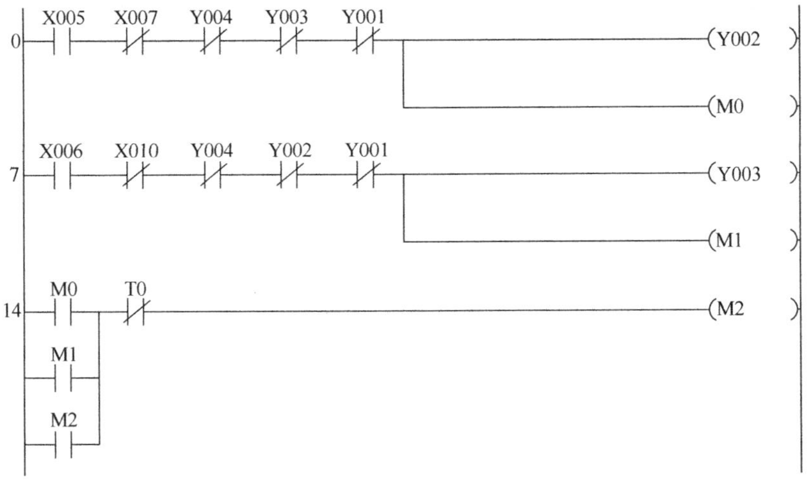

图 3-18　PLC 梯形图

81. 不是 PLC 控制系统设计原则的是（　　）。

A. 保证控制系统的安全、可靠

B. 最大限度地满足生产机械对电气控制的要求

C. 在满足控制要求的同时，力求使系统简单、经济、操作和维护方便

D. 选择价格高的 PLC 来提高系统可靠性

82. PLC 控制系统的主要设计内容描述不正确的是（　　）。

A. 选择用户输入设备，输出设备，以及由输出设备驱动的控制对象

B. 分配 I/O 点，绘制电气连接图，考虑必要的安全保护措施

C. 编制控制程序

D. 下载控制程序

83. PLC 控制系统设计的步骤是（　　）。

① 确定硬件配置，画出硬件接线图

② PLC 进行模拟调试和现场调试

③ 系统交付前，要根据调试的最终结果调整出完整的技术文件

④ 深入了解控制对象及控制要求

A. ①→③→②→④　　B. ①→②→④→③

C. ②→①→④→③　　D. ④→①→②→③

84. PLC 编程软件安装方法不对的是（　　）。

A. 安装前，请确定下载文件的大小及文件名称

B. 在安装的时候，最好把其他应用程序关掉，包括杀毒软件

C. 安装选项中，选项无须都打勾

D. 解压后，直接单击安装

85. FX 2N系列 PLC 编程软件的功能不包括（　　）。

A. 程序检查　　B. 仿真模拟　　C. 短路保护　　D. 上载

86. PLC 文本化程序语言包括：（　　）

A. IL 和 ST　　B. LD 和 ST　　C. ST 和 FBD　　D. SFC 和 LD

87. 表示编程语言的（　　）。

A. 块转换　　B. 转换　　C. 注释　　D. 以上都不是

88. PLC 程序的检查内容不包括（　　）。

A. 指令检查　　B. 梯形图检查　　C. 继电器检查　　D. 软元件检查

89. PLC 与计算机通信要进行（　　）设置。

A. 串口设置　　B. 容量设置　　C. 内存设置　　D. 以上都不是

90. PLC 程序上载时应注意（　　）。

A. 人机界面关闭　　B. 断电

C. PLC 复位　　D. PLC 处于 STOP 状态

91. PLC 程序下载时应注意（　　）。

A. PLC 不能断电　　B. 断开数据线连接　　C. 接通 I/O 口电源　　D. 以上都是

92. 在 FX 系列 PLC 控制中可以用（　　）替代计数器。

A. M　　B. S　　C. C　　D. T

93.（　　）是 PLC 编程软件可以进行监控的对象。

A. 电源电压值　　B. 输入、输出量　　C. 输入电流值　　D. 输出电流值

94. 图 3-19 所示对话框可能实现的功能是（　　）。

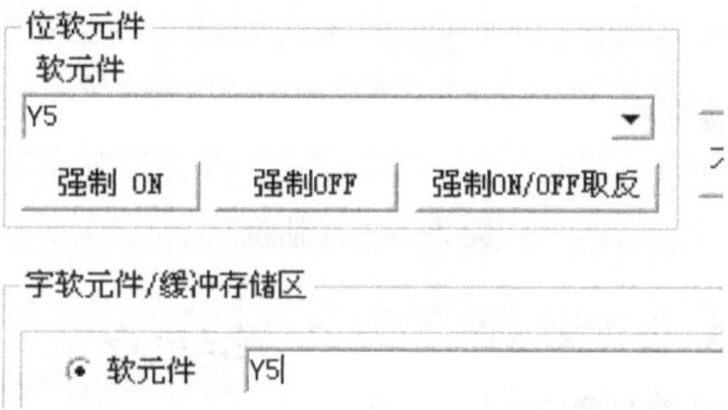

图 3-19　对话框

A. Y5 输入软元件被强制执行　　B. 输入软元件强制执行

C. Y5 软元件置位　　D. 输入软元件被强制执行

95. 图 3-20 所示为 PLC 编程软件中的（　　）按钮。

图 3-20　编程软件按钮

A. 写入按钮　　B. 监控按钮　　C. PLC 读取按钮　　D. 程序检测按钮

96. PLC 通过（　　）寄存器保持数据。

A. 掉电保持　　B. 时间　　C. 硬盘　　D. 以上都不是

97. PLC 程序能对（　　）进行检查。

A. 双线圈、指令、梯形图　　B. 电控电路

C. 存储器　　D. 变压器

98. 如图 3-21 所示 PLC 梯形图程序出现的错误是（　　）。

图 3-21　PLC 梯形图

A. 没有计数器　　B. 不能自锁　　C. 没有错误　　D. 双线圈错误

99. 在一个程序中不能使用（　　）检查纠正的方法。

A. 梯形图　　B. 双线圈　　C. 上电　　D. 指令表

100. 如图 3-22 所示对话框是（　　）方式的模拟状态。

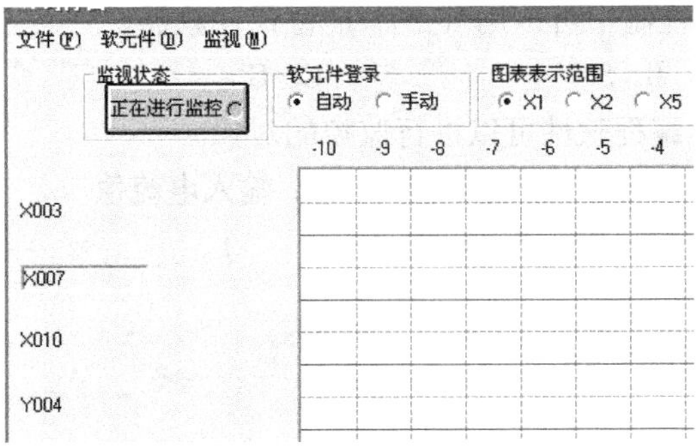

图 3-22　对话框

A. 功能仿真　　B. 时序图仿真　　C. 测试电路　　D. 以上都不是

101. 属于 PLC 硬件故障类型的是（　　）。

① I/O 模块故障　② 电源模块故障　③ 状态矛盾故障　④ CPU 模块故障

A. ①②③　　B. ②③④　　C. ①③④　　D. ①②④

102. 不属于 PLC 输入模块本身的故障是（　　）。

A. 传感器故障　　B. 执行器故障　　C. PLC 软件故障　　D. 输入电源故障

103. PLC 输入模块的故障处理方法正确的是（　　）。

① 有输入信号但是输入模块指示灯不亮时应检查是不是输入直流电源的正负极接反

② 若一个 LED 逻辑指示灯变暗，而且根据编程器件监视器，处理器未识别输入，则输入模块可能存在故障

③ 指示灯不亮，万用表检查有电压，直接说明输入模块烧毁了

④ 出现输入故障时，首先检查 LED 电源指示灯是否响应现场元件（如按钮、行程开关等）

A. ①②③　　B. ②③④　　C. ①③④　　D. ①②④

104. PLC 输出模块故障包括（　　）。

A. 输出模块 LED 指示灯不亮　　B. 输出模块 LED 指示灯常亮不熄灭

C. 输出模块没有电压　　D. 以上都是

105. PLC 输出模块出现故障处理不当的是（　　）。

A. 出现故障首先检查供电电源是否错误

B. 断电后使用万用表检查端子接线，判断是否出现断路

C. 考虑模块安装是否出现问题

D. 直接使用万用表欧姆档检查

106. “BATT”变色灯是后备电源指示灯，绿色表示正常，黄色表示（　　）。

A. 故障　　B. 电量低　　C. 过载　　D. 以上都不是

107. PLC 中“BATT”灯出现红色表示（　　）。

A. 故障　　B. 开路　　C. 欠电压　　D. 过电流

108. 不属于 PLC 与计算机正确连接方式的是（　　）。

A. RS232 通信连接　　B. RS422 通信连接

C. 双绞线通信连接　　D. RS485 通信连接

109. 不属于 PLC 与计算机连接方式的是（　　）。

A. RS232 通信线连接　　B. 网络连接

C. 任意连接　　D. RS485 通信连接

110. PLC 更换输入模块时，要在（　　）进行。

A. RUN 状态下　　B. 断电状态下　　C. STOP 状态下　　D. 以上都不是

111. 从自控系统的基本组成环节来看，开环控制系统与闭环控制系统的区别在于：（　　）。

A. 有无测量装置　　B. 有无被控对象　　C. 有无反馈环节　　D. 控制顺序

112.（　　）就是在原有系统中，有目的地增添一些装置（或部件），人为地改变系统的结构和参数，使系统的性能获得改善，以满足所要求的稳定性指标。

A. 系统校正　　B. 反馈校正　　C. 顺馈补偿　　D. 串联校正

113. 自动调速系统中的（　　）可看成是比例环节。

A. 补偿环节　　B. 放大器　　C. 测速发电机　　D. 校正电路

114. 带比例调节器的单闭环直流调速系统中，放大器的 K_P 越大，系统的（　　）。

A. 静态、动态特性越好　　B. 动态特性越好

C. 静态特性越好　　D. 静态特性越坏

115. 当初始信号为零时，在阶跃输入信号作用下，积分调节器（　　）与输入量成正比。

A. 输出量的变化率　　B. 输出量的大小

C. 积分电容两端电压　　D. 积分电容两端的电压偏差

116.（　　），积分控制可以使调速系统在无静差的情况下保持恒速运行。

A. 稳态时　　B. 动态时

C. 无论稳态还是动态过程中　　D. 无论何时

117. 实际的自控系统中，*RC* 串联网络构成微分电路并不是纯微分环节，相当一个（　　），只有当 $RC \ll 1$ 时，才近似等效为纯微分环节。

A. 微分环节与积分环节相串联　　B. 微分环节与比例环节相串联

C. 微分环节与惯性环节相串联　　D. 微分环节与延迟环节相并联

118. 直流双闭环调速系统引入转速（　　）后，能有效地抑制转速超调。

A. 微分负反馈　　B. 微分正反馈　　C. 微分补偿　　D. 滤波电容

119. 在突加输入信号之初，PI 调节器相当于一个（　　）。

A. P 调节器　　B. I 调节器　　C. 惯性环节　　D. 延时环节

120. 双闭环调速系统中转速调节器一般采用 PI 调节器，I 参数的调节主要影响系统的（　　）。

A. 稳态性能　　B. 动态性能　　C. 静差率　　D. 调节时间

121. 工业控制领域中应用的直流调速系统主要采用（　　）。

A. 直流斩波器调压　　B. 旋转变流机组调压

C. 电枢回路串电阻调压　　D. 用静止可控整流器调压

122. 转速负反馈调速系统能随负载的变化而自动调节整流电压，从而补偿（　　）的变化。

A. 电枢电阻压降　　B. 整流电路电阻压降

C. 平波电抗器与电刷压降　　D. 电枢回路电阻压降

123. 转速负反馈有静差调速系统中，当负载增加以后，转速要下降，系统自动调整以后，使电动机的转速（　　）。

A. 以恒转速旋转　　B. 等于原来的转速

C. 略低于原来的转速　　D. 略高于原来的转速

124. 在带电流截止负反馈的调速系统中，为安全起见还安装快速熔断器、过电流继电器等，在整定电流时，应使（　　）。

A. 堵转电流>熔体额定电流>过电流继电器动作电流

B. 熔体额定电流>堵转电流>过电流继电器动作电流

C. 熔体额定电流>过电流继电器动作电流>堵转电流

D. 过电流继电器动作电流>熔体额定电流>堵转电流

125. 电压负反馈调速系统中，电流正反馈在系统中起（　　）作用。

A. 补偿电枢回路电阻所引起的稳态速降

B. 补偿整流器内阻所引起的稳态速降

C. 补偿电枢电阻所引起的稳态速降

D. 补偿电刷接触电阻及电流取样电阻所引起的稳态速降

126. 在晶闸管逻辑无环流可逆调速系统中，为抑制自然环流，采用（　　）。

A. $\alpha=\beta$ 配合控制方式　　B. 电枢回路设置电抗器

C. 限制 β_{min} 和 α_{min}　　D. 电枢回路设置电阻器

127. 由欧陆 514 调速器组成的电压电流双闭环系统在系统过载或堵转时，ASR 调节器处于（　　）。

A. 饱和状态　　B. 调节状态　　C. 截止状态　　D. 不确定

128. 双闭环调速系统中电流调节器 ACR 可限制最大的输出电流是（　　）。

A. $I_{dm}\neq U_{im}/\beta$　　B. $I_{dm}=U_{im}/\beta$　　C. $I_{dm}\geqslant U_{im}/\beta$　　D. $I_{dm}\leqslant U_{im}/\beta$

129. 速度、电流双闭环调速系统，在突加给定电压起动过程中的最初阶段，速度调节器处于（　　）状态。

A. 调节 B. 零 C. 截止 D. 饱和

130. 三相半控 Y 形调压电路可以简化线路，降低成本。但电路中（ ），将产生与电动机基波转矩相反的转矩，使电动机输出转矩减小，效率降低，仅用于小容量调速系统。

A. 无奇次谐波有偶次谐波 B. 有偶次谐波

C. 有奇次谐波还有偶次谐波 D. 有奇次谐波无偶次谐波

131. 工业控制领域目前直流调速系统中主要采用（ ）。

A. 直流斩波器调压 B. 旋转变流机组调压

C. 电枢回路串电阻 R 调压 D. 静止可控整流器调压

132. 调速系统的调速范围和静差率这两个指标（ ）。

A. 相互平等 B. 互不相关 C. 相互制约 D. 相互补充

133. 国产（ ）系列高灵敏直流测速发电机，除了具有一般永磁直流测速发电机的优点外，还具有结构简单、耦合度好、输出比电势高、反应快、线性误差小、可靠性好的优点。

A. CYD B. ZCF C. CK D. CY

134. 电枢电流的去磁作用使（ ），从而导致直流测速发电机的输出特性的线性关系变坏。

A. 气隙磁通不再是常数，而随负载大小的变化而改变

B. 输出电压灵敏度改变

C. 电枢电阻压降改变

D. 损耗加大

135.（ ）直流测速发电机受温度变化的影响较小，输出变化小，斜率高，线性误差小，应用最多。

A. 电磁式 B. 他励式 C. 永磁式 D. 霍尔无刷式

136. 直流调速装置通电前硬件检查内容有：电源电路检查，信号线、控制线检查，设备接线检查，PLC 接地检查。通电前一定要认真进行（ ），以防止通电后引起设备损坏。

A. 电源电路检查 B. 信号线、控制线检查

C. 设备接线检查 D. PLC 接地检查

137. 欧陆 514 直流调速装置 ASR 的限幅值是用电位器来调整的。通过端子 7 上外接 0~7.5V 的直流电压，调节电位器可得到对应最大电枢电流为（ ）。

A. 1.1 倍标定电流的限幅值 B. 1.5 倍标定电流的限幅值

C. 1.1 倍电动机额定电流的限幅值 D. 等于电动机额定电流的限幅值

138. 西门子 6RA70 直流调速器首次使用时，必须输入一些现场参数，首先输入（ ）。

A. 基本工艺功能参数 B. 电动机铭牌数据

C. 优化运行参数 D. 电动机过载监控保护参数

139. 空心杯转子异步测速发电机主要由内定子、外定子及杯形转子所组成。以下正确的说法是（ ）。

A. 励磁绕组、输出绕组分别嵌在外/内定子上，彼此在空间相差 90°电角度

B. 励磁绕组、输出绕组分别嵌在内/外定子上，彼此在空间相差90°电角度

C. 励磁绕组、输出绕组嵌在内定子上，彼此在空间相差180°电角度。

D. 励磁绕组、输出绕组嵌在外定子上，彼此在空间相差90°电角度

140. 异步测速发电机的定子上安装有（　　）。

A. 一个绕组　　B. 两个串联的绕组

C. 两个并联的绕组　　D. 两个空间相差90°电角度的绕组

141. 在自控系统中不仅要求异步测速发电机输出电压与转速成正比，而且也要求输出电压与励磁电源同相位。相位误差可在（　　），也可在输出绕组电路补偿。

A. 输出回路中并电感进行补偿　　B. 励磁回路中并电容进行补偿

C. 励磁回路中串电容进行补偿　　D. 输出回路中串电感进行补偿

142. 西门子MM420变频器的主电路电源端子（　　）需经交流接触器和保护用断路器与三相电源连接。但不宜采用主电路的通、断来控制变频器的运行与停止。

A. R、S、T　　B. U、V、W　　C. L1、L2、L3　　D. A、B、C

143. 变频器常见的频率给定方式主要有：模拟信号给定、操作器键盘给定、控制输入端给定及通信方式给定等，来自PLC控制系统时不采用（　　）方式。

A. 键盘给定　　B. 控制输入端给定

C. 模拟信号给定　　D. 通信方式给定

144. 步进电动机的转速 n 或线速度 v 只与（　　）有关。

A. 电源电压　　B. 负载大小　　C. 环境条件的波动　　D. 脉冲频率 f

145. 脉冲分配器的功能有（　　）。

A. 输出时钟CK和方向指令DIR　　B. 输出功率开关所需的驱动信号

C. 产生各相通断的时序逻辑信号　　D. 电流反馈控制及保护电路

146. 高分辨率且高精度的办公自动化设备中，要求步进电动机的步距角小、较高的起动频率、控制功率小、良好的输出转矩和加速度，则应选（　　）。

A. 反应式直线步进电动机　　B. 永磁式步进电动机

C. 反应式步进电动机　　D. 混合式步进电动机

147. 闭环负反馈直流调速系统中，电动机励磁电路的电压纹波对系统性能的影响，若采用（　　）自我调节。

A. 电压负反馈调速时能　　B. 转速负反馈调速时不能

C. 转速负反馈调速时能　　D. 电压负反馈加电流正反馈补偿调速时能

148. 直流电动机弱磁调速时为防飞车故障，应加（　　）。

A. 失磁保护电路　　B. 防磁饱和电路

C. 过电压保护电路　　D. 过电流保护电路

149. 在转速电流双闭环调速系统中，电动机转速可调，转速不高且波动较大。此故障的可能原因是（　　）。

A. PI调节器限幅值电路故障　　B. 电动机励磁电路故障

C. 晶闸管或触发电路故障　　D. 反馈电路故障

150. 速度给定电压纹波对系统性能有影响，所以在转速电流双闭环调速系统中，速度给定供电电路应采用（　　）。

A. 高性能的整流滤波电路　　B. 不需稳压电路，只需一般滤波即可
C. 简单的整流滤波电路　　D. 专用高性能的稳压电路

151. 速度检测与反馈电路的精度，对调速系统的影响是（　　）。
A. 决定系统稳态精度　　B. 只决定速度反馈系数
C. 只影响系统动态性能　　D. 不影响，系统可自我调节

152. 电压电流双闭环调速系统中的电流正反馈环节是用来实现（　　）。
A. 系统的“挖土机特性”　　B. 调节 ACR 电流负反馈深度
C. 补偿电枢电阻压降引起的转速降　　D. 稳定电枢电流

153. 一台使用多年的 250kW 电动机拖动鼓风机，经变频改造运行两个月后常出现过电流跳闸。故障的原因可能是（　　）。
A. 变频器选配不当
B. 变频器参数设置不当
C. 变频供电的高频谐波使电动机绝缘加速老化
D. 负载有时过重

154. 电网电压正常，电动机减速时变频器过电压报警。此故障原因与（　　）无关。
A. 减速时间太短　　B. 制动电阻过大
C. 输出滤波电抗器问题　　D. 外电路中有补偿电容投入

155. 变频器起停方式有：面板控制、外部端子控制、通信端口控制。当与 PLC 配合组成远程网络时，主要采用（　　）方式。
A. 面板控制　　B. 外部端子控制
C. 通信端口控制　　D. 脉冲控制

156. 西门子 MM420 变频器快速调试（P0010=1）时，主要进行（　　）修改。
A. 显示参数　　B. 电动机参数　　C. 频率参数　　D. 全部参数

157. 电动机拖动大惯性负载，在减速或停车时发生过电压报警。此故障可能的原因是（　　）。
A. *U/f* 设置有问题　　B. 减速时间过长
C. 减速时间过短　　D. 电动机参数设置错误

158. 通过 RS585 等接口可将变频器作为从站连接到网络系统中，成为现场总线控制系统的设备。网络主站一般由（　　）等承担。
A. CNC 或 PLC　　B. 变频器或 PLC
C. PLC 或变频器　　D. 外部计算机或变频器

159. 软起动器进行起动操作后，电动机运转，但长时间达不到额定值。此故障原因不可能是（　　）。
A. 起动参数不合适　　B. 起动电路接线错误
C. 起动控制方式不当　　D. 晶闸管模块故障

160. 软起动器起动完成后，旁路接触器刚动作就跳闸。故障原因可能是（　　）。
A. 起动电流过大　　B. 旁路接触器接线相序不对
C. 起动转矩过大　　D. 电动机过载

二、判断题（第161~200题，每题0.5分，共20分）

161.（　　）电气控制电路图测绘的一般步骤是设备停电，先画电器布置图，再画电器接线图，最后画出电气原理图。

162.（　　）电气控制电路测绘前先要了解测绘对象，了解控制过程、布线规律，准备工具仪表等。

163.（　　）电气控制电路测绘前要检验被测设备是否有电，不能带电作业。

164.（　　）测绘T68型镗床电器位置图时要画出2台电动机在机床中的具体位置。

165.（　　）分析T68型镗床电气控制主电路原理图的重点是主轴电动机M1的正反转和高低速转换。

166.（　　）测绘T68型镗床电气控制主电路图时要正确画出电源开关QS、熔断器FU1和FU2、接触器KM1~KM7、热继电器FR、电动机M1和M2等。

167.（　　）测绘T68型镗床电气控制电路图时要正确画出控制变压器TC、按钮SB1~SB5、行程开关SQ1~SQ8、中间继电器KA1和KA2、速度继电器KS、时间继电器KT等。

168.（　　）测绘XA6132型铣床电器位置图时要画出电动机、按钮、行程开关等在机床中的具体位置。

169.（　　）分析XA6132型铣床电气控制主电路工作原理的重点是主轴电动机M1的正反转、制动及冲动，进给电动机M2的正反转，冷却泵电动机M3的起动和停止。

170.（　　）20/5t桥式起重机的主电路中包含了电源开关QS、交流接触器KM1~KM4、凸轮控制器SA1~SA3、电动机M1~M5、电磁制动器YB1~YB6、电阻器1R~5R、过电流继电器等。

171.（　　）20/5t桥式起重机电气控制电路中包含了主令控制器SA4、紧急开关QS4、起动按钮SB、过电流继电器KC1~KC5、限位开关SQ1~SQ4、欠电压继电器KV等。

172.（　　）20/5t桥式起重机的小车电动机可以由凸轮控制器实现起动、调速和正反转控制。

173.（　　）20/5t桥式起重机的主钩电动机由接触器实现正反转控制。

174.（　　）20/5t桥式起重机的保护电路由紧急开关QS4、过电流继电器KC1~KC5、欠电压继电器KV、熔断器FU1~FU2、限位开关SQ1~SQ4等组成。

175.（　　）20/5t桥式起重机合上电源总开关QS1并按下起动按钮SB后，主接触器KM不吸合的原因之一是凸轮控制器的手柄不在零位。

176.（　　）XA6132型铣床的主电路由电源总开关QS、熔断器FU1、接触器KM1~KM6、热继电器FR1~FR3、电动机M1~M3、快速移动电磁铁YA等组成。

177.（　　）XA6132型铣床电气控制电路由控制变压器TCB、按钮SB1~SB6、位置开关SQ1~SQ7、速度继电器KS、转换开关SA1~SA3、热继电器FR1~FR3等组成。

178.（　　）XA6132型铣床的主轴电动机M1采用了全压起动方法。

179.（　　）XA6132型铣床的主轴电动机M1采用了反接制动的停车方法。

180.（　　）XA6132型铣床主轴电动机M1的冲动控制是由位置开关SQ7接通反转接触器KM2一下。

181.（　　）XA6132型铣床进给电动机M2的左右（纵向）操作手柄有左、中、右三个位置。

182. ( ) XA6132 型铣床的回转控制只能用于圆形工作台的场合。

183. ( ) XA6132 型铣床的照明灯由控制照明变压器 TC 提供 36V 的安全电压。

184. ( ) XA6132 型铣床主轴电动机不能起动的原因之一是热继电器动作后没有复位。

185. ( ) T68 型镗床电气控制主电路由电源开关 QS、熔断器 FU1 和 FU2、接触器 KM1~KM7、热继电器 FR、电动机 M1 和 M2 等组成。

186. ( ) T68 型镗床电气控制电路由控制变压器 TC、按钮 SB1~SB5、行程开关 SQ1~SQ8、中间继电器 KA1 和 KA2、速度继电器 KS、时间继电器 KT 等组成。

187. ( ) 常用电子单元电路有信号输入单元、信号中间单元、信号输出单元。

188. ( ) 集成运放电路线性应用必须加适当的负反馈。

189. ( ) 集成运放电路非线性应用要求开环或加正反馈。

190. ( ) 组合逻辑电路由门电路组成。

191. ( ) 组合逻辑电路的常用器件有加法器、计数器、编码器等。

192. ( ) 时序逻辑电路常用于计数器及存储器电路。

193. ( ) 集成移位寄存器可实现顺序脉冲产生器功能。

194. ( ) 74LS138 及相应门电路可实现加法器的功能。

195. ( ) 集成二—十进制计数器可通过显示译码器将计数结果显示出来。

196. ( ) 集成运放电路的电源端可外接二极管防止电源极性接反。

197. ( ) 组合逻辑电路不能工作时，首先应检查其使能端的状态对不对。

198. ( ) JK 触发器是在 CP 脉冲下降沿进行状态翻转的触发器。

199. ( ) 时序逻辑电路的计数器计数模与规定值不符时，要检查清零端是同步还是异步清零。

200. ( ) 锯齿波触发电路由锯齿波产生与相位控制、脉冲形成与放大、强触发与输出、双脉冲产生等四个环节组成。

电工高级理论知识模拟试卷答案

一、单项选择题

1. A	2. D	3. B	4. A	5. A	6. C
7. D	8. C	9. C	10. D	11. D	12. A
13. D	14. B	15. D	16. D	17. C	18. C
19. D	20. A	21. D	22. C	23. C	24. A
25. D	26. D	27. B	28. C	29. D	30. C
31. D	32. D	33. C	34. A	35. D	36. B
37. B	38. A	39. D	40. A	41. D	42. A
43. D	44. D	45. D	46. A	47. D	48. A
49. C	50. B	51. C	52. A	53. D	54. A
55. D	56. A	57. D	58. B	59. D	60. D

61. B　62. C　63. B　64. B　65. D　66. D
67. C　68. D　69. D　70. C　71. A　72. C
73. B　74. A　75. C　76. B　77. B　78. C
79. A　80. C　81. D　82. D　83. D　84. D
85. C　86. A　87. B　88. C　89. A　90. D
91. A　92. C　93. B　94. D　95. D　96. A
97. A　98. D　99. C　100. B　101. D　102. C
103. C　104. D　105. D　106. B　107. A　108. C
109. C　110. B　111. C　112. A　113. B　114. C
115. A　116. A　117. C　118. A　119. A　120. A
121. D　122. D　123. C　124. C　125. A　126. B
127. A　128. D　129. D　130. C　131. D　132. C
133. A　134. A　135. C　136. A　137. B　138. B
139. A　140. D　141. C　142. C　143. A　144. D
145. C　146. D　147. C　148. A　149. C　150. D
151. A　152. C　153. C　154. C　155. C　156. B
157. C　158. A　159. B　160. B

二、判断题

161. √　162. √　163. √　164. √　165. √　166. √
167. √　168. √　169. √　170. √　171. √　172. √
173. √　174. √　175. √　176. √　177. √　178. √
179. √　180. √　181. √　182. √　183. √　184. √
185. √　186. √　187. √　188. √　189. √　190. √
191. ×　192. √　193. √　194. √　195. √　196. √
197. √　198. √　199. √　200. √

电工高级操作技能模拟试卷

（一）准备通知单

试题 1. PLC 控制电动机自动正反转的设计、安装与调试。

（1）材料准备单（见表 3-1）

表 3-1　材料准备单

序号	名称	型号与规格	单位	数量	备注
1	可编程序控制器	自定	台	1	
2	编程用计算机及下载线	与可编程序控制器配套	台	1	
3	便携式编程器	与可编程序控制器配套（可选）	台	1	
4	配线板	500mm×450mm×20mm	块	2	

（续）

序号	名称	型号与规格	单位	数量	备注
5	组合开关	与电动机配套	个	1	
6	三相异步电动机	自定	台	1	
7	熔断器及熔芯配套	RL1—60/20A	套	3	
8	熔断器及熔芯配套	RL1—15/4A	套	2	
9	三联按钮	LA10—3H 或 LA4—3H	个	2	
10	接线端子排	JX2—1015，500V、10A，15 节	条	4	
11	木螺钉	ϕ3mm×20mm 或 ϕ3mm×15mm	个	30	
12	平垫圈	ϕ4mm	个	30	
13	圆珠笔	自定	支	1	
14	塑料软铜线	BVR—2.5mm^2，颜色自定	m	20	
15	塑料软铜线	BVR—1.5mm^2，颜色自定	m	20	
16	塑料软铜线	BVR—0.75mm^2，颜色自定	m	5	
17	别径压端子	UT2.5—4，UT1—4	个	20	
18	布线槽	TC3025，长 34cm，两边打 ϕ3.5mm 孔	条	5	
19	异型塑料管	ϕ3.5mm	m	0.3	

（2）工具准备单（见表 3-2）

表 3-2　工具准备单

序号	名称	型号与规格	单位	数量	备注
1	电工通用工具	验电器、钢丝钳、螺钉旋具（一字槽和十字槽）、电工刀、尖嘴钳、活扳手、剥线钳等	套	1	
2	万用表	自定	块	1	
3	绝缘电阻表	500V、0~200MΩ	台	1	
4	钳形电流表	0~50A	块	1	

试题 2. 变频器调速装置外围电路故障检修。

（1）材料准备单（见表 3-3）

表 3-3　材料准备单

序号	名称	型号与规格	单位	数量	备注
1	变频器	见图 3-23	台	1	
2	三相异步电动机	自定	台	1	
3	故障排除所用材料	与相应的设备配套	套	1	

（续）

序号	名称	型号与规格	单位	数量	备注
4	变阻器	自定	套	1	
5	三相四线制电源	~3×380/220V、20A	处	1	
6	组合开关	与电动机配套	个	1	
7	熔断器及熔芯配套	RL1—60/20A	套	3	
8	熔断器及熔芯配套	RL1—15/4A	套	2	
9	三联按钮	LA10—3H 或 LA4—3H	个	2	
10	接线端子排	JX2—1015，500V、10A、15 节	条	4	
11	木螺钉	ϕ3mm×20mm 或 ϕ3mm×15mm	个	30	
12	平垫圈	ϕ4mm	个	30	
13	圆珠笔	自定	支	1	
14	塑料软铜线	BVR—2.5mm^2，颜色自定	m	20	
15	塑料软铜线	BVR—1.5mm^2，颜色自定	m	20	
16	塑料软铜线	BVR—0.75mm^2，颜色自定	m	5	
17	别径压端子	UT2.5—4，UT1—4	个	20	
18	布线槽	TC3025，长 34cm，两边打 ϕ3.5mm 孔	条	5	
19	异型塑料管	ϕ3.5mm	m	0.3	

（2）工具准备单（见表 3-2）

（3）考题设置准备　考场在考前根据故障设置表（见表 3-4 和表 3-5），准备好电路故障抽签序号和控制电路故障序号，由考生随机抽取一个主电路故障序号和两个控制电路故障序号，并告知考评员，记录到评分表上，根据故障序号设置隐蔽故障。变频器调速装置外围电路如图 3-23 所示。

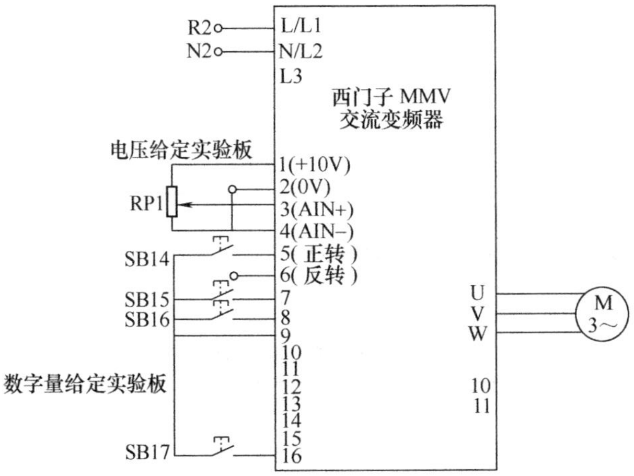

图 3-23　变频器调速装置外围电路

1）主电路故障表见表3-4。

表3-4 主电路故障表

故障序号	故障点	故障现象	备注
1			故障点和故障现象根据实际情况由工作人员考前填写完整
2			
3			
4			
5			

2）控制电路故障表见表3-5。

表3-5 控制电路故障表

故障序号	故障点	故障现象	备注
1			故障点和故障现象根据实际情况由工作人员考前填写完整
2			
3			
4			
5			
6			
7			
8			
9			
10			

试题3. 锯齿波发生器（见图3-24）的安装与调试

（1）材料准备单（见表3-6）

表3-6 材料准备单

序号	名称	型号与规格	单位	数量	备注
1	元器件	自配	套		与图3-24相匹配
2	单股镀锌铜线（连接元器件用）	AV—0.1mm^2	m	1	
3	万能印制电路板	2mm×70mm×100mm（或2mm×150mm×200mm）	块	1	

（2）工具准备（见表3-7）

表3-7 工具准备单

序号	名称	型号与规格	单位	数量	备注
1	电子通用工具	验电器、镊子、钢丝钳、螺钉旋具（一字槽和十字槽）、电工刀、尖嘴钳、活扳手、剥线钳等	套	1	

（续）

序号	名称	型号与规格	单位	数量	备注
2	万用表	MF47 或自定	块	1	
3	电烙铁、烙铁架、焊料与焊剂		套	1	
4	直流稳压电源	0~36V	台	1	
5	信号发生器	自定	台	1	
6	示波器	自定	台	1	
7	单相交流电源	~220V 和 36V、5A	处	1	

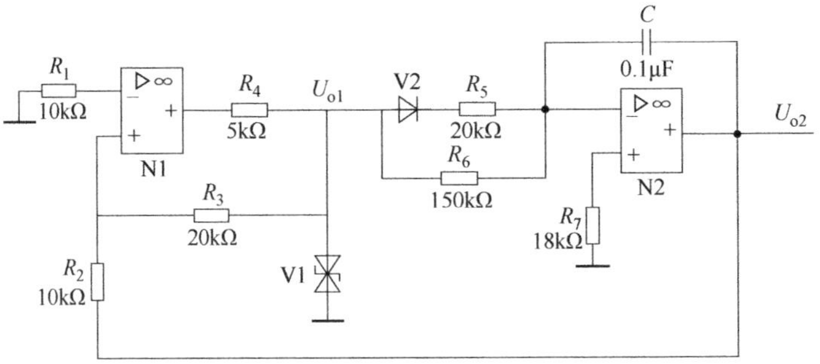

图 3-24　锯齿波发生器

（二）考核试卷

试题 1. PLC 控制电动机自动正反转的设计、安装与调试。

1）考试时间：150min。

2）考核方式：实操+笔试。

3）本题分值：40 分。

4）具体考核要求：PLC 控制电动机自动正反转的设计、安装与调试。

① 任务：当按下起动按钮，KM1 线圈通电，电动机正转；经过 5s 延时，线圈 KM1 断电，同时 KM2 线圈通电，电动机反转；再经过 3s 延时，线圈 KM2 断电，线圈 KM1 通电。这样反复 10 次后电动机停止运行。

② 要求：

a. 工作方式设置为自动循环。

b. 有必要的电气保护和联锁。

笔试部分：

1）正确识读电路图，写出下列符号的名称。

QS（　　　）；FU1（　　　）；KM1（　　　）。

2）正确使用工具，简述剥线钳使用的注意事项。

答：

3）正确使用仪表，简述用指针式万用表测量二极管的方法。

答：

4）安全文明生产中，回答何谓安全电压？

答：

操作部分：

5）电路绘制：根据控制要求，在答题纸上正确设计PLC梯形图及按照规范绘制PLC的I/O（输入/输出）口接线图。

6）按照电气安装规范：安装与接线：

① 将熔断器、接触器、继电器、PLC安装在一块配线板上，而将方式转换开关、行程开关、按钮等安装在另一块配线板上。

② 按PLC控制I/O（输入/输出）口接线图在配线板上正确安装元器件，元器件安装要合理，安装要准确、紧固，配线导线要紧固、美观，导线要垂直进入线槽，导线要有端子标号，引出端要用接线端头。

7）正确地将所编程序输入PLC，按照被控设备的动作要求进行模拟操作调试，达到设计要求。

8）通电试验：通电前正确使用电工工具及万用表，进行仔细检查。

笔答部分答题纸

1. PLC接线图

2. PLC梯形图

试题2. 变频器调速装置外围电路故障检修。

1）考试时间：60min。

2）考核方式：实操+笔试。

3）本题分值：30分。

4）具体考核要求：检修变频器调速装置外围电路故障。

在其电气控制电路上，设隐蔽故障3处。其中主电路1处（如电源故障检修等），控制电路2处（如闭合开关信号等），考场中各工位故障清单提供给考评员。电路图如图3-23所示。

笔试部分：

1）正确识读给定的电路图，本变频器使用的电源是多少？

答：

2）正确使用工具，简述剥线钳的使用方法。

答：

3）正确使用仪表，简述绝缘电阻表使用注意事项。

答：

4）安全文明生产过程中，回答照明灯的电压为什么采用 24V？

答：

操作部分：排除 3 处故障，主电路 1 处，控制电路 2 处。

5）在不带电状态下查找故障点并在原理图上标注。

6）排除故障，恢复电路功能。

试题 3. 锯齿波发生器的安装与调试

1）考试时间：60min。

2）考核方式：实操+笔试。

3）本题分值：30 分。

4）具体考核要求：锯齿波发生器的安装与调试。

参照图 3-24 在电路板上焊接，理解电路的工作原理并会测试相关参数。

笔试部分：

1）写出下列符号的名称。

C（　　）；N2（　　）；VD（　　）；U_{o2}（　　）。

答：

2）正确使用工具，简述电工刀使用的注意事项。

答：

3）正确使用仪表，简述万用表检测无标志二极管的方法。

答：

4）安全文明生产中，合闸后可送电到作业地点的刀开关操作把手上应悬挂什么文字的标识牌？

答：

操作部分：

5）按照电路图及电子焊接工艺要求，将各元器件安装在印制电路板上。

6）正确使用工具和仪表，装接质量要可靠，装接技术要符合工艺要求。

7）断开两级运放之间的连接线，在运放 N1 的输入端（R_2 前）输入频率为 50Hz、峰值为 6V 的三角波，用示波器测量并记录其输出波形 U_{o1}。

8）接好两级运放之间的连接线，用示波器观察输出电压 U_{o1} 和 U_{o2} 的波形，画出波形图。

（三）评分记录表

总成绩表

序号	试题名称	配分	得分	权重	最后得分	备注
1	PLC 控制电动机自动正反转的设计、安装与调试	40				
2	变频器调速装置外围电路故障检修	30				
3	锯齿波发生器的安装与调试	30				
合　计		100				

试题 1. PLC 控制电动机自动正反转的设计、安装与调试

序号	考核内容	考核要点	配分	评分标准	扣分	得分
1	绘图	1. 正确绘图，理解电气控制电路的工作原理 2. 正确绘制 PLC 接线图，列出 PLC 控制 I/O 口（输入/输出）元件地址分配表 3. 根据控制要求，设计梯形图 4. 正确回答笔试问题	10	1. 电气图形文字符号错误或遗漏，每处扣 2 分 2. 徒手绘制电路图，扣 2 分；电路原理错误，扣 5 分；缺少 PLC 接线图，扣 5 分 3. 梯形图画法不规范，扣 2 分 4. 笔试部分见参考答案和评分标准 本项配分扣完为止		
2	工具的使用	1. 正确使用工具 2. 正确回答笔试问题	2	1. 工具使用不正确，每次扣 2 分 2. 笔试部分见参考答案和评分标准 本项配分扣完为止		
3	仪表的使用	1. 正确使用仪表 2. 正确回答笔试问题	2	1. 仪表使用不正确，每次扣 2 分 2. 笔试部分见参考答案和评分标准 本项配分扣完为止		
4	安全文明生产	1. 明确安全用电的主要内容 2. 操作过程符合文明生产要求	3	1. 笔试部分见参考答案和评分标准 2. 未经考评员同意私自通电，扣 3 分；损坏设备，扣 2 分；损坏工具仪表，扣 1 分；发生轻微触电事故，扣 3 分 本项配分扣完为止		
5	安装布线	按照电气安装规范，依据电路图正确完成本次考核电路的安装与接线	13	1. 不按图样接线，每处扣 1 分 2. 电源线和负载线不经接线端子排接线，每根导线扣 1 分 3. 电器安装不牢固、不平整、不符合设计及产品技术文件的要求，每项扣 1 分 4. 电动机外壳没有接零或接地，扣 1 分 5. 导线裸露部分没有加套绝缘，每处扣 1 分 本项配分扣完为止		

（续）

序号	考核内容	考核要点	配分	评分标准	扣分	得分
6	程序输入与调试	1. 熟练操作 PLC 2. 按照被控设备的动作要求进行模拟操作调试，达到控制要求	10	1. 不会操作 PLC，扣 10 分 2. 模拟操作与控制流程不符，每处扣 2 分 3. 1 次试运行不成功，扣 5 分；2 次试运行不成功，扣 10 分；扣完为止		
合计			40			
否定项：若考生发生重大设备和人身事故，则应及时终止其考试，考生该实体成绩记为零						

笔试部分参考答案：

1）QS（电源开关）；FU1（熔断器）；KM1（交流接触器）。

2）**答**：①选择合适的规格；②确定剥线长度；③选择合适的槽口；④用力适当。

3）**答**：①选择档位；②调零；③测出正反向电阻值；④判断阳极和阴极。

4）**答**：不会发生触电事故，对人体的健康不会造成危害的电压数值。

试题 2. 变频器调速装置外围电路故障检修。

序号	考核内容	考核要点	配分	评分标准	扣分	得分
1	识图	1. 正确识图 2. 正确回答笔试问题	3	1. 正确认识图形符号 2. 笔试部分见参考答案和评分标准		
2	工具的使用	1. 正确使用工具 2. 正确回答笔试问题	2	1. 工具使用不正确，每次扣 2 分 2. 笔试部分见参考答案和评分标准 本项配分扣完为止		
3	仪表的使用	1. 正确使用仪表 2. 正确回答笔试问题	2	1. 仪表使用不正确，每次扣 2 分 2. 笔试部分见参考答案和评分标准 本项配分扣完为止		
4	安全文明生产	1. 明确安全用电的主要内容 2. 操作过程符合文明生产要求	3	1. 笔试部分见参考答案和评分标准 2. 未经考评员同意私自通电，扣 3 分；损坏设备，扣 2 分；损坏工具仪表，扣 1 分；发生轻微触电事故，扣 3 分 本项配分扣完为止		
5	故障查找	找出故障点，在原理图上标注	8	错标或漏标故障点，每处扣 4 分 本项配分扣完为止		
6	故障排除	排除电路各项故障	5	1. 每少排除一处故障点，扣 3 分 2. 排除故障时，产生新的故障后不能自行修复，扣 5 分 本项配分扣完为止		
7	通电运行	1. 通电前检测设备、元器件及电路 2. 通电试运行实现电路功能	7	1. 通电试运行发生短路事故和开路现象，扣 5 分 2. 通电运行异常，每相扣 5 分 本项配分扣完为止		
合计			30			
否定项：若考生发生重大设备和人身事故，则应及时终止其考试，考生该实体成绩记为零						

笔试部分参考答案：

1）**答**：本变频器使用的电源电压是220V。

2）**答**：①选择合适的规格；②确定剥线长度；③选择合适的槽口；④用力适当。

3）**答**：①正确选用绝缘电阻表的规格型号；②正确接线；③均匀地摇动手柄；④待指针稳定后再读数；⑤注意被测电路中的电容；⑥注意绝缘电阻表输出高压。

4）**答**：机床加工过程中有可能会打破灯泡，使设备外壳带电；为了保证机床操作使用人员安全，采用经过变压器隔离的24V安全电压；即使人体碰到带电体也不会发生触电事故。

试题3. 锯齿波发生器的安装与调试

序号	考核内容	考核要点	配分	评分标准	扣分	得分
1	识图	正确识图；正确回答笔试问题	2	笔试部分见参考答案和评分标准 本项配分扣完为止		
2	工具的使用	1. 正确使用工具 2. 正确回答笔试问题	2	1. 工具使用不正确，每次扣2分 2. 笔试部分见参考答案和评分标准 本项配分扣完为止		
3	仪表的使用	1. 正确使用仪表 2. 正确回答笔试问题	2	1. 仪表使用不正确，每次扣2分 2. 笔试部分见参考答案和评分标准 本项配分扣完为止		
4	安全文明生产	1. 明确安全用电的主要内容 2. 操作过程符合文明生产要求	3	1. 笔试部分见参考答案和评分标准 2. 未经考评员同意私自通电，扣3分；损坏设备，扣2分；损坏工具仪表，扣1分；发生轻微触电事故，扣3分 本项配分扣完为止		
5	安装布线	按照电子焊接工艺要求，依据电路图正确完成本次考核线路的安装与接线	11	1. 不按图样接线，每处扣1分 2. 元器件组装不牢固，每处扣1分 3. 元器件偏斜，每个扣0.5分 4. 焊点不圆滑，每个扣0.5分 5. 焊接点接触不良，每处扣1分 6. 元器件引线高出焊点1mm以上，每处扣1分 本项配分扣完为止		
6	试运行	1. 通电前检测设备、元器件及电路 2. 通电试运行实现电路功能	10	1. 通电试运行发生短路事故和开路现象扣10分 2. 通电运行异常，每相扣5分 本项配分扣完为止		
合计			30			

否定项：若考生发生重大设备和人身事故，则应及时终止其考试，考生该实体成绩记为零

笔试部分参考答案：

1）**答**：C（电容器）；N2（运放器）；$V2$（二极管）；U_{o2}（锯齿波输出端）。

2）**答**：①刀口锋利，注意安全；②刀口向外，小角度剖削，免伤线芯。

3）**答**：①选好挡位；②校准零位；③测量二极管的正反向电阻；④判断二极管的阳极和阴极。在呈现高阻抗时，红表笔接的一端是二极管的正极（阳极）。

4）**答**：合闸后可送电到作业地点的刀开关操作把手上应悬挂“禁止合闸，有人工作”的标识牌。

参 考 文 献

［1］中国就业培训技术指导中心. 维修电工（基础知识）［M］. 2 版. 北京：中国劳动社会保障出版社，2012.

［2］中国就业培训技术指导中心. 维修电工（高级）［M］. 2 版. 北京：中国劳动社会保障出版社，2013.

［3］范国伟. 维修电工［M］. 北京：中国劳动社会保障出版社，2012.

［4］王建. 维修电工技能训练［M］. 北京：中国劳动社会保障出版社，2007.

［5］王建. 常用电气设备控制线路［M］. 北京：中国劳动社会保障出版社，2006.